鸭病诊治实操图解

席克奇　李永森　孟　岩
王景春　刘　甲　廖伟伟　编著

机械工业出版社
CHINA MACHINE PRESS

本书以“看图识病、类症鉴别、综合防治”为目的，从生产实际和临床诊治需要出发，结合笔者多年的临床教学和诊疗经验进行介绍，内容包括鸭病的感染与防控、鸭病毒性传染病的鉴别诊断与防治、鸭细菌性传染病的鉴别诊断与防治、鸭寄生虫病的鉴别诊断与防治、鸭营养代谢病的鉴别诊断与防治、鸭中毒性疾病的鉴别诊断与防治、鸭其他普通病的鉴别诊断与防治。

本书图文并茂，语言通俗易懂，内容简明扼要，注重实际操作。可供养鸭生产者及畜牧兽医工作人员使用，也可作为农业院校相关专业师生教学（培训）用书。

图书在版编目（CIP）数据

鸭病诊治实操图解 / 席克奇等编著. — 北京：机械工业出版社，2023.10
ISBN 978-7-111-73875-6

Ⅰ.①鸭…　Ⅱ.①席…　Ⅲ.①鸭病-诊疗-图解　Ⅳ.①S858.32-64

中国国家版本馆CIP数据核字（2023）第175234号

机械工业出版社（北京市百万庄大街22号　邮政编码100037）
策划编辑：周晓伟　高　伟　　　责任编辑：周晓伟　高　伟　刘　源
责任校对：王荣庆　梁　静　　　责任印制：张　博
保定市中画美凯印刷有限公司印刷
2023年11月第1版第1次印刷
190mm × 210mm · 8.5印张 · 251千字
标准书号：ISBN 978-7-111-73875-6
定价：69.80元

电话服务　　　　　　　　　　网络服务
客服电话：010-88361066　　机　工　官　网：www.cmpbook.com
　　　　　010-88379833　　机　工　官　博：weibo.com/cmp1952
　　　　　010-68326294　　金　书　网：www.golden-book.com
封底无防伪标均为盗版　　　机工教育服务网：www.cmpedu.com

前 言

我国具有悠久的养鸭历史，拥有丰富的品种资源和饮食文化，是目前世界上鸭的饲养量和消费量最多的国家，养殖区域广泛，种质资源丰富，而且近些年来发展极为迅速。据国家水禽产业技术体系数据显示，我国肉鸭出栏量自 2011 年达到最高峰（约 40 亿只）之后，近几年我国肉鸭出栏量维持在 30 亿只左右。鸭肉、鸭蛋、羽绒产品已经出口到世界各地。从生产角度看，养鸭生产具有投入少、成本低、生产周期短、饲养设备简单、饲养效益高等特点。因此，近年来养鸭生产在我国农村经济发展过程中发挥着重要作用，是带动农民脱贫致富、促进农村经济稳步向前发展的重要产业。

但是，目前我国养鸭生产中的主体是个体养殖户，且绝大多数文化水平不高，饲养管理和消毒防疫等专业知识匮缺，仍然沿袭传统饲养方式，饲养设施和条件比较落后，随意选择养殖场场址和修建简陋的棚舍，舍内的小环境条件恶劣；由于工业、农业、畜牧业及旅游业的发展，生态环境污染非常严重；同一水域或产业集聚带饲养多个来源不同的家禽类群，为疫病的传播创造了有利条件；加之规模化的发展和饲养密度的增加，饲养环境难以封闭隔离。基于这些现状，一旦发生疫病，疫情传播速度非常快，而且许多养殖户对新疫情和常见多发疾病防治基础知识不了解，没有掌握相关的防治手段，难以及时采取针对性的措施来降低禽群的发病率和死亡率，经济损失惨重。生产实践证明，鸭群发病后，迅速诊断是控制疾病的前提，尤其对于一些传染性疾病来讲，只有尽早做出诊断，及时采取有效措施，损失才能降到最小。

为了适应我国养鸭生产的发展，满足农村广大养殖户的实际需要，编著者学习和参考国内外禽病防治专著及有关技术资料，借鉴各地鸭病防治成功经验，结合自己的工作体会，编写了本书。

在本书编写过程中，力求图文并茂，语言通俗易懂，内容简明扼要，注重实际操作。本书重点介绍了鸭病的感染与防控、鸭病毒性传染病的鉴别诊断与防治、鸭细菌性传染病的鉴别诊断与防治、鸭寄生虫病的鉴别诊断与防治、鸭营养代谢病的鉴别诊断与防治、鸭中毒性疾病的鉴别诊断与防治、鸭其他普通病的鉴别诊断与防治等内容，可供养鸭生产者及畜牧兽医工作人员参考。

需要特别说明的是，本书所用药物及其使用剂量仅供读者参考，不可照搬。在生产实际中，所用药物学名、常用名和实际商品名称有差异，药物浓度也有所不同，建议读者在使用每一种药物之前，参阅厂家提供的产品说明以确认药物用量、用药方法、用药时间及禁忌等。购买兽药时，执业兽医有责任根据经验和对患病动物的了解决定用药量及选择最佳治疗方案。

本书在编写过程中，参考了一些专家、学者撰写的文献资料，因篇幅所限，未能一一列出，谨在此表示感谢。

由于作者的理论和技术水平有限，书中不妥、错误之处在所难免，敬请广大读者批评指正。

编著者

目 录

第四章　鸭寄生虫病的鉴别诊断与防治

第五章　鸭营养代谢病的鉴别诊断与防治

第六章　鸭中毒性疾病的鉴别诊断与防治

第七章　鸭其他普通病的鉴别诊断与防治

第一章 鸭病的感染与防控

鸭病，尤其是一些传染性疾病和成批发生的营养代谢病，是养鸭业的大敌，如果疏于防范，往往会使整群甚至整个鸭场毁于一旦，造成重大的经济损失。因此，在养鸭生产中，必须贯彻“以预防为主”的方针，采取切实可行的措施，确保鸭群健康无病，高产稳产。

一、病原微生物

传染病是由人们肉眼看不见而具有致病性的微小生物——病原微生物引起的，它们包括病毒、细菌、支原体、真菌及衣原体等。

1. 病毒

病毒是很小的微生物，一般圆形病毒的直径为几十至一百多纳米，必须用电子显微镜放大数万倍才能观察到。

病毒不能独立进行新陈代谢，每种病毒必须寄生在对其具有易感性的动物、植物或微生物的活细胞内，才能正常生存和繁殖。由病鸭消化道、呼吸道及羽囊等排出的各种病毒，都是释放在细胞之外的，它们在自然界中不能繁殖，但能存活数十天至数百天之久，当有机会侵入鸭体时，又在细胞内繁殖，引起疾病。

病毒有耐冷怕热的共性，温度越低，存活越久，但在高热环境中存活的时间很短。如鸭传染性支气管炎病毒，在 -25~-20℃能存活 142 天，56℃经 15~45 分钟即可死亡。不同病毒对酸、碱、日光、紫外线及各种消毒剂有不同的耐受力，但大多数不能耐受碱和长时间（半小时以上）的日光直射。

病毒性鸭病与细菌性鸭病的一个不同之处是前者用疫苗预防的效果比较好，但一般来说没有特效药物可以治疗。抗生素及磺胺类药物的作用是破坏细菌的新陈代谢，而病毒靠寄生生存，没有自身的代谢，因而不受这些药物的影响。能够进入细胞杀灭病毒而又不损害细胞的化学药品的研制难度大，仅取得有限的进展。有些病毒性鸭病可以用高免血清治疗，虽有特效，但费用比较昂贵，一般多用于种鸭。

2. 细菌

细菌是单细胞的微生物，直径或长度一般为几微米到几十微米，用普通光学显微镜放大 1000 多倍可以观察。依细菌的形态可分为球菌、杆菌和螺旋菌 3 种类型，有些球菌和杆菌在分裂之后，仍有一般显微镜下看不到的原浆带相连，从而排列成一定形态，分别称为双球菌、链球菌、葡萄球菌、链状杆菌等。

细菌与病毒不同，它能独立进行新陈代谢。只要有适宜的温度、湿度、酸碱度及营养等条件，细菌就可以大量地分裂繁殖。例如，大肠杆菌在适宜条件下，每 20 分钟左右就分裂 1 次。一般病原菌在 10~45℃的温度下都可以繁殖，以 37℃最为适宜。当外界环境不利时，细菌会减缓乃至停止繁殖，但能较长时间的存活，待环境有利时再恢复繁殖。

有些细菌能在细胞壁外面形成肥厚的胶状物，包裹整个菌体，这种胶状物称为荚膜，它具有抵抗动物细胞的吞噬和消除抗体的作用，从而增强细菌的致病能力。还有些杆菌在外界环境不利时能形成一种有坚实厚壁的圆形或椭圆形囊状结构，称为芽孢，可大大增强对高温、干燥及消毒药的抵抗力。能否形成荚膜和芽孢及芽孢呈现什么形态是菌种的特征，因而是鉴别细菌的依据之一。

细菌可以在人工培养基上进行培养。在固体培养基上培养时，细菌大量繁殖所形成的肉眼可见的聚集物称为菌落，不同细菌的菌落呈不同形态，这也是鉴别细菌和诊断传染病的依据之一。

鸭的细菌性传染病都可以用药物进行预防和治疗，但除禽霍乱等少数菌种外，没有可供免疫接种的菌苗，禽霍乱菌苗的效果也不够理想，仅在必要时使用。

3. 支原体

支原体又称霉形体，其大小介于细菌、病毒之间，结构比细菌简单，但能独立生存。支原体没有真性细胞壁，只有极薄的细胞膜，不足以保持固定形态，因而呈多形性，如球形、杆形、星形、螺旋形等。多种抗生素如土霉素、金霉素对支原体有效。但青霉素的作用是破坏细胞壁的合成，而支原体并无真性细胞壁，所以青霉素对支原体无效。

4．真菌

真菌包括担子菌、酵母菌和霉菌，一般担子菌、酵母菌对动物无致病性，霉菌种类繁多，有些霉菌对鸭有致病性，如烟曲霉菌使饲料、垫料发霉，引起鸭的曲霉菌病，黄曲霉菌常使花生饼变质，喂鸭后引起中毒。

霉菌的形态是细长的菌丝，有很多分枝，各执行不同功能。一些菌丝肉眼看不到，大量菌丝聚在一起呈丝绒状，是人们所常见的。

霉菌能够进行独立的新陈代谢，在温暖（22~28℃）、潮湿和偏酸性（pH4~6）的环境中繁殖很快，并可产生大量的孢子浮游在空气中，易被鸭吸入肺部。一般消毒药对霉菌无效或效力甚微。

5．衣原体

衣原体是一种介于病毒和细菌之间的微生物，生长繁殖的一定阶段寄生在细胞内，对抗生素敏感。鹦鹉热衣原体常使鹦鹉、鸽子等发生鹦鹉热，但鸭感染的较少。

二、传染病的传播

某些病原微生物侵入鸭体后，在鸭体内生长繁殖，损伤鸭体组织，扰乱其生理机能而引起疾病。这种疾病可由 1 只病鸭传染给同群的其他健康鸭，也可由 1 个鸭群传染给其他鸭群而发生同样的疾病，因而称为传染病。

鸭传染病的传播扩散，必须具备传染源、传播途径和易感鸭群 3 个基本环节，如果打破、切断和消除这 3 个环节中的任何一个环节，这些传染病就会停止流行（图 1-1）。

1．传染源

传染源，即病原微生物的来源。主要传染源是病鸭和带菌（毒）的鸭，病鸭不仅体内有病原微生物繁殖，而且通过各种排泄物将病原微生物排出体外，传播扩散，使健康鸭发生传染病。但带菌（毒）的隐性感染鸭，由于缺乏病症，不被人们注意，往往会被认为是健康鸭，这样就潜伏了极大危险，易造成大面积传染。另外，患传染病的鸭尸体处理不当，带菌（毒）的鸟、鼠等，也是散播病原微生物的重要传染源。

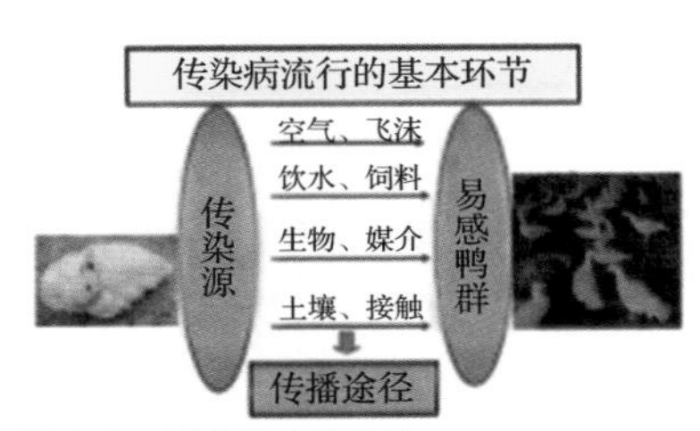

图 1-1　鸭传染病的传染

2. 传播途径

鸭传染病的病原微生物，由传染源向外传播的途径有 3 种，即垂直传播、孵化器内传播和水平传播。

（1）垂直传播 也叫经蛋传递。是种鸭感染了（包括隐性感染）某些传染病时，体内的病菌或病毒能侵入种蛋内部，传播给下一代雏鸭，能垂直传播的鸭病有沙门菌病、支原体病、脑脊髓炎、大肠杆菌病等。

（2）孵化器内传播 孵化器内的温度、湿度非常适合细菌繁殖。蛋壳上的气孔比一般细菌大数倍，所以有鞭毛、能运动的病菌，特别是鸭沙门菌、大肠杆菌等，当其存在于蛋壳表面时，在孵化期间即侵入蛋内，使胚胎感染。另外，一些存在于蛋壳表面的病毒和病菌，虽然一般不进入蛋内，但雏鸭刚一出壳时，即由呼吸道等门户入侵。在出雏器内，带病出壳的雏鸭与健康雏鸭接触，也会造成传染，沙门菌病和脑脊髓炎等病除垂直传播外，还可在出雏器内进一步扩散。

（3）水平传播 也叫横向传播，是指病原微生物通过各种媒介在同群鸭之间和地区之间的传播。这种传播方式面广量大，媒介物也很多。同群鸭之间的传播媒介主要是饲料、饮水、空气中的飞沫与灰尘等，远距离传播的媒介通常是鸭舍内清除出去的垫料和粪便、运鸭运蛋的器具和车辆、在各鸭场间周转的饲料包装袋及工作人员的衣物等。

3. 鸭的易感性

病原微生物仅是引起传染病的外因，它通过一定的传播途径侵入鸭体后，是否导致发病，还要取决于鸭的内因，也就是鸭的易感性和抵抗力。鸭由于品种、日龄、免疫状况及体质强弱等不同，对各种传染病的易感性有很大差别。例如，在日龄方面，雏鸭对沙门菌病等易感性高，成年鸭则对禽霍乱易感性高；在免疫状况方面，鸭群接种过某种传染病的疫苗或菌苗后，产生了对本病的免疫力，易感性即大大降低。当鸭群对某种传染病处于易感状态时，如果体质健壮，也有一定的抵抗力。

三、传染病的感染与发病

1. 感染的类型

某种病原微生物侵入鸭体后，必然引起鸭体免疫系统的抵抗，其结果必然出现以下 3 种情况：一是病原微生物被消灭，没有形成感染；二是病原微生物在鸭体内的一定部位定居并大量繁殖，引起病理变化和症状，也就是引起发病，称为显性感染；三是病原微生物与鸭体内免疫力量处于相对平衡状态，病原微生物能够在鸭体某些部位定居，进行少量繁殖，有时也引起比较轻微的病理变化，但没有引起症状，也就是没有引起发病，称为隐性感染。有些隐性感染的鸭是健康带菌、带毒者，会较长时期排出病菌、病毒，成为易被忽视的传染源。

2. 发病过程

显性感染的过程，可分为以下 4 个阶段。

（1）潜伏期 病原微生物侵入鸭体后，必须繁殖到一定数量才能引起症状，这段时间称为潜伏期。潜伏期的长短，与入侵的病原微生物毒力、数量及鸭体抵抗力强弱等因素有关。如鸭瘟的潜伏期一般为 3~5 天，其最大范围为 2~10 天。

（2）前驱期 此时是鸭发病的征兆期，表现出精神不振、食欲减退、体温升高等一般症状，尚未表现出本病特征性症状。前驱期一般只有数小时至 1 天多。某些最急性的传染病如急性禽霍乱等，没有前驱期。

（3）明显期 此时鸭的病情发展到高峰阶段，表现出病的特征性症状。前驱期与明显期合称为病程。急性传染病的病程一般为数天至 2 周左右。慢性传染病则可达数月。

（4）转归期 即病程发展到结局阶段，病鸭有的死亡，有的恢复健康。康复鸭在一定时期内对本病具有免疫力，但体内仍残存并向外排放本病的病原微生物，成为健康带菌或带毒鸭。

四、鸭病的诊断

诊断的目的是为了尽早地认识疾病，以便采取及时而有效的防治措施。只有及时正确的诊断，防治工作才能有的放矢，使鸭群病情得到控制，免受更大的经济损失。鸭病的诊断主要从以下 6 个方面着手。

1. 流行病学诊断

有许多鸭病的临床表现非常相似，甚至雷同，但各种病的发病时机、发病季节、传播速度、发展过程、易感日龄、鸭的品种、性别及对各种药物的反应等方面各有差异，这些差异对鉴别诊断有非常重要的意义。如一般进行过某些病的预防接种的，在接种免疫期内可排除相关的疫病。因此，在发生疫情时要进行流行病学调查，以便结合临床症状和化验结果，最后确诊。

2. 临床诊断

（1）现场观察 首先观察了解周围环境，并着重观察鸭群在自然管理条件下的管理措施、饲养方式、垫料、换气、温度、光线、饮水、饲料、饲槽、栖架、饲养密度等。然后再仔细观察鸭群，即站在鸭舍内一角，不惊扰鸭群，静静窥视鸭群的生活状态，寻找各种异常表现，为进一步诊断提供线索（图 1-2~ 图 1-5）。

图 1-2　鸭群检查

图 1-3　健康鸭群

图 1-4　发病鸭羽毛蓬松

图 1-5　发病鸭离群独居

（2）病鸭个体检查　对整群鸭进行观察之后，再挑选出各种不同类型的病鸭进行个体检查。个体检查的具体方法是：用右手抓住两翅的根部，使鸭头向上抬起，固定好以后，开始做系统检查（图 1-6）。先检查眼睛、口腔、鼻孔有无异常分泌物，黏膜是否苍白、充血、出血，口腔与喉头部有无假膜或异物存在。然后触摸胸部、腹部、腿部肌肉是否丰满（图 1-7），并观察关节、骨骼有无肿胀等（图 1-8）。最后检查被毛是否清洁、紧密、有光泽，并视检泄殖腔周围及腹下绒毛是否有粪污。用手拨开翅下、背部及腿间绒毛，检查皮肤的色泽、外伤、肿块及寄生虫等。

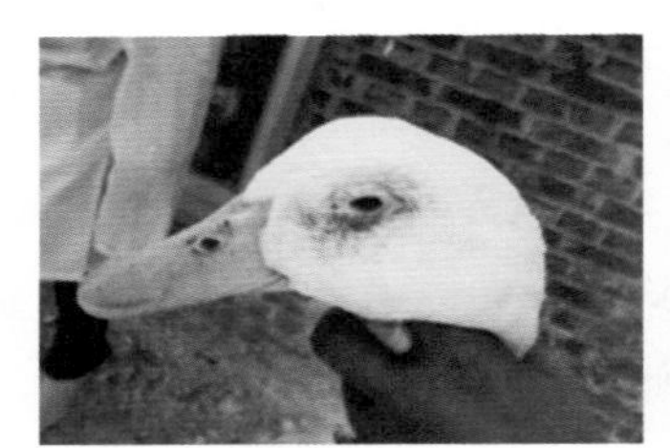
图 1-6　鸭头部检查

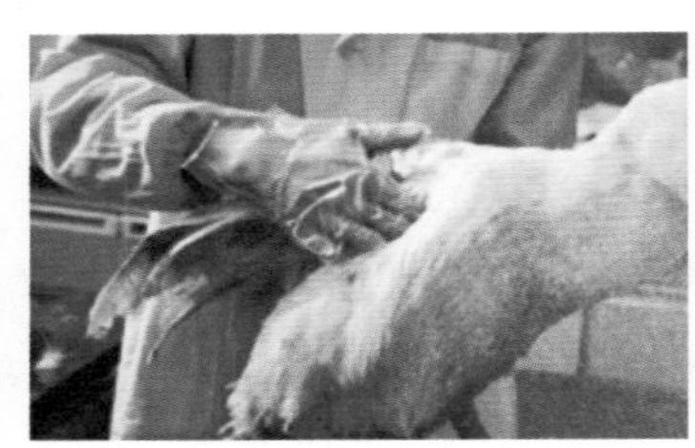
图 1-7　鸭胸部、腹部检查

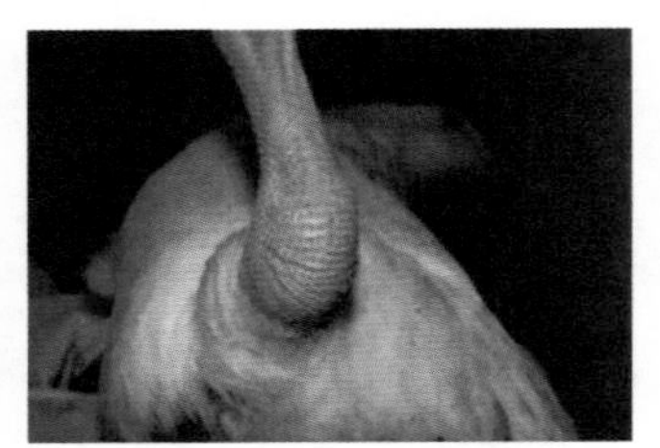
图 1-8　观察关节有无肿胀

3. 病理解剖检查

患各种疾病死亡的鸭，一般都有一定的病理变化，而且多数疾病具有示病性剖检变化。所以，通过病理剖检从中发现具有代表性且有诊断意义的特征性病变，依据这些病变即可做出初步诊断。在剖检前要注意观察病死鸭的羽毛有无光泽，是否整洁、紧凑，有无脱落；营养状况如何，皮肤、翅、腿有无肿胀、外伤、结痂、寄生虫；眼、鼻、口腔有无分泌物流出，脸部是否肿胀；肛门周围有无粪便污染。然后打开腹腔，取出各种内脏器官，剖检并详细观察各器官的色泽，有无肿胀、瘀血、出血、坏死、化脓、溃疡及肠道内容物的变化等（图 1-9~图 1-29）。

图 1-9　病鸭病理剖检

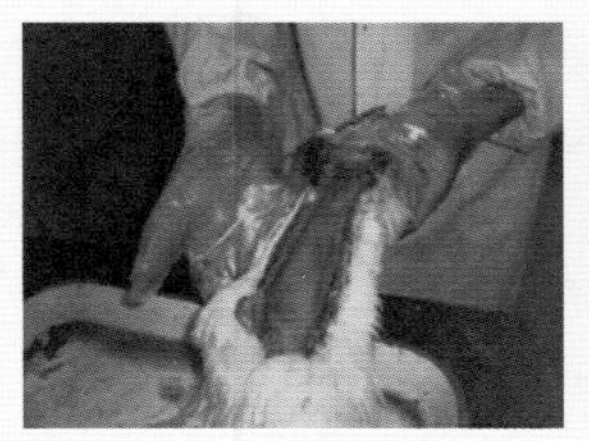

图 1-10　检查食管黏膜有无出血、溃疡等病变，该图为正常食管黏膜

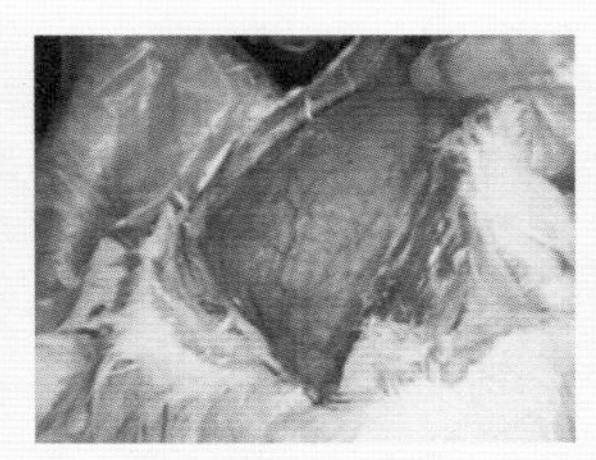

图 1-11　检查食管膨大部黏膜有无出血、溃疡等病变，该图为正常食管膨大部黏膜

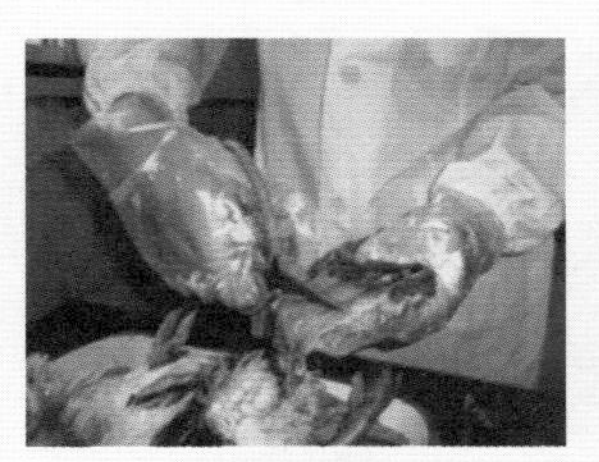

图 1-12　检查腺胃有无肿胀、出血、溃疡等病变，该图腺胃变薄，但黏膜未出血

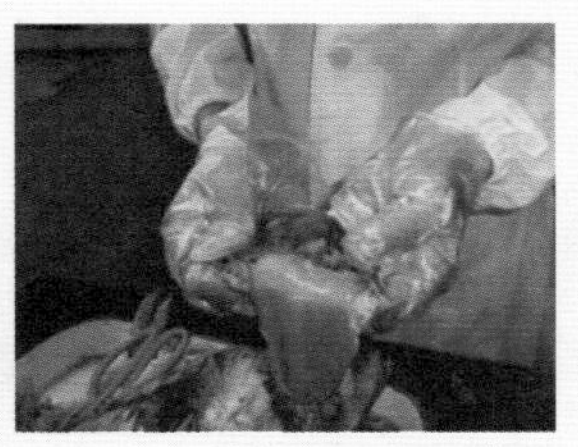

图 1-13　检查肌胃角质膜是否糜烂，角质膜下有无出血，该图肌胃角质膜糜烂

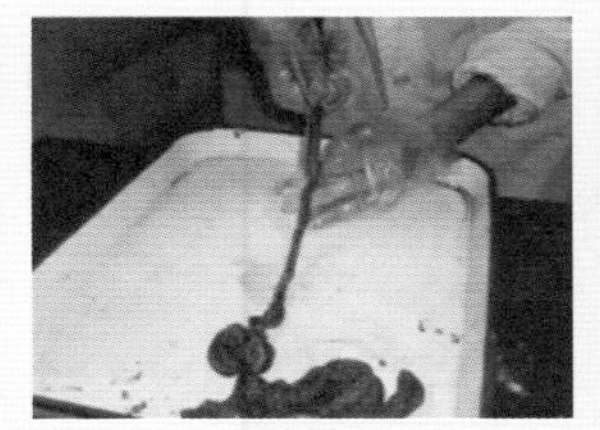

图 1-14　检查肠道有无肿胀、出血、溃疡等病变，该图肠道肿胀

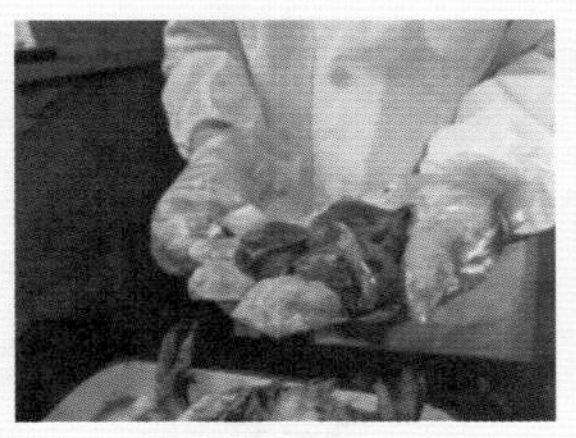

图 1-15　检查肝脏是否肿大，有无出血、坏死等病变，该图肝脏肿大

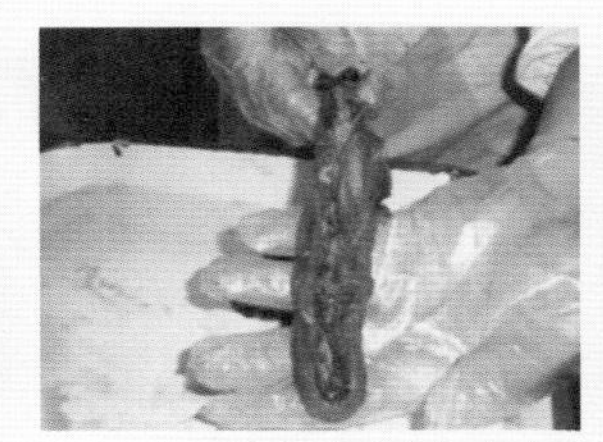

图 1-16　检查胰脏有无出血、水肿、坏死等病变，该图胰脏水肿

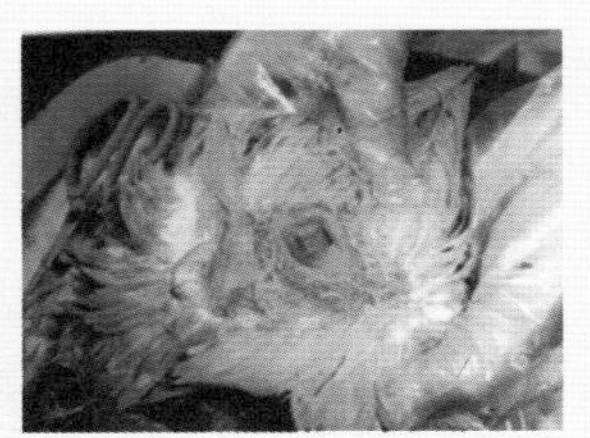

图 1-17　检查泄殖腔有无出血，该图为正常鸭泄殖腔

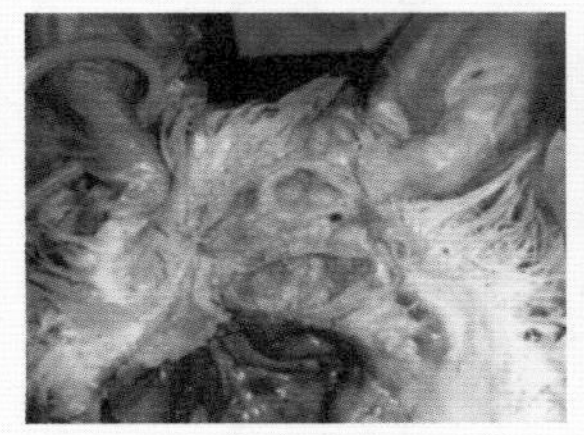

图 1-18　检查泄殖腔黏膜有无出血、假膜等病变，该图为正常鸭泄殖腔黏膜

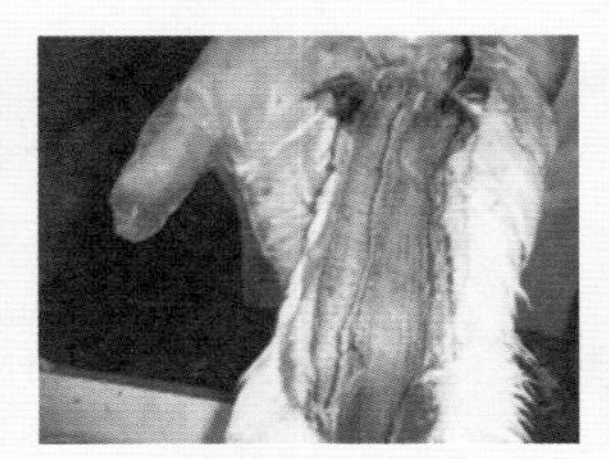

图 1-19　检查气管环有无出血、渗出等病变，该图气管环出血

图 1-20　检查气囊有无黄白色渗出，该图气囊有黄白色渗出，气囊增厚

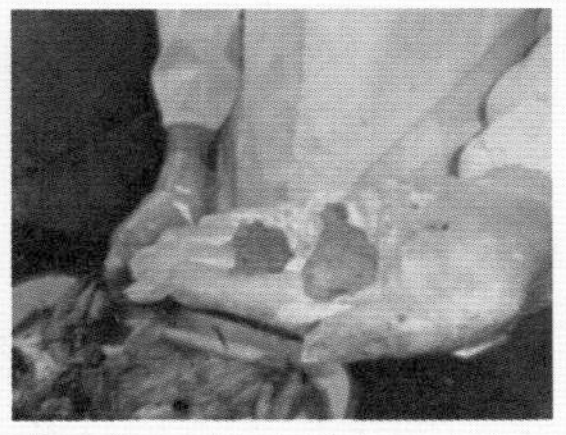

图 1-21　检查肺有无出血、水肿、坏死等病变，该图肺出血

图 1-22　检查肾脏是否肿大，有无出血、瘀血等病变，该图肾脏瘀血

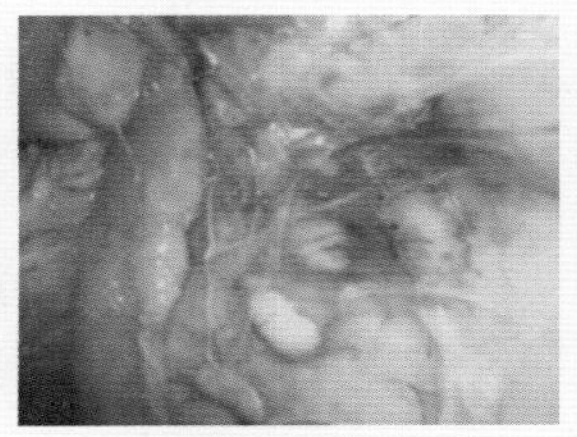

图 1-23　检查胸腺有无出血、肿胀、萎缩等病变，该图胸腺出血

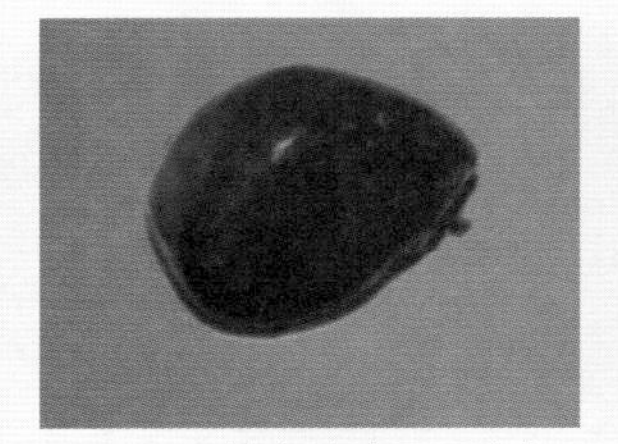

图 1-24　检查脾脏是否肿大，有无出血、坏死等病变，该图脾脏肿大、呈紫黑色

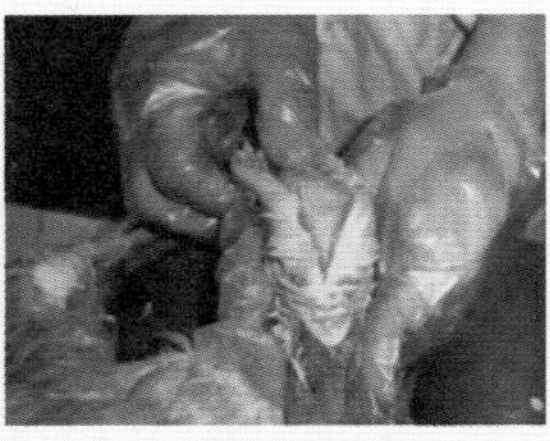

图 1-25　检查皮下有无出血、水肿等病变，该图为正常鸭皮下组织

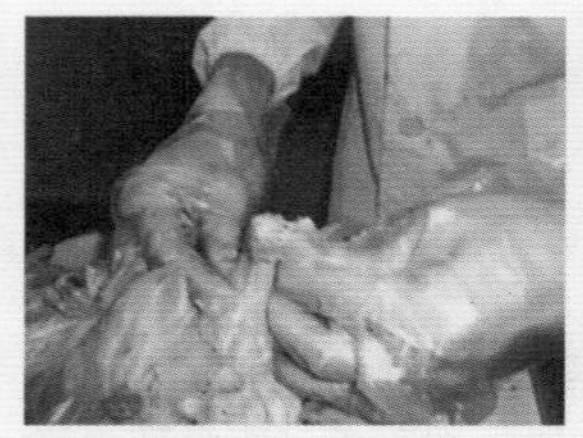

图 1-26　检查关节腔中有无出血、渗出等病变，该图为正常鸭关节腔

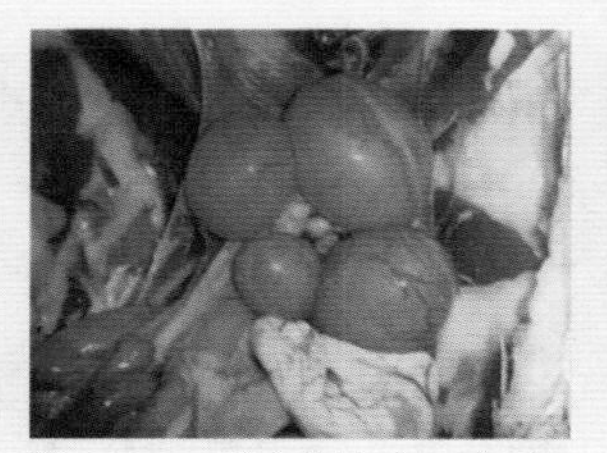

图 1-27　观察卵泡有无变形、出血，该图为正常鸭卵泡

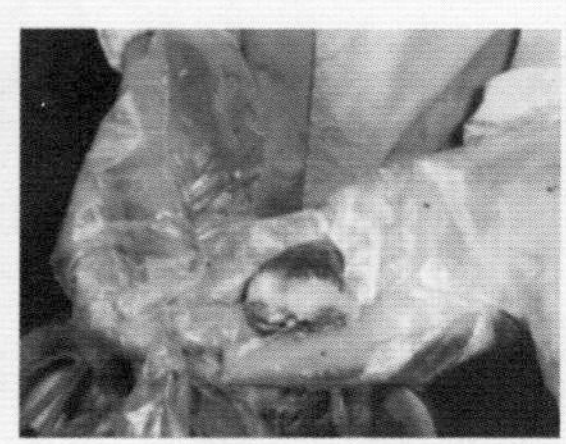

图 1-28　检查心脏有无出血点，心外膜有无纤维素渗出，该图为正常鸭心脏

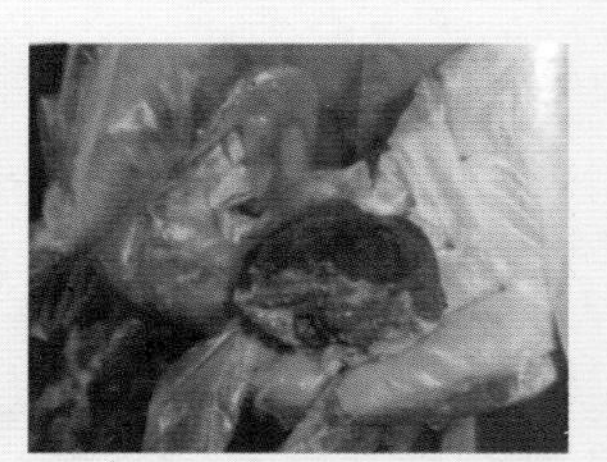

图 1-29　检查心内膜有无出血，心肌有无坏死，该图为正常鸭心内膜

根据上述检查内容，对部分疾病可做出初步诊断。对于剖检变化不明显的疾病，必须进行实验室检查。

4．实验室诊断

在流行病学诊断、现场诊断和病理学诊断的基础上，对某些疑难病症，特别是传染病，必须配合实验室诊断（图 1-30）。根据检测的病原不同，可采用不同的检测方法，如抹片镜检、接种培养基或鸡胚，或采用红细胞凝集试验和红细胞凝集抑制试验对病原进行鉴定。

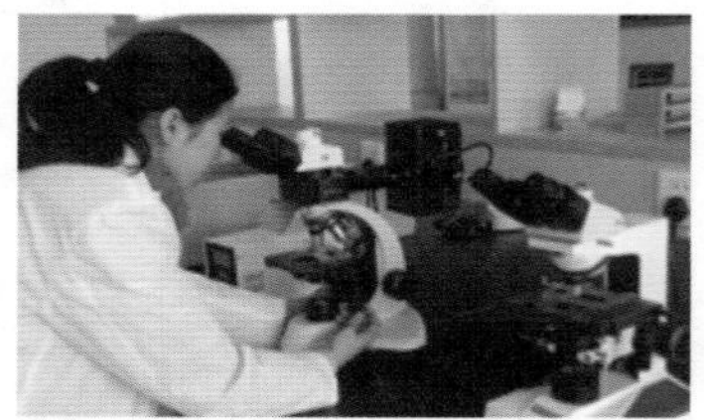

图 1-30　实验室诊断

5．药物诊断

使用药品治疗疾病，有的效果很好，非常理想；有的疗效不明显；有的无疗效，病情越来越重。如用青霉素治疗鸭瘟完全无效，而青霉素治疗禽霍乱有效。这也给诊断提供了依据。

6．鉴别诊断

随着养鸭生产的发展，鸭病的临床表现和病理变化变得错综复杂，给临床诊断带来了一定的困难。对于家庭鸭场而言，在鸭病诊断中，鉴别诊断相对难度较大，但非常重要，必须给予高度重视。要根据病原特性、流行特点、临床症状、病理特征，认真分析，仔细梳理，从可能会发生的多种疾病中逐一排除，最后做出正确诊断。

五、鸭的投药方法

在养鸭生产中，为了促进鸭群生长、预防和治疗某些疾病，经常需要进行投药。鸭的投药方法很多，大体上可分为 3 类，即全群投药法、个体给药法、种蛋及鸭胚给药法。

1. 全群投药法

（1）混水给药 将药物溶解于水中，让鸭自由饮用（图 1-31）。此法常用于预防和治疗鸭病，尤其是适用于已患病、采食量明显减少而饮水状况较好的鸭群。投喂的药物应该是较易溶于水的药片、药粉和药液，如葡萄糖、高锰酸钾、四环素、卡那霉素、北里霉素（吉他霉素）、磺胺二甲嘧啶、亚硒酸钠等。

应用混水给药时还应注意以下几个问题。

1）对油剂（如鱼肝油等）及难溶于水的药物（如制霉菌素、红霉素），不能采用此法给药。

2）对微溶于水且又易引起中毒的药物片剂，要充分研细，然后溶于水中，使之成为悬浮液。

图 1-31 混水给药

3）对其水溶液稳定性较差的药物，如青霉素、金霉素、土霉素等，要现用现配，一次配用时间不宜超过 8 小时。为了保证药效，最好在用药前停止供水 1~2 小时，然后再喂给药液，以便鸭群在较短时间内将药液饮完。

4）要准确掌握药物的浓度。用药混水时，应根据“毫克 / 千克”或“%”首先计算出全群鸭所需药量，并严格按比例配制符合浓度的药液。“毫克 / 千克”代表百万分率，例如，125 毫克 / 千克就是百万分之 125，等于每千克水中加入 125 毫克药物或每吨水中加入 125 克药物。如果将“毫克 / 千克”换算成“%”（百分数），把小数点向左移 4 位即可，例如，500 毫克 / 千克 = 0.05%。

5）应根据鸭的可能饮水量来计算药液量。鸭的饮水量多少与其品种、饲养方法、饲料种类、季节及气候等因素紧密相关，生产中要给予考虑。如冬季饮水量一般会减少，配给药液就不宜过多；而夏季饮水量增加，配给药液必须充足，否则就会造成部分鸭饮水过少，影响药效。

（2）混料给药 将药物均匀混入饲料中，让鸭吃料时能同时吃进药物（图 1-32）。此法简便易行，切实可靠，适用于长期投药，是养鸭中最常用的投药方式。适用于混料的药物比较多，尤其对一些不溶于水而且适口性差的药物，采用此法投药更为恰当，如土霉素、复方磺胺甲噁唑（复方新诺明）、氯苯胍、微量元素、多种维生素、鱼肝油等。

应用混药给料时应注意以下几个问题。

1）药物与饲料的混合必须均匀，尤其对一些易产生不良反应的药物。如磺胺类药物及某些抗寄生虫药物等，更要特别注意。常用

图 1-32 混料给药

的混合方法是将药物均匀混入少量饲料中，然后将含有全部药量的部分饲料与大批量饲料混合。大批量饲料混药，还需多次逐步递增混合才能达到混合均匀的目的。这样才能保证饲喂时每只鸭都能服入大致等量的药物。

2）要注意掌握饲料中药物的浓度。混料的浓度与混水的浓度虽然都用“毫克 / 千克”或“%”表示，但饲料中的药物浓度不能当作溶液中的药物浓度，因为混水比混料的药物浓度往往要高。如北里霉素，混料浓度为 110~330 毫克 / 千克，而混水浓度却为 250~500 毫克 / 千克。但对鸭易产生毒性的药物（如磺胺类药物），其混水量往往比混料量低。如磺胺嘧啶，用于治疗时混料浓度为 0.2%，而混水浓度为 0.1%。

3）药物与饲料混合时，应注意饲料中添加剂与药物的关系。如长期应用磺胺类药物则应补给维生素 B_1 和维生素 K，应用氨丙啉时则应减少维生素 B_2 的投放量。

（3）气雾给药 气雾给药是指让鸭通过呼吸道吸入或作用于皮肤黏膜的一种给药方法。这里只介绍通过呼吸道吸入方式。由于鸭肺泡面积很大，并具有丰富的毛细血管，因而应用此法给药时，药物吸收快，作用出现迅速，不仅能起到局部作用，也能经肺部吸收后出现全身作用。

采用气雾给药时应注意以下几个问题。

1）要选择适用于气雾给药的药物。要求使用的药物对鸭呼吸道无刺激性，而且又能溶解于其分泌物中，否则不能吸收。如对呼吸道有刺激性，则易造成炎症。

2）要控制气雾微粒的细度。气雾微粒越小进入肺部越深，但在肺部的保留率越差，大多易从呼气排出，影响药效。若气雾微粒较大，则大部分落在上呼吸道的黏膜表面，未能进入肺部，因而吸收较慢。一般来说，进入肺部的气雾微粒的直径以 0.5~5.0 微米为宜。

3）要掌握药物的吸湿性。要使气雾微粒到达肺的深部，应选择吸湿性慢的药物；要使气雾微粒分布在呼吸系统的上部，应选择吸湿性快的药物，因为具有吸湿性的药物粒子在通过湿度很高的呼吸道时，其直径能逐渐增大，影响药物到达肺泡。

4）要掌握气雾剂的剂量。同一种药物，其气雾剂的剂量与其他剂型的剂量未必相同，不能随意套用。

（4）外用给药 此法多用于鸭的外表，以杀灭体外寄生虫或微生物，也常用于消毒鸭舍、周围环境和用具等。

采取外用给药时应注意以下几个问题。

1）要根据应用的目的选择不同的外用给药法。如对体外寄生虫可采用喷雾法，将药液喷雾到鸭体、产蛋箱；杀灭体外微生物则常采用熏蒸法。

2）要注意药物浓度。抗寄生虫药物消毒药物对寄生虫或微生物具有杀灭作用，但也往往对鸭体有一定的毒性，如应用不当、浓度过高，易引起中毒。因此，在应用易引起毒性反应的药物时，不仅要严格掌握浓度，还要事先准备好解毒药物。如用有机磷杀虫剂时，应准备阿托品等解毒药。

3）用熏蒸法杀死鸭体外微生物时，要注意熏蒸时间。用药后要及时通风，避免对鸭体造成过度刺激，尤其对雏鸭更要特别注意。

2. 个体给药法

（1）口服法（灌药） 凡水剂、片剂、丸剂、胶囊及粉剂都可采用此给药法。具体可采取以下方法，即用左手食指伸入鸭的舌基部，将舌尽量拉出，并与拇指配合将舌固定在下腭上，右手即将药物投入（图 1-33），此法适用于片剂、丸剂、胶囊及粉剂。也可用左手抓住鸭头部皮肤使之向后仰，当喙张开时，右手将药物投入（图 1-34），此法较适用于剂量较少的水剂药物。对剂量较大的水剂，可用细塑料管插入食管后，另一头装上吸有药液的注射器，慢慢推入食管内。

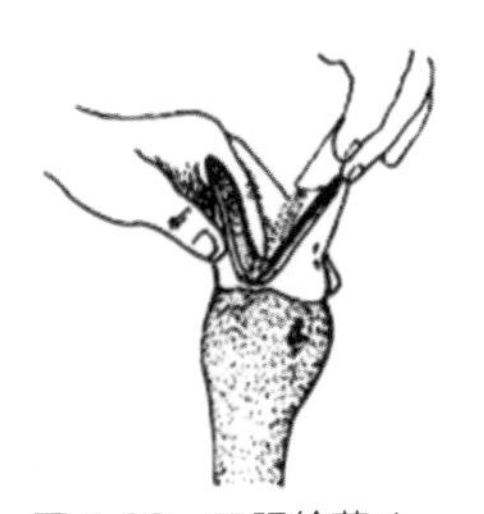

图 1-33　口服给药 1

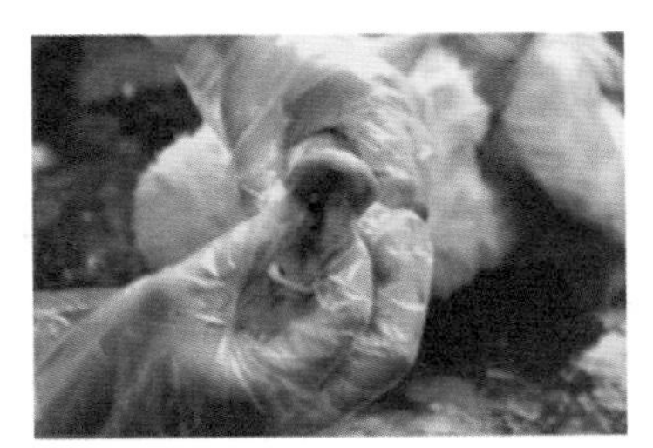

图 1-34　口服给药 2

口服法的优点是给药剂量准确，并能让每只鸭都服入药物。但是，此法花费人工较多，而且较注射给药吸收慢。

（2）静脉注射法 此法可将药物直接送入血液循环中，因而药效发挥迅速，适用于急性严重病例和对药量要求准确及药效要求迅速的病例。另外，需要注射某些刺激性药物及高渗溶液时，也必须采用此法，如注射氯化钙、胂剂等。

静脉注射的部位是翅下静脉基部。其方法是：助手用左手抱定鸭，右手拉开翅膀，让腹面朝上。术者左手压住静脉，使血管充血，右手握好注射器将针头刺入静脉后顺好，见回血后放开左手，把药液缓缓注入即可。

（3）肌内注射法 肌内注射法的优点是药物吸收速度较快，药物作用的出现也比较稳定。肌内注射的部位有翅根内侧肌肉、胸部肌肉和腿部外侧肌肉。

1）胸肌注射。术者左手抓住鸭两翅根部，使鸭体翻转，腹部朝上，头朝术者左前方。右手持注射器，由鸭后方向前，并与鸭腹面保持 45 度角，插入鸭胸部偏左侧或偏右侧的肌肉 1~2 厘米（深度依鸭龄大小而定），即可注射（图 1-35）。胸肌注射法要注意针头应斜刺肌肉内，不得垂直深刺，否则会损伤肝脏造成出血死亡。

图 1-35　胸肌注射

2）翅肌注射。如为大鸭，则将其一侧翅向外移动，即露出翅根内侧肌肉。如为雏鸭，可将鸭体用左手捉住，一侧翅夹在食指与中指中间，并用拇指将其头部轻压，右手握注射器即可将药物注入该部肌肉（图 1-36）。

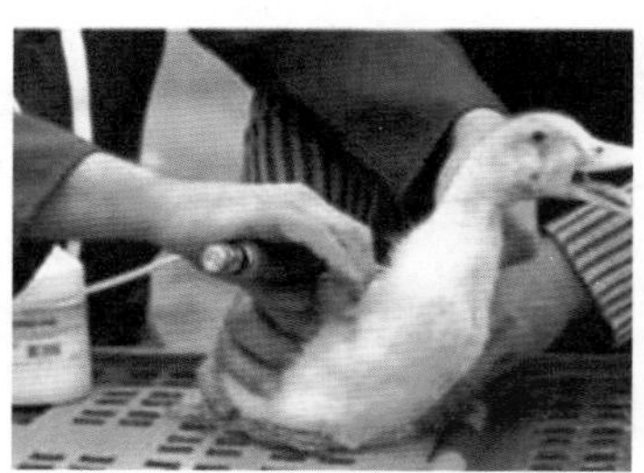
图 1-36　翅肌注射

3）腿肌注射。一般需有人保定或术者呈坐姿，左脚将鸭两翅踩住，左手食、中、拇指固定鸭的小腿（中指托，拇、食指压），右手握注射器即可进行肌内注射。

（4）皮下注射　皮下注射法的优点是药物容易吸收。可采用颈部皮下、胸部皮下和腿部皮下等部位注射，是预防接种时常用的方法之一。应用皮下注射时药物剂量不宜太大，且无刺激性。注射的具体方法是由助手抓鸭或术者左手抓鸭（成年鸭体形较大，最好两人操作），并用拇指、食指掐起注射部位的皮肤，右手持注射器沿皮肤皱褶处刺入针头，然后推入药液（图 1-37）。

图 1-37　皮下注射

（5）嗉囊注射　要求药量准确的药物（如抗体内寄生虫药物），或对口咽有刺激性的药物，或对有暂时性吞咽障碍的病鸭，多采用此法。其操作方法是：术者站立，左手提起鸭的两翅，使其身体下垂，头朝向术者前方；右手握注射器针头由上向下刺入鸭的颈部右侧、离左翅基部 1 厘米处的嗉囊内，即可注射。最好在嗉囊内有一些食物的情况下注射，否则较难操作。

（6）腹腔注射　当静脉注射有困难时，可选择鸭的腹底壁采用腹腔注射。此法适用于注射大剂量药液的危重或脱水病鸭，药效发挥较快，仅次于静脉注射。

（7）外用药法　外用药法主要用于鸭体外消毒和杀灭外寄生虫，常采用洗涤和涂擦 2 种方式：

1）洗涤。将药物配成适当浓度的溶液，清洗局部皮肤或喙、眼、口腔黏膜及创伤等部位。

2）涂擦。将药物制成软膏或适当剂型，涂擦于皮肤或黏膜、创伤表面。

3. 种蛋及鸭胚给药法

此种给药法常用于种蛋的消毒和预防各种疾病，也可治疗胚胎病。常用的方法有下列几种。

（1）熏蒸法 将经过洗涤或喷雾消毒的种蛋放入罩内、室内或孵化器内，并内置药物（药物的用量根据体积（立方米）计算，然后关闭室内门窗或孵化器的进出气孔和鼓风机，熏蒸半小时后方可进行孵化。

（2）浸泡法 即将种蛋置于一定浓度的药液中浸泡3~5分钟，以便杀灭种蛋表面的微生物。用于种蛋浸泡消毒的药物主要有高锰酸钾、碘溶液等。

（3）注射法 可将药物通过种蛋的气室注入蛋清内，如注射庆大霉素。也可直接注入卵黄囊内，如注射泰乐菌素。还可将药物注入或滴入蛋壳膜的内层，如注射或滴入维生素B_1。

六、鸭的免疫接种

1. 鸭群免疫程序的制定

有些传染病需要多次进行免疫接种，在鸭的多大日龄接种第1次，什么时候再接种第2次、第3次……，称为免疫程序。单独一种传染病的免疫程序，见本书关于本病的叙述；一群鸭从出壳至开产的综合免疫程序，要根据具体情况先确定对哪几种病进行免疫，然后合理安排。制定免疫程序时，应主要考虑以下几个方面的因素：当地家禽疾病的流行情况及严重程度；母源抗体的水平；上次免疫接种引起的残余抗体的水平；鸭的免疫应答能力；疫苗的种类；免疫接种的方法；各种疫苗接种的配合；免疫对鸭群健康及生产能力的影响等。各种传染病的免疫程序可参见有关传染病防治部分。在生产中，养鸭场（户）可按实际需要具体选定。

（1）种鸭的免疫程序

1日龄：鸭病毒性肝炎活疫苗，颈部皮下注射。

7日龄：鸭疫里默氏杆菌病灭活苗0.5毫升，皮下或肌内注射。

14日龄：H5型禽流感灭活苗，每只颈部皮下或胸部肌内注射0.5毫升。

21日龄：鸭疫里默氏杆菌病灭活苗或鸭疫里默氏杆菌病、大肠杆菌二联灭活苗0.5毫升，皮下或肌内注射。

28日龄：鸭瘟活疫苗1头份，肌内注射。

48日龄：H5型禽流感灭活苗，每只胸部肌内注射0.5毫升。

100日龄：大肠杆菌病灭活苗1毫升，同时用禽霍乱油乳剂灭活苗1毫升，肌内注射。

110 日龄：鸭瘟活疫苗 1 头份，肌内注射。

120 日龄：鸭病毒性肝炎活疫苗 2 倍量，肌内注射（免疫后 120 天内孵化的雏鸭群对本病有较高的保护率）。

130 日龄：H5 型禽流感灭活苗，每只胸部肌内注射 0.5 毫升。

以后每 4 个月免疫雏鸭病毒性肝炎疫苗 1 次，每 4~6 个月免疫 H5 型禽流感灭活苗 1 次，每 6 个月免疫鸭瘟疫苗 1 次。

（2）蛋鸭的免疫程序

1 日龄：鸭病毒性肝炎活疫苗，肌内注射。

7 日龄：鸭疫里默氏杆菌病灭活苗 0.5 毫升，肌内注射。

14 日龄：H5 型禽流感灭活苗，每只颈部皮下或胸部肌内注射 0.5 毫升。

21 日龄：鸭疫里默氏杆菌病灭活苗 0.5 毫升，肌内注射。

28 日龄：鸭瘟活疫苗 1 头份，肌内注射。

48 日龄：H5 型禽流感灭活苗，每只胸部肌内注射 0.5 毫升。

90 日龄：大肠杆菌灭活苗 1 毫升，肌内注射。

100 日龄：鸭瘟活疫苗 1 只份，肌内注射。

110 日龄：大肠杆菌病灭活苗 1 毫升，同时用禽霍乱油乳剂灭活苗 1 毫升，肌内注射。

120 日龄：H5 型禽流感灭活苗，每只胸部肌内注射 0.5 毫升。

以后每 4~6 个月免疫 H5 型禽流感灭活苗 1 次，每 6 个月免疫鸭瘟疫苗 1 次。

（3）肉鸭的免疫程序

1 日龄：鸭病毒性肝炎活疫苗，肌内注射。

7 日龄：鸭疫里默氏杆菌病灭活苗 0.5 毫升，肌内注射。

14 日龄：H5 型禽流感灭活苗，每只颈部皮下或胸部肌内注射 0.5 毫升。

20 日龄：鸭瘟活疫苗，皮下注射 0.5 毫升。

雏鸭病毒性肝炎抗血清免疫，在有雏鸭病毒性肝炎疫病流行的区域，可对健康易感的雏鸭群，1~7 日龄，用抗血清免疫，每只鸭皮下注射 0.5 毫升。有疫情雏鸭群，外观无病的雏鸭，每只皮下注射 0.7~1 毫升抗血清，病鸭注射 1~1.5 毫升抗血清。

2. 免疫接种的常用方法

不同的疫苗、菌苗，对接种方法有不同的要求，归纳起来，主要有滴鼻、点眼、饮水、翅下刺种、肌内注射、皮下注射及气雾等几种方法。

（1）滴鼻、点眼法 用滴管、空眼药水瓶或 5 毫升注射器（针尖磨秃），事先用 1 毫升水试一下，看有多少滴。2 周龄以下的雏鸭以每毫升 50 滴为好，每只鸭 2 滴，每毫升滴 25 只鸭，如果一瓶疫苗是用于 250 只鸭的，就稀释成 250 ÷ 25 ＝ 10 毫升。比较大的鸭以每毫升 25 滴为宜，上述一瓶疫苗就要稀释成 20 毫升。

疫苗应当用生理盐水或蒸馏水稀释，不能用自来水，以免影响免疫接种效果。

滴鼻、点眼的操作方法：术者左手轻轻握住鸭体，其食指与拇指固定住小鸭的头部，右手用滴管吸取药液，滴入鸭的鼻孔或眼内，当药液滴在鼻孔上不被吸入时，可用右手食指把鸭的另一只鼻孔堵住，药液便很快被吸入（图 1-38）。

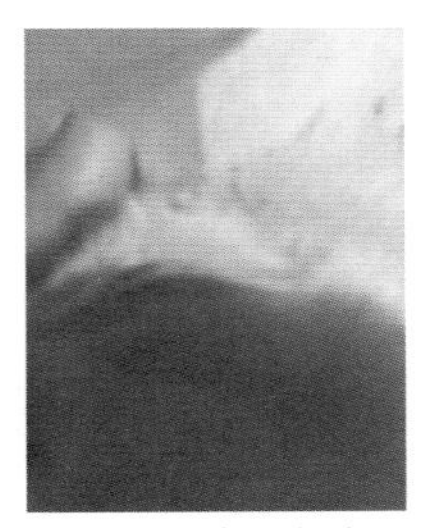
图 1-38　点眼免疫

（2）饮水法 滴鼻、点眼免疫接种虽然剂量准确，效果确实，但对于大群鸭，尤其是日龄较大的鸭群，要逐只进行免疫接种，费时费力，且不能在短时间内完成全群免疫，因而生产中采用饮水法，即将某些疫苗混于饮水中，让鸭在较短时间内饮完，以达到免疫接种的目的（图 1-39）。

为使饮水免疫接种达到预期效果，必须注意以下几个问题。

1）在投放疫苗前，要停供饮水 3~5 小时（依不同季节酌定），以保证鸭群有较强的饮欲，能在 2 小时内把疫苗水饮完。

2）配制鸭饮用的疫苗水，需在用时按要求配制，不可事先配制备用。

3）稀释疫苗的用水量要适当。在正常情况下，每 500 份疫苗，2 日龄至 2 周龄用水 8 升，2~4 周龄 15 升，4~8 周龄 20 升，8 周龄以上 30 升。

4）水槽的数量应充足，可以供全群鸭同时饮水。

5）应避免使用金属饮水槽，水槽在用前不应消毒，但应充分洗刷干净，不含饲料或粪便等杂物。

6）水中不能含有氯和其他杀菌物质。盐、碱含量较高的水，应煮沸、冷却，待杂质沉淀后再用。

图 1-39　饮水免疫

7）要选择一天当中较凉爽的时间用苗，疫苗水应远离热源。

8）有条件时可在疫苗水中加 5% 脱脂奶粉，对疫苗有一定的保护作用。

（3）翅下刺种法 先将疫苗用生理盐水或蒸馏水按一定倍数稀释，然后用接种针或蘸水笔笔尖蘸取疫苗，刺种于鸭翅膀内侧无血管处。小鸭刺种 1 针即可，较大的鸭可刺种 2 针（图 1-40）。

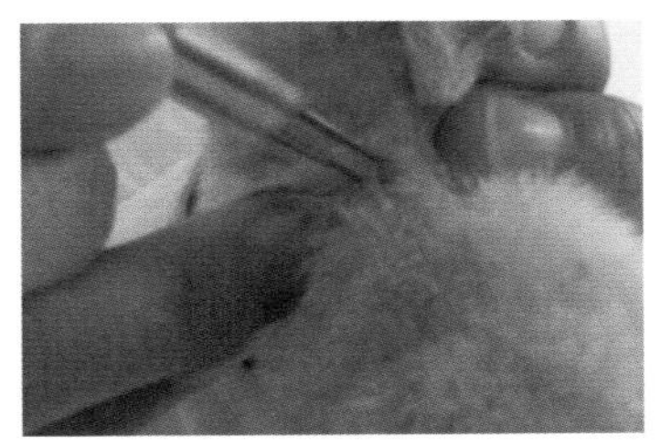
图 1-40　翅下刺种免疫

（4）肌内注射法 肌内注射法作用快，吸收较好，免疫效果可靠，适用于4周龄以上的育成鸭。临床上一般按规定倍数稀释后，较小的鸭每只注射0.2~0.5毫升，成年鸭每只注射1毫升。注射部位可选择胸部肌肉、翅根内侧肌肉或腿部外侧肌肉（图1-41）。

图1-41 肌内注射免疫

（5）皮下注射法 多采用雏鸭颈背部皮下注射法。注射时先用左手拇指和食指将雏鸭颈背部皮肤轻轻捏住并提起，右手持注射器将针头刺入皮肤与肌肉之间，然后注入疫苗液。

（6）气雾法 适用于规模化、集约化养鸭场的大群免疫，尤其是大型商品肉用鸭场鸭群的免疫。此法是用压缩空气通过气雾发生器，使稀释的疫苗液形成直径为1~10微米的雾化粒子，均匀地悬浮于空气中，随呼吸而进入鸭体内。

气雾免疫接种应注意以下几个问题。

1）所用疫苗必须是高价的、倍量的。

2）稀释疫苗应该用去离子水或蒸馏水，最好加0.1%脱脂奶粉或明胶。

3）雾滴大小适中，一般要求喷出的雾粒在70%以上，成年鸭雾粒的直径应在5~10微米，雏鸭30~50微米。

4）喷雾时房舍要密闭，要遮蔽直射阳光，保持一定的温度和湿度，最好在夜间鸭群密集时进行，待10~15分钟后打开门窗。

5）气雾免疫接种对鸭群的干扰较大，尤其会加重鸭毒支原体及大肠杆菌引起的气囊炎，应予以注意，必要时于气雾免疫接种前后在饲料中加入抗菌药物。

3. 免疫接种应注意的问题

鸭群的免疫接种应注意下列问题。

（1）严格按照说明书要求进行 接种疫苗的稀释倍数、剂量和接种方法等都要严格按照说明书规定进行。

（2）疫苗现配现用 疫苗稀释时绝对不能用热水，稀释的疫苗不可置于阳光下暴晒，应放置在阴凉处，且必须在2小时内用完。

（3）接种疫苗的鸭必须健康 只有在鸭群健康状况良好的情况下接种疫苗，才能取得预期的免疫效果。对环境恶劣、疾病、营养缺乏等情况下的鸭群接种，往往效果不佳。

（4）妥善保管、运输疫苗 生物制品怕热，特别是弱毒苗必须低温冷藏在0℃以下；灭活苗保存在4℃左右为宜。要防止温度忽高忽低，运输时要有冷藏设备。若疫苗保管不当，不用冷藏瓶提取疫苗，存放时间过久而超过有效期，或冰箱冷藏条件差，均会使疫苗活力降低，影响免疫效果。

（5）选择恰当的接种时间 接种疫苗时，要注意母源抗体和其他病毒感染时对疫苗接种的干扰和抗体产生的抑制作用。

（6）接种疫苗的用具要严格消毒 对接种用具必须事先按规定消毒，遵守无菌操作要求，对接种后所有容器、用具也必须进行消毒，以防感染其他鸭群。

（7）注意接种某些疫苗时能用和禁用的药物 在接种禽霍乱活苗前后5天，应停止使用抗菌药物；而在接种病毒性疫苗时，在前2天和后5天要用抗菌药物，以防接种应激引起其他疾病感染；各种疫苗接种前后，均应在饲料中添加比平时多1倍的维生素，以保持鸭群强健的体质。

（8）注意配合综合性防疫措施和进行抗体水平监测 由于同一鸭种中个体的抗体水平不一致，体质也不一样，因此，同一种疫苗接种后反应和产生的免疫力也不一样。所以，单靠接种疫苗扑灭传染病往往有一定困难，必须配合综合性防疫措施，才能取得预期效果。同时，应创造条件对鸭群进行抗体水平监测，确定免疫效果和加强免疫时间。

4. 疫苗接种后的免疫监测

一般情况下，鸭群免疫接种后，多不进行免疫监测，但在疫病严重污染地区，为了确保鸭群获得可靠的免疫效果，时常在疫苗接种后测定其是否确实获得免疫（图1-42）。因为在某些因素的影响下，如疫苗的质量差、用法不当或鸭体免疫应答能力低等，虽然做了疫苗接种，但鸭群没有获得很强的免疫力，若忽视了再次免疫接种，就不能抵抗一些传染病的侵袭。

根据鸭体和疫苗应用情况，可将免疫监测分为4类。

图1-42 鸭群免疫监测

（1）从未免疫的鸭群 疫苗接种后，若鸭群出现阳性血清反应，则认为免疫成功，否则认为免疫失败。某些疫病尚要求血清达到一定的效价，才认为是免疫成功。

（2）曾免疫过的鸭群 再次做疫苗接种，需做免疫前和免疫后血清效价的比较，若免疫后血清效价有明显的升高，则认为免疫成功，否则需要重新进行免疫。

（3）观察疫苗在接种部位的反应 疫苗经皮肤刺种后，在刺种部位出现反应时，则认为免疫成功。若无反应，需重新接种。

（4）其他监测法 有些菌苗对鸭免疫后，既无局部反应，也不出现阳性血清反应，需要采取其他的特殊监测方法。

凡是经过监测之后，证明未能产生满意的免疫效果，一律需要重新再做免疫，直至获得满意的免疫效果为止。

七、鸭传染病的基本防治措施

1. 预防鸭传染病的基本措施

（1）鸭场选址要符合防疫要求 鸭场的场址应背风向阳，地势高燥，水源充足，排水方便。位置要远离村镇、机关、学校、工厂和居民区，与铁路、公路干线、运输河道也要有一定距离（图 1-43、图 1-44）。

（2）对饲养人员和车辆要进行严格消毒，切断外来传染源 鸭场和鸭舍出入口也应设置消毒设施，外来车辆进入厂区和饲养人员出入鸭舍要消毒（图 1-45~ 图 1-47）。

（3）建立场内兽医卫生制度

1）不得把后备鸭群或新购入的鸭群与成年鸭群混养，以防止疫病接力传染。

2）食槽、水槽要保持清洁卫生，定期清洗消毒。粪便要定期清除。

3）鸭转群前或鸭舍进鸭前要彻底对鸭舍和用具进行消毒（图 1-48）。

4）定期对鸭群进行计划免疫和药物防病，平养鸭要定期驱虫，疫苗接种是防止某些传染病发生的可靠措施，在接种时要查看疫苗的有效期、接种方法及剂量等（图 1-49）。预防性用药是根据某些病的发病规律提前用药，应注意各种抗菌类药物交替作用，以防病原菌产生抗药性。

图 1-43 建设中的鸭场

图 1-44 鸭场一角

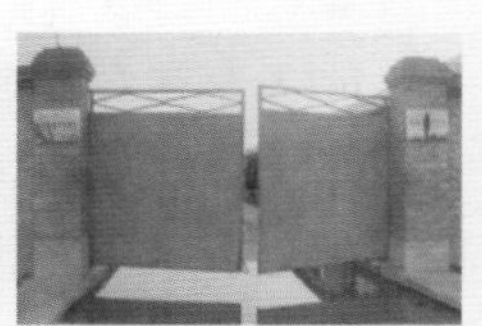

图 1-45 车辆消毒池

图 1-46 人员消毒通道

图 1-47 鸭舍门口消毒池

图 1-48 鸭舍消毒

图 1-49 鸭疫苗接种

5）养鸭场要重视和做好除鼠、防蚊、灭蝇工作。

（4）加强鸭群的饲养管理，提高鸭的抗病能力

1）选择优质的雏鸭。若从外场购进雏鸭，在准备进鸭前要了解所购雏鸭的种鸭场的建设水平、饲养管理水平及孵化水平，特别是种鸭场的卫生管理、种鸭的饲料营养和消毒情况对雏鸭的健康影响较大。如果种蛋消毒不严，孵化水平低，雏鸭伤寒、脐炎就比较严重；种鸭不接种传染性脑脊髓炎疫苗，就可能使雏鸭在1周龄内发生传染性脑脊髓炎，优质雏鸭抗病力强，育雏成活率高。

2）供给全价饲料。饲料的营养水平不仅影响鸭的生产能力，而且缺乏某些成分可发生相应的缺乏症。所以要从正规的饲料厂购买饲料，贮存时注意时间不要过长，并防止霉变和结块。在自配饲料时，要注意原料的质量，避免饲料配方与实际应用相脱节。

3）给予适宜的环境温度。适宜的环境温度有利于提高鸭群的生产能力。如果温度过高或过低，都会影响鸭群的健康，冷热不定很容易导致鸭群呼吸道病的发生。

4）维持良好的通风换气条件。鸭舍内的粪便及残存的饲料受细菌的作用可产生大量的氨气，加上鸭呼吸排出的气体对鸭是很有害的。特别是氨气一旦达到使人感觉不适甚至流泪的程度，可导致鸭呼吸道黏膜损伤而发生细菌和病毒的感染。要减少鸭舍内的有害气体，一方面可采取在不突然降低温度的情况下开窗或排风扇排气，另一方面要保持地面干燥卫生，减少氨气的产生。

5）保持合理的饲养密度。密度过大可造成鸭群拥挤和空气中有害气体增多，鸭群易患伤寒、球虫病、大肠杆菌病及慢性呼吸道病等。

6）尽量减少鸭群应激反应。过大的声音、转群、药物注射及饲养人员的穿戴和举止异常对鸭群是一种应激，在应激时鸭群容易发生球虫病、法氏囊病等。

（5）建立兽医疫情处理制度

1）兽医防疫人员每天要深入鸭舍观察鸭群，有疫情要立即诊断。

2）发现传染病时，病鸭隔离，病死鸭深埋或烧毁。对一些烈性传染病（如鸭瘟等），应及时报告上级兽医主管部门，并封锁鸭场，进行紧急接种，直至最后一只病鸭死亡半个月后不再有病鸭出现，方可报告上级兽医主管部门解除封锁。

3）对污染的鸭舍和用具要进行消毒处理，鸭的粪便需要堆积发酵后方可运出场外。

2. 扑灭鸭群传染病的基本措施

一旦发生传染病时，为了扑灭疫情，避免造成大范围流行，必须立即查明和消灭传染源，切断传播途径，提高鸭群对传染病的抵抗力。

（1）发现异常，及早做出诊断　发现鸭群中有部分鸭发病或异常时，应立即请兽医亲临现场，做出病情诊断，并查明发病原因。如果不能确诊，应把病鸭或刚死的鸭装在严密的容器内，立即送兽医权威部门进行确诊。必要时应把疫情通知周围鸭场或养鸭户，以便采取预防措施。

（2）针对疫情，及时采取防治措施 当确诊为鸭瘟、番鸭小鹅瘟等烈性传染病时，如果为流行初期，应立即对未发病鸭进行疫苗紧急接种，以便在短期内使流行逐渐停止。但是，已经感染正在潜伏期的病鸭，接种疫苗后，不但不能使其免疫，反而可能加速发病死亡。所以到了流行中期，已经感染而貌似健康的鸭为数很多，此时接种疫苗，往往收效不大。当确诊为禽霍乱等细菌性传染病时，在流行初期除用菌苗进行紧急接种外，还可用磺胺类药物或抗生素进行治疗和预防，并加强饲养管理。

（3）严格隔离和封锁，防止疫情蔓延 对发生传染病的鸭群要进行全部检疫，对检出的病鸭要隔离治疗；疑似病鸭应隔离观察，对病鸭或疑似病鸭设专人饲养管理。对发生传染病的鸭群和鸭场，应及早划定疫区，进行严格封锁（图 1-50）。在封锁期间，禁止雏鸭、种鸭、种蛋调进或调出。待场内病鸭已经全部痊愈或处理完毕，鸭舍、场地和用具经过严格消毒后，经 2 周再无新病例出现，然后再做 1 次严格大消毒，方可解除封锁。

图 1-50　疫区封锁

（4）坚决淘汰病鸭，彻底进行环境消毒 鸭群发病后，对所有病重的鸭要坚决淘汰。如果可以利用，必须在兽医主管部门同意的地点，在兽医监督下加工处理。鸭毛、血水、废弃的内脏要集中深埋，肉尸要高温处理。病死鸭的尸体、粪便和垫草等应运往指定地点烧毁或深埋，防止猪、犬等扒吃（图 1-51）。对被污染的鸭舍、运动场及饲养用具，都要用 2%~3% 热氢氧化钠溶液等高效消毒剂进行彻底消毒。

图 1-51　病死鸭的处理

第二章

鸭病毒性传染病的鉴别诊断与防治

一、鸭瘟

鸭瘟又叫鸭病毒性肠炎、鸭大头瘟，是由疱疹病毒引起的鸭、鹅、雁等水禽的一种急性、高度致死性传染病，以体温升高、黏膜出血、下痢和部分病鸭头颈部肿胀为特征。

流行特点

本病四季均可发生，以春、夏和秋季流行严重。不同年龄和品种的鸭均可感染，但以番鸭、麻鸭最易感染发病，北京鸭一般不易发病。1 月龄以内的雏鸭发病较少，成年鸭多发。本病主要通过呼吸道、消化道、交配等途径传播。本病传播迅速，发病率和死亡率均可达到 50%~100%。

一般潜伏期为 3~5 天，病程为 3~10 天。病鸭病初精神沉郁，厌食，缩颈垂翅，羽毛松乱（图 2-1），两脚麻痹，行走困难，强行驱赶，扑翅向前跳跃；体温升高，口渴大量饮水；流泪，眼周围羽毛粘湿（图 2-2），甚至有脓性分泌物，将眼睑粘连（图 2-3）；部分鸭头颈部肿胀（图 2-4），俗称“大头瘟”；鼻腔和眼睛流出浆液性、血性分泌物，呼吸困难，呼吸时发出鼻塞音，叫声嘶哑；下痢，排出灰白色或绿色稀便，

图 2-1　病鸭精神沉郁，羽毛松乱

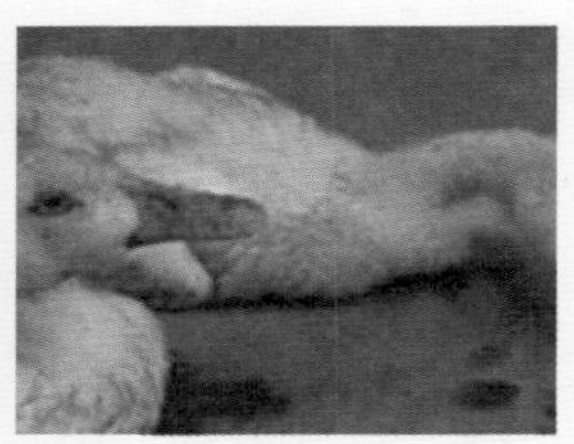
图 2-2　病鸭流泪，眼周围羽毛粘湿

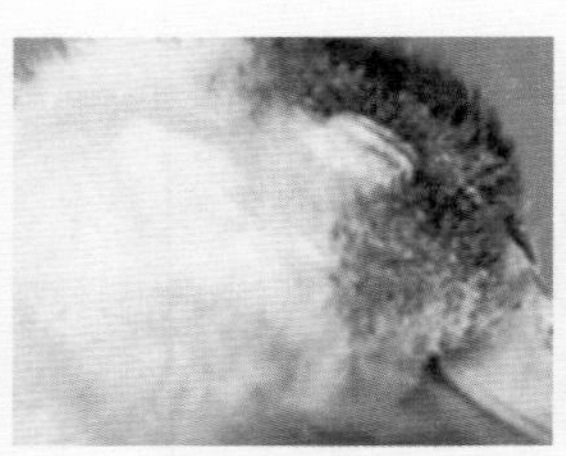
图 2-3　病鸭上下眼睑粘连

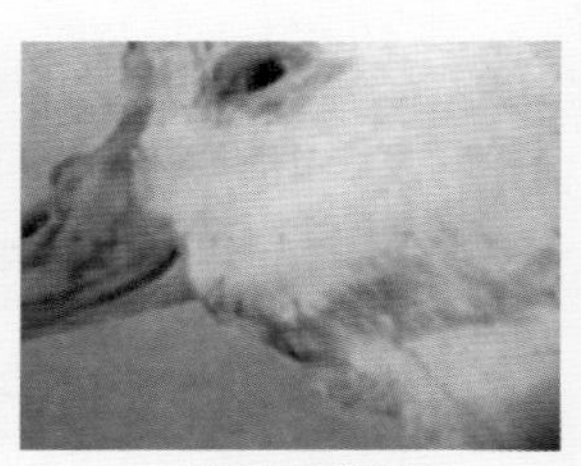
图 2-4　病鸭头颈部肿胀

肛门周围的羽毛被粪便污染并结块，泄殖腔黏膜充血、出血、水肿，严重者黏膜外翻；死亡时眼睛充血，嗉囊无食物，手感空虚。病程超过 1 周，病鸭体重迅速下降。

病理变化

成年病鸭剖检后可见皮肤、黏膜、浆膜出血，皮下组织、胸腔、腹腔常见有浅黄色的胶冻样浸润物（图 2-5）；口腔黏膜出血（图 2-6）；舌黏膜出血、溃疡（图 2-7）；食道黏膜有纵行排列的出血斑点（图 2-8、图 2-9），并有灰黄色假膜覆盖（图 2-10），假膜易剥离，剥离后食道黏膜留有溃疡斑痕，这是鸭瘟所具有的特征性病变；泄殖腔黏膜的病变与食道相同，黏膜表面覆盖有一层浅黄色、灰褐色或绿色的坏死结痂，不易剥离，黏膜上有出血斑点和水肿（图 2-11）；肝脏表面和切面有大小不等的灰黄色或灰白色的坏死斑点，少数坏死点中间有小点出血，或外围有一环状出血带（图 2-12~ 图 2-14）；心外膜充血、出血（图 2-15），呈“刷漆样”，冠状沟有出血点；脾脏略肿大，常呈暗褐色斑驳状（图 2-16）；胸腺和胰腺常见有小出血点或灰色坏死斑（图 2-17）；气管黏膜、肺出血（图 2-18、图 2-19）；整个肠道黏膜充血、环状出血（图 2-20），尤以十二指肠和直肠最为严重；食道膨大部与腺胃或腺胃与肌胃交界处常见有灰黄色坏死带或出血带，有时出现溃疡（图 2-21）。

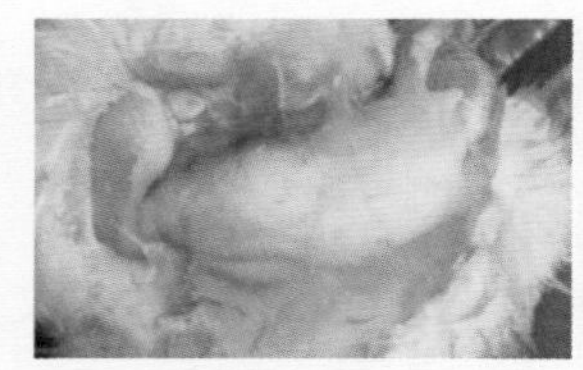
图 2-5　病鸭颈部皮下出血，有浅黄色胶冻样浸润物

图 2-6　病鸭口腔黏膜出血

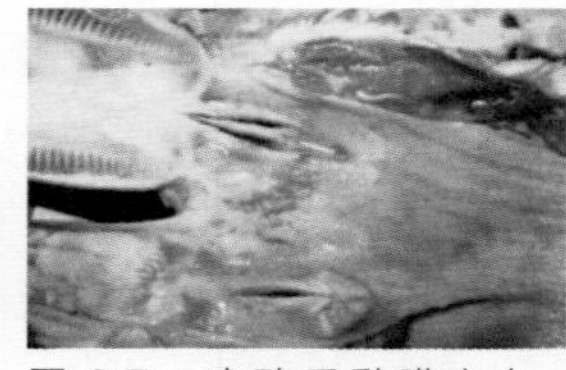
图 2-7　病鸭舌黏膜出血、溃疡

图 2-8　病鸭食道黏膜有纵行排列的出血斑点

产蛋鸭的卵巢可见充血和出血（图 2-22），有的因卵泡破裂而导致腹膜炎。

雏鸭的病变与成年鸭基本相似，但食道和泄殖腔的病变较轻，在小肠的肠壁上常见有环状出血带，法氏囊黏膜出血（图 2-23）。

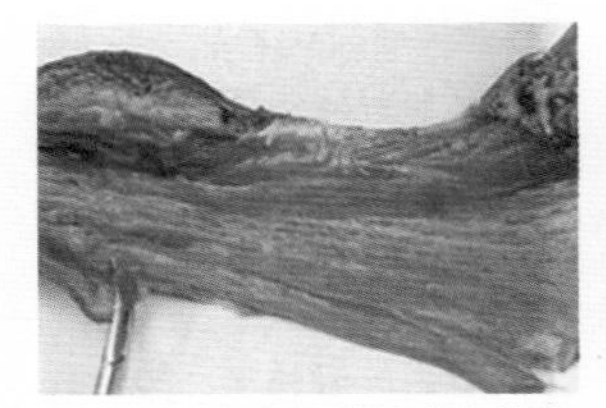
图 2-9 病鸭食道黏膜有纵行排列的出血带

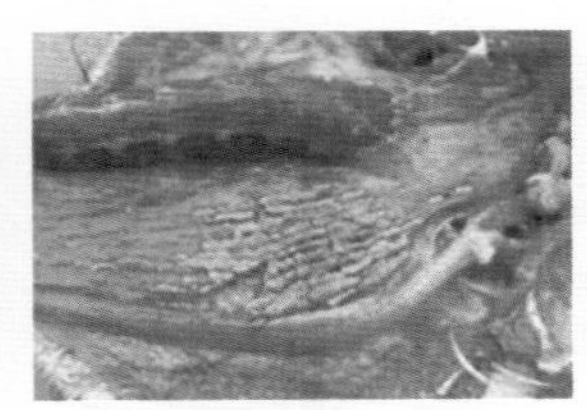
图 2-10 病鸭食道黏膜有灰黄色假膜覆盖

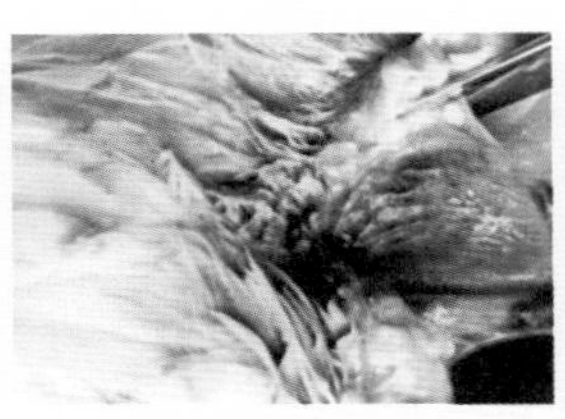
图 2-11 病鸭泄殖腔黏膜出血并伴有浅黄色坏死结痂

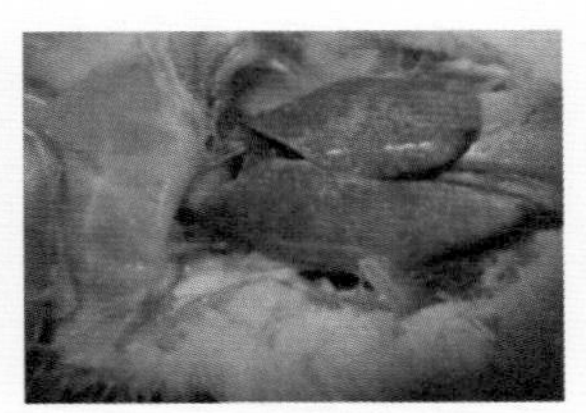
图 2-12 病鸭肝脏有出血斑点

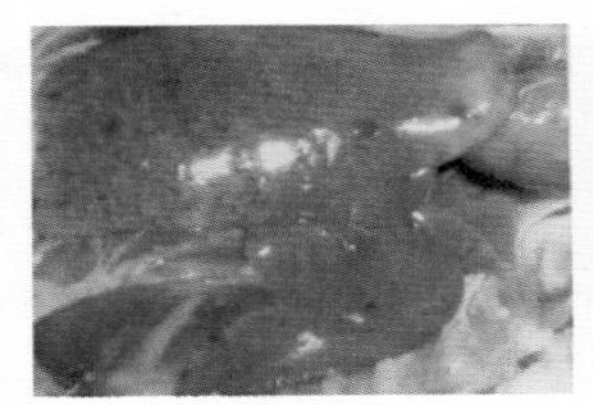
图 2-13 病鸭肝脏出血性坏死

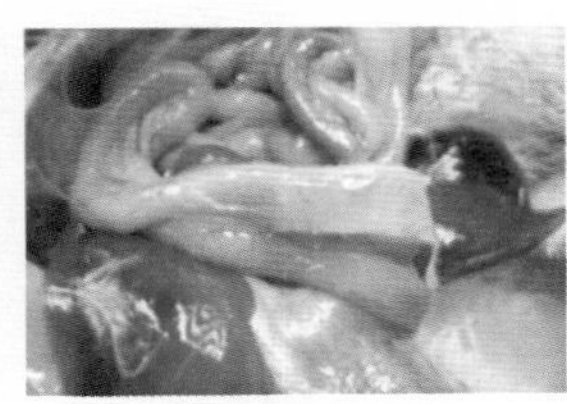
图 2-14 病鸭肝脏出血，有坏死灶

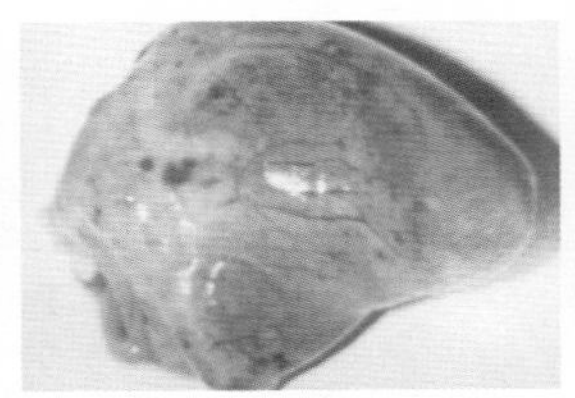
图 2-15 病鸭心脏出血

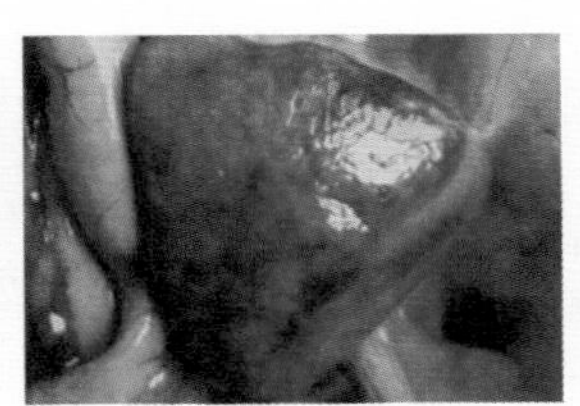
图 2-16 病鸭脾脏肿大、呈斑驳状

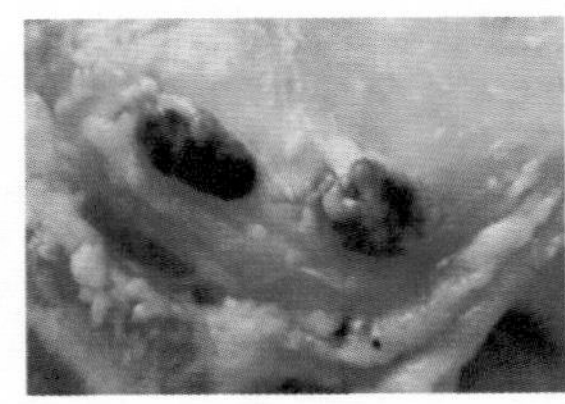
图 2-17 病鸭胸腺出血性坏死

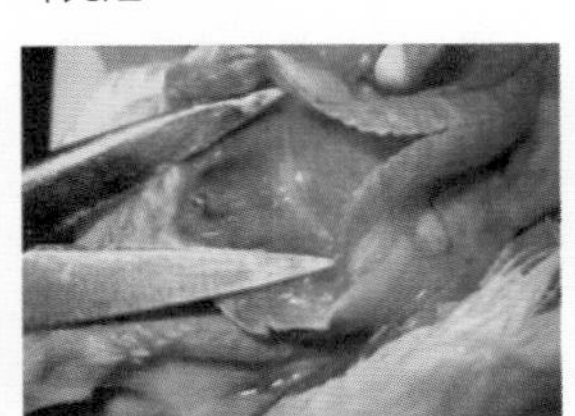
图 2-18 病鸭气管黏膜出血

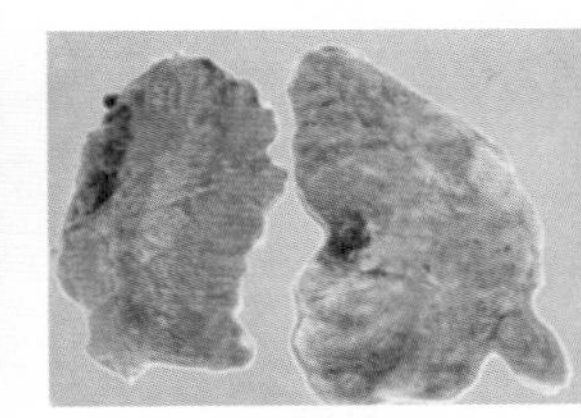
图 2-19 病鸭肺出血

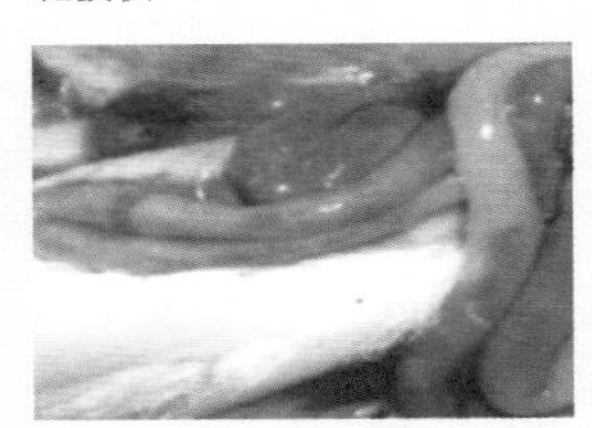
图 2-20 病鸭肠道环状出血

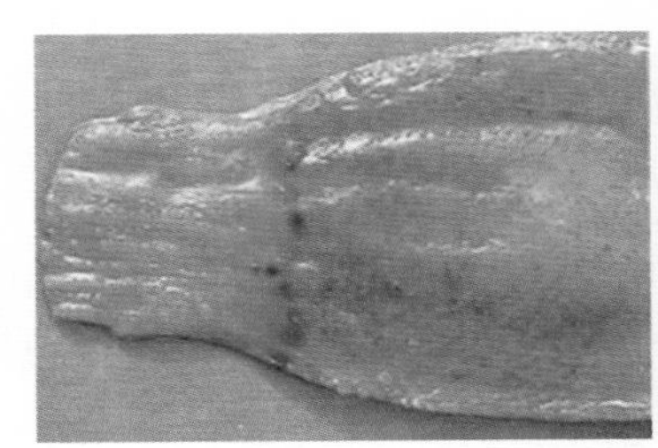
图 2-21 病鸭腺胃与食道膨大部交界处出血

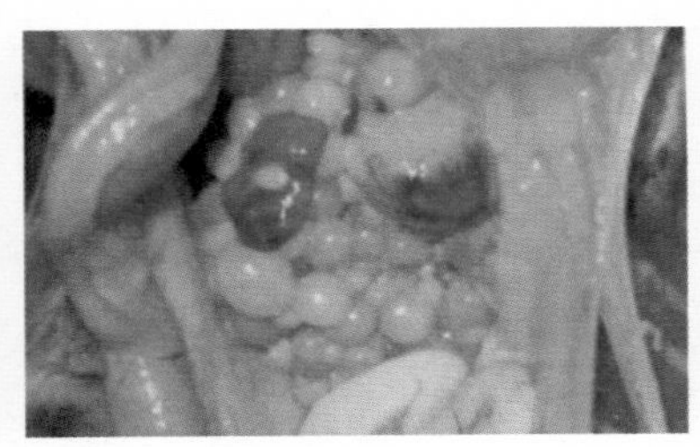
图 2-22 病鸭卵巢出血

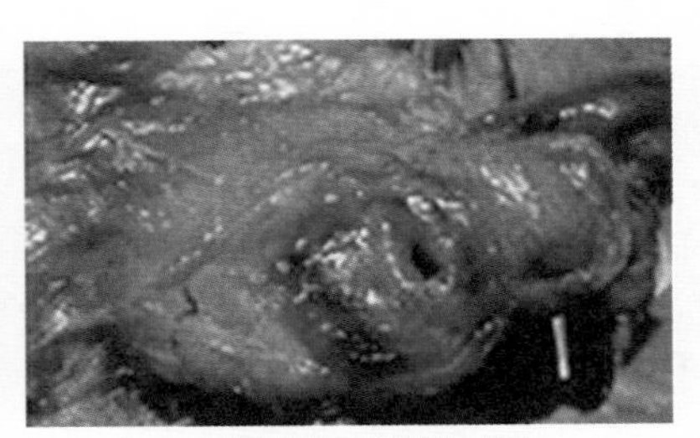
图 2-23 病雏鸭法氏囊黏膜出血

类症鉴别

病名	与鸭瘟的相似点	与鸭瘟的不同点
鸭巴氏杆菌病	二者均有精神沉郁，食欲减退，腹泻、肠炎等临床症状和剖检病变	鸭瘟流行范围较广，病程较长，一般多在发病后4~6天死亡，而鸭巴氏杆菌病一般零星发生，以产蛋的母鸭多发，病鸭常突然死亡；鸭瘟病例流鼻液、流泪，死亡时眼睛充血，嗉囊无食物，手感空虚，而鸭巴氏杆菌病病例常摇头，死亡时，口、鼻流稀血水，嗉囊里充满饲料，手感硬实；鸭瘟为疱疹病毒感染，而鸭巴氏杆菌病为多杀性巴氏杆菌感染，使用磺胺类药物或抗生素治疗有效；鸭巴氏杆菌病病例剖检可见肝脏表面有许多针头大小、分布均匀的灰白色病灶，而鸭瘟病例肝脏有大小不等的灰黄色坏死灶
鸭禽流感	二者均有精神沉郁，食欲减退，腹泻、肠炎等临床症状和剖检病变	鸭禽流感多发于1月龄以内的雏鸭，1月龄以后的雏鸭发病较少，而鸭瘟以成年鸭多发。鸭禽流感病例消化道病变类似鸭瘟，但不同的是：鸭禽流感病例腺胃乳头肿大，呈化脓性出血，并有灰白色分泌物；胰腺边缘充血，出血，有灰白色或黄白色坏死灶；成年产蛋鸭可在输卵管内见到白色或浅黄色的脓性渗出物或豆腐渣样的干酪样物质，法氏囊和肾脏肿大、出血
鸭病毒性肝炎	二者均有精神沉郁，食欲减退，腹泻、肠炎等临床症状和剖检病变	鸭病毒性肝炎对1~2周龄易感雏鸭有极高的发病率和致死率，超过3周龄雏鸭发病率较低，而鸭瘟以成年鸭多发。鸭病毒性肝炎病例缩颈，翅下垂，喙呈褐色，爪尖瘀血呈暗紫色，剖检可见肝脏肿胀，呈黄红色或花斑状，表面见有大小不等的出血点、出血斑，胆囊肿大，充满胆汁，脾脏有时肿大，外观也类似肝脏的花斑，多数肾脏充血、肿胀，气囊中有微黄色渗出液和纤维素絮片；而鸭瘟病例高热，怕光，肿头，流泪，眼周围有分泌物，两颊麻痹，剖检可见皮肤有出血点，皮下组织胶冻样浸润，消化道黏膜充血，有坏死假膜或溃疡，泄殖腔黏膜充血、出血、水肿和坏死

防控措施

鸭瘟目前尚无有效的治疗方法，控制本病依赖于平时的预防措施。预防应从消除传染源、切断传播途径和对易感鸭进行免疫接种等方面着手。

1）不从疫区引进种鸭、雏鸭或种蛋。一定要在引进时先了解当地有无疫情，确无疫情，经过检疫后才能引进。鸭运回后隔离饲养，观察2周。

2）病愈鸭及人工免疫鸭能获得坚强的免疫力。免疫母鸭可使雏鸭产生被动免疫，但10日龄以后雏鸭体内母源抗体大多迅速消失。对受威胁的鸭群可用鸭胚鸭瘟弱毒疫苗进行免疫。20日龄雏鸭开始首免，每只鸭肌内注射0.2毫升，5个月后再免疫接种1次即可。种鸭每年接种2次。产蛋鸭在停产期接种，一般在1周内产生坚强的免疫力。3月龄以上鸭肌内注射1毫升，免疫期可达1年。

3）鸭群一旦发生鸭瘟，必须迅速采取严格封锁、隔离、消毒、毁尸及紧急预防接种等综合性防疫措施。

二、鸭病毒性肝炎

鸭病毒性肝炎是由鸭肝炎病毒引起的雏鸭的一种急性、高度致死性传染病。其特征是发病急、传播迅速、病程短和死亡率高，病鸭表现角弓反张，肝脏肿大、有出血性斑点。

流行特点

在自然条件下，病毒性肝炎只发生于鸭，且只限于雏鸭。成年种鸭即使在病源污染的环境中也不会发病，并且不影响其产蛋率。雏鸭可通过蛋黄获得母源抗体。

本病主要通过消化道和呼吸道而发生感染。在野外和舍饲条件下，本病具有极强的传染性，可迅速传播给鸭群中的全部易感雏鸭。

本病的发生没有明显的季节性，一年四季均可发生，但似乎冬、春季更易发病。鸭场饲养管理和环境卫生条件等应激因素的影响较大。未施行免疫接种计划的鸭场，发病率可高达 100%，死亡率则差别很大，从不足 20% 到 90% 以上。一般来说，1 周龄内雏鸭死亡率最高，2~4 周龄的雏鸭次之，4~5 周龄的中雏鸭死亡率较低。5 周龄以上的鸭基本不发生死亡。

临床症状

潜伏期为 1~2 天。流行过程短促，发作和传播快，鸭群一旦感染，发病率急剧上升，短期内即可达到高峰，死亡常在 4~5 天发生，随即迅速下降以至终止，这是由于潜伏期及病程短，而雏鸭易感性又随日龄的增长而下降所致。雏鸭发病初期，精神委顿（图 2-24），食欲废绝，腹泻，排黄白色或灰绿色稀便（图 2-25），眼半闭呈昏睡状，以头触地，不久即出现神经症状，运动失调，身体倒向一侧，两脚痉挛踢动，死前头向背部扭曲，呈角弓反张状（图 2-26、图 2-27）。

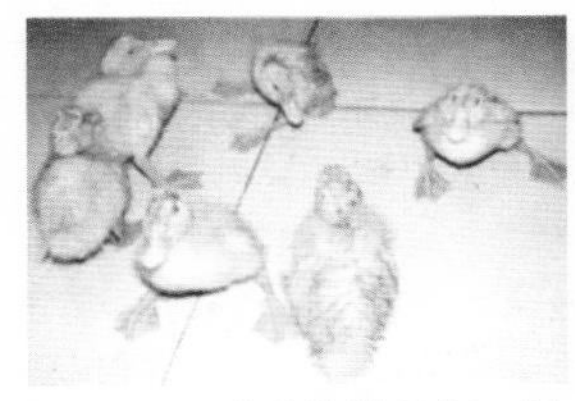
图 2-24　病鸭精神委顿，倒向一侧

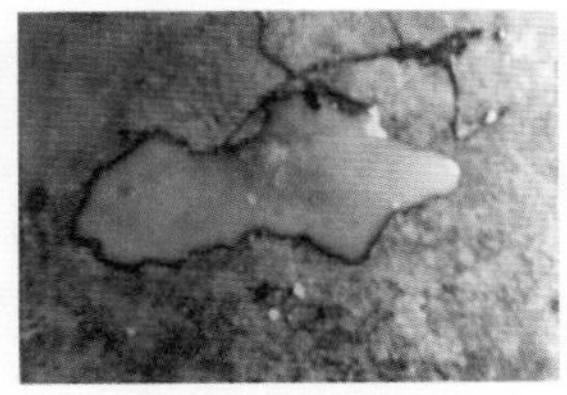
图 2-25　病鸭排灰绿色稀便

图 2-26　病鸭角弓反张

图 2-27　病鸭头向后背，脚痉挛踢动，呈角弓反张状

病理变化

病死鸭体况良好，绒毛外观也比较好，喙端和爪尖瘀血而呈暗紫色。剖检可见肝脏肿大、质脆、色暗淡或发黄，表面有大小不等的出血斑点（图 2-28~ 图 2-31）；胆囊肿胀、呈长卵圆形（图 2-32），内充满胆汁，胆汁呈褐色、浅茶色或浅绿色；脾脏有时肿胀、呈斑驳状（图 2-33）；多数病例肾脏肿胀、呈灰暗色，表面出血（图 2-34），血管明显呈暗紫色的树枝状；直肠黏膜出血（图 2-35）；气囊中有微黄色渗出液和纤维素絮片；日龄较大的雏鸭可能继发有细菌性败血症的变化，如雏鸭疫里默氏杆菌病、雏鸭沙门菌病等。

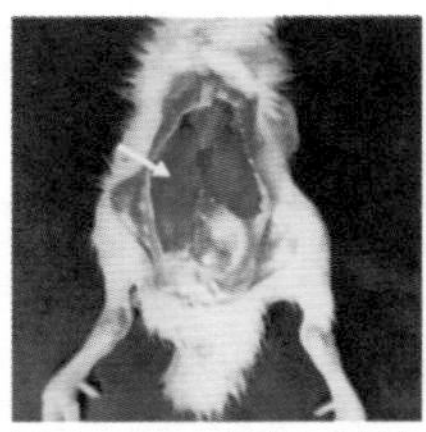
图 2-28　病鸭肝脏肿大、色发黄，肝脏表面有大量出血斑点

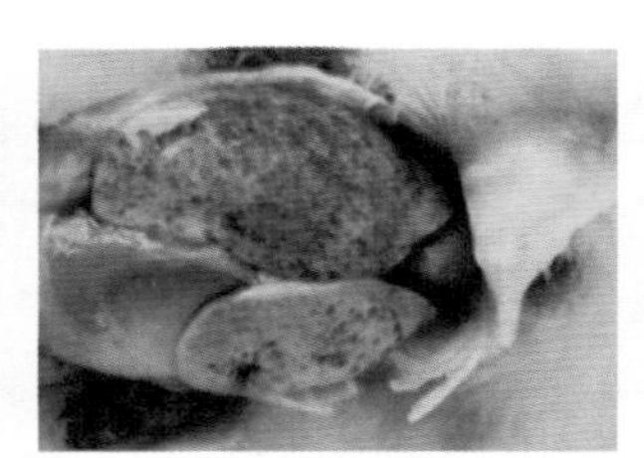
图 2-29　病鸭肝脏表面有明显的出血点

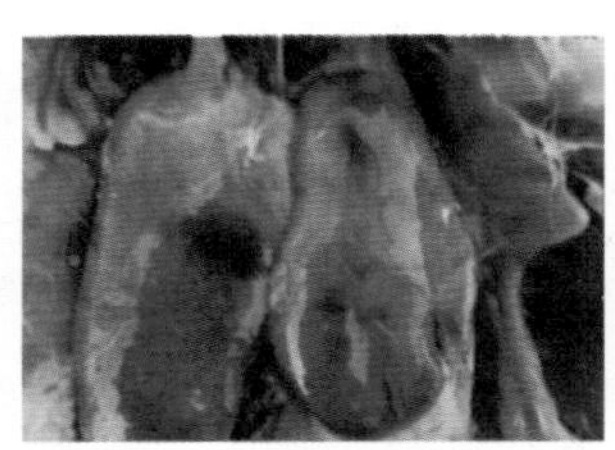
图 2-30　病鸭肝脏表面有明显的出血斑

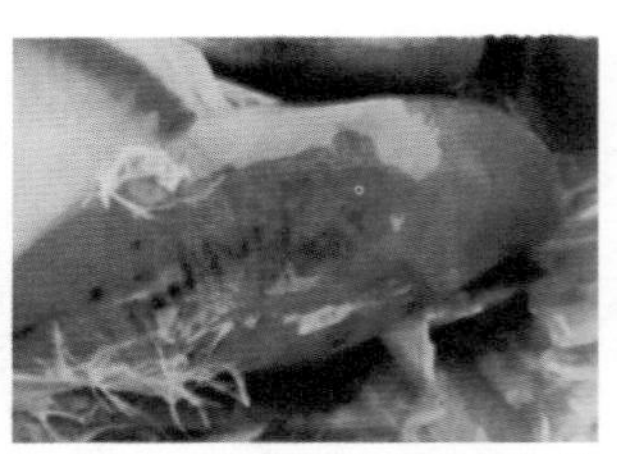
图 2-31　病鸭肝脏表面有条状或刷状出血带

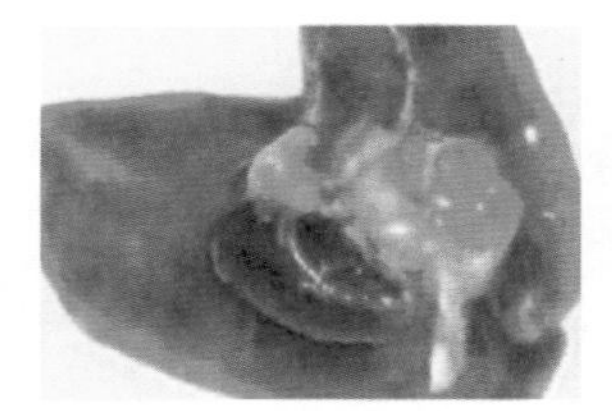
图 2-32　病鸭胆囊肿胀

图 2-33　病鸭脾脏肿胀

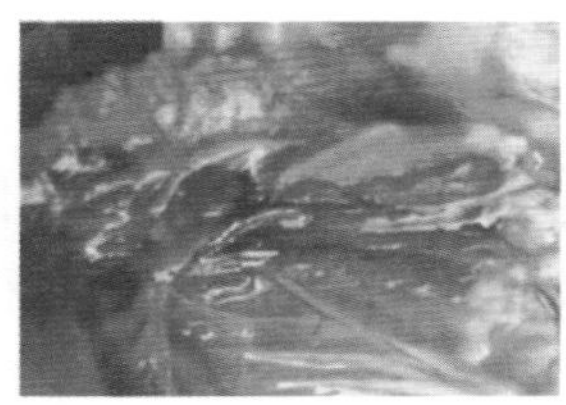
图 2-34　病鸭肾脏肿胀，表面出血

图 2-35　病鸭直肠黏膜出血

类症鉴别

病名	与鸭病毒性肝炎的相似点	与鸭病毒性肝炎的不同点
鸭巴氏杆菌病	二者均有精神沉郁，食欲减退，腹泻、肠炎等临床症状和剖检病变	鸭巴氏杆菌病在各种年龄的鸭均能发生，常呈败血经过，缺乏神经症状。青年鸭、成年鸭比雏鸭更易感，尤其是 3 周龄以内的雏鸭很少发生；剖检可见肝脏肿大，有灰白色针尖大的坏死灶，心冠沟脂肪组织有出血斑，心包积液，十二指肠黏膜严重出血等特征性病变，与鸭病毒性肝炎完全不同；肝脏组织触片、心包液涂片，革兰染色或亚甲蓝染色可见许多两极染色的卵圆形小杆菌，用肝脏组织和心包液接种鲜血培养基，能分离到巴氏杆菌

（续）

病名	与鸭病毒性肝炎的相似点	与鸭病毒性肝炎的不同点
鸭疫里默氏杆菌病	二者均有精神沉郁，食欲减退，腹泻、肠炎等临床症状和剖检病变	鸭疫里默氏杆菌病可感染鸡和鹅，多发于 2~3 周龄的雏鸭；病鸭眼、鼻分泌物增多，头颈发抖，昏睡；剖检可见纤维素性心包炎、纤维素性气囊炎和纤维素性肝周炎，脑血管扩张、充血，脾脏肿胀、呈斑驳状
鸭沙门菌病	二者均有精神沉郁，食欲减退，腹泻、肠炎等临床症状和剖检病变	鸭沙门菌病常见于 2 周龄以内的雏鸭；病鸭主要特征是严重下痢，眼有浆液脓性结膜炎，分泌物较多；剖检可见肝脏有细小的灰黄色坏死灶，肠黏膜水肿、充血及点状出血
鸭曲霉菌病	二者均有精神沉郁，食欲减退，腹泻、肠炎等临床症状和剖检病变	鸭曲霉菌病多发于 1~15 日龄的雏鸭；病鸭主要症状为呼吸困难，张口呼吸；剖检时可见病鸭肺和气囊上有白色或浅黄色干酪样病灶；检查饲料可发现饲料霉败变质，或垫料严重霉变

防治措施

1）一旦雏鸭群发生病毒性肝炎，则应采用紧急预防措施，注射高免雏鸭肝炎血清，或高免雏鸭肝炎卵黄抗体，每只肌内注射 0.5~1 毫升，能够有效地控制本病在鸭群中的传播流行和降低死亡率。

2）在流行鸭病毒性肝炎的地区，可以用弱毒疫苗免疫产蛋母鸭。方法是在母鸭开产之前 2~4 周每只肌内注射 0.5 毫升未经稀释的胚液，这样母鸭所产的蛋中就含有大量母源抗体，所孵出的雏鸭因此而获得被动免疫，免疫力能维持 3~4 周，是当前预防本病的一种既操作方便又安全有效的方法。

3）加强环境卫生管理，严格执行检疫和消毒制度，也是预防本病的积极措施。

三、鸭禽流感

鸭禽流感全称为鸭流行性感冒，是由 A 型流感病毒，特别是 H5N1、H7N1、H9N1 亚型毒株引起的家禽和野禽的一种严重败血性传染病。雏鸭感染后发病率高，死亡率高，常给养鸭业造成严重的经济损失。

流行特点

各种家禽以及野生禽类均可发生感染，在禽类中尤其对鸡、鸭和火鸡的危害最为严重，常可导致大批死亡。

本病主要发生于2~6周龄的鸭，一般冬、春寒冷季节多发。被感染的家禽从呼吸道和粪便中排出病毒。鸟类、哺乳动物（犬、猫、鼠）、饲料、饮水、饲养用具、车辆及人员等均可传播本病。通过与感染禽直接或间接接触使病毒经呼吸道或消化道感染发病。

感染不同流感病毒的致病力差异很大，在自然情况下，有些毒株，如H5N1、H7N1、H9N1亚型毒株的致病性较强，鸭群的发病率和死亡率均较高；有些毒株仅引起轻度的呼吸道症状。鸭、鹅、鸡、火鸡、鸽、鹌鹑等家禽都能自然感染禽流感，鸡及火鸡等感染后常引起呼吸道症状和产蛋率下降，或能导致大量死亡，但鸭等成年水禽大多处于健康带毒状态而不发病。

临床症状

本病的潜伏期长短不一，从数小时至2~3天，由于家禽的种类、年龄、病毒株和外界环境条件不同及有无并发症等，因而表现的症状也有很大的差异。

（1）雏鸭、育成鸭 表现精神沉郁，眼眶湿润，结膜充血、潮红或出血，流泪，鼻腔出血，流鼻液，呼吸困难，咳嗽，打喷嚏，呼吸有啰音，食欲减退或废绝，下痢，排黄白色或黄绿色稀便（图2-36~图2-41）。后期出现劈叉、扭颈、摇头、仰翻或横冲直撞等神经症状（图2-42）。濒死时呈侧卧或角弓反张，喙端发绀，脚部鳞片出血（图2-43~图2-45）。死亡率可高达30%~70%（图2-46）。

图2-36 病鸭精神沉郁

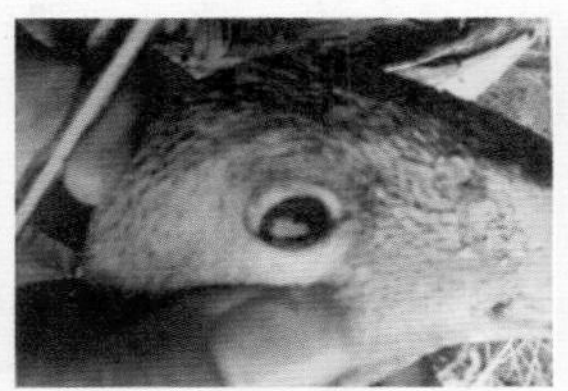

图2-37 病鸭结膜充血、潮红或出血

图2-38 病鸭流带泡沫的眼泪

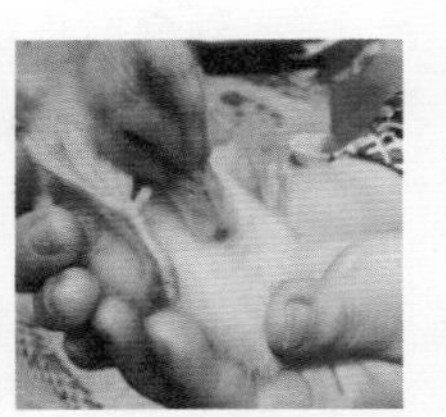

图2-39 病鸭流出浆液性鼻液

图2-40 病鸭蹲伏，鼻腔出血

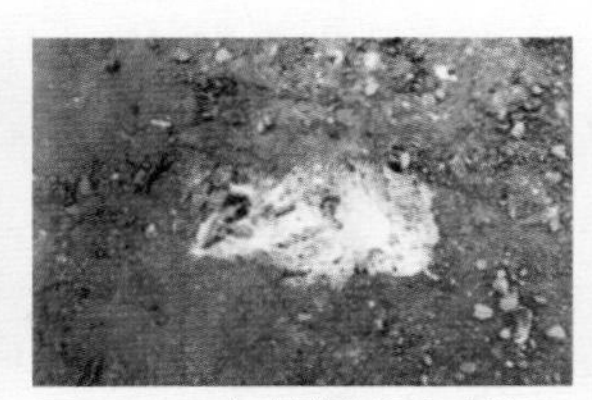

图2-41 病鸭排黄绿色稀便

图2-42 病鸭扭颈

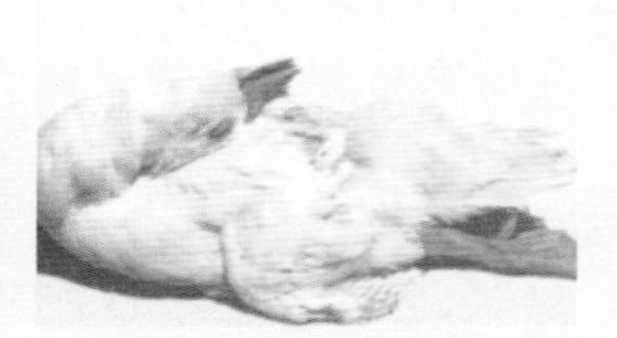

图2-43 病鸭角弓反张

图 2-44　病鸭濒死前喙端发绀

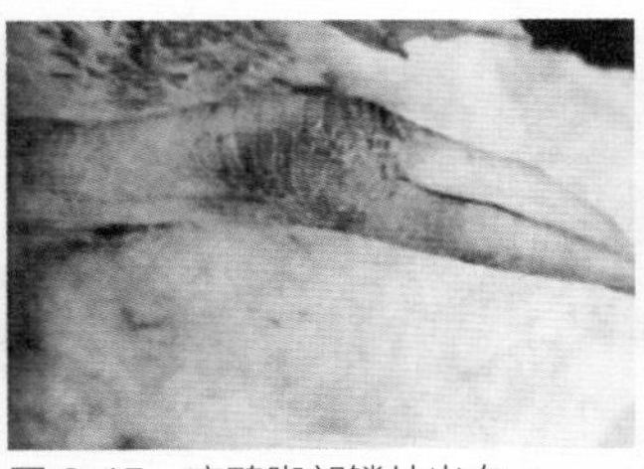

图 2-45　病鸭脚部鳞片出血

图 2-46　病鸭出现大批死亡

（2）填鸭　除精神沉郁和喜卧外，多表现消化功能紊乱，食道积食（俗称不化食），经久不愈直至死亡。

（3）产蛋鸭　多发于天气骤变时，突然发病，产蛋率急剧下降，1 周内可由 95% 下降到 30% 左右，甚至停产。蛋壳褪色，产畸形蛋（产小蛋、软蛋或粗壳蛋）。产蛋恢复较慢，很难达到原来的产蛋水平。病鸭除个别因继发感染（多为大肠杆菌）而死亡外，一般很少死亡。

病理变化

病鸭头颈部肿胀，皮下出血、水肿、有浅黄色胶冻样浸润物（图 2-47），两脚爪干燥，鳞片有紫红色的出血斑。剖检可见病死鸭鼻腔和眶下窦充有浆液或黏液性分泌物。慢性病例的窦腔内见有干酪样分泌物，鼻腔、喉头及气管黏膜充血，气囊混浊，轻度水肿，呈纤维素性气囊炎。脾脏稍肿大、瘀血（图 2-48）；心冠脂肪、心外膜、心内膜出血，心肌坏死，心包积液（图 2-49~ 图 2-52）；肺充血、出血、水肿（图 2-53）；肝脏肿大、瘀血、出血，部分病例肝小叶间质增宽（图 2-54）；肾脏稍肿大，充血；胰腺边缘充血、出血，有出血斑和坏死灶，或液化状（图 2-55）；胸壁有浅黄色胶冻样物；腺胃黏性分泌物较多，部分病例黏膜出血；腺胃乳头肿大，呈化脓性出血，并有灰白色分泌物，肌胃角质层下出血（图 2-56、图 2-57）；肠黏膜及淋巴组织出血，有局灶性出血斑或出血块，或有出血性溃疡病灶，十二指肠呈环状出血，直肠后段黏膜出血（图 2-58~ 图 2-60）；法氏囊肿大、出血；产蛋母鸭卵泡破裂于腹腔中，卵泡膜充血、出血、变形，输卵管浆膜充血、出血，腔内有凝着蛋白，成年产蛋鸭可在输卵管内见到白色或浅黄色的脓性渗出物或豆腐渣样的干酪样物质；病程较长患病母鸭卵巢中的卵泡萎缩，卵泡膜充血、出血或变形，呈紫葡萄状卵巢（图 2-61、图 2-62）。

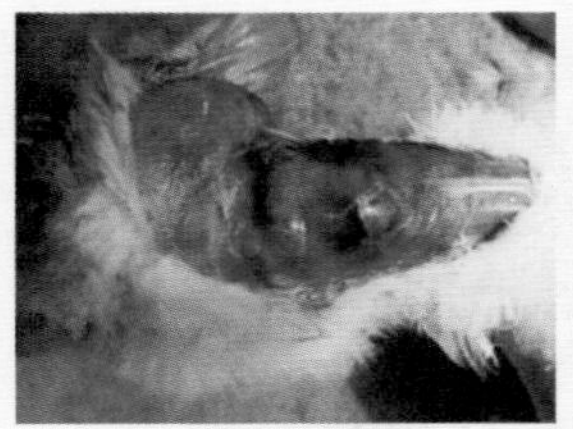

图 2-47　病鸭头颈部皮下出血、水肿

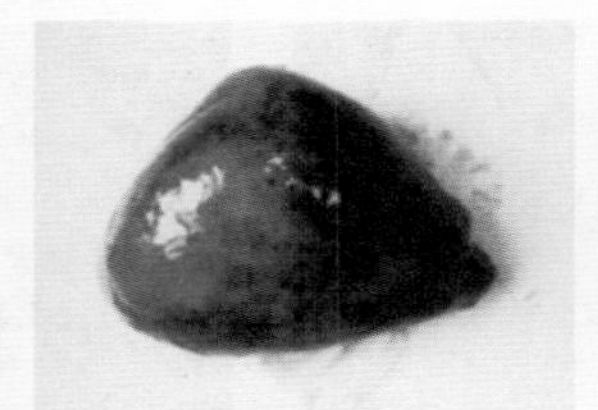

图 2-48　病鸭脾脏肿大、瘀血

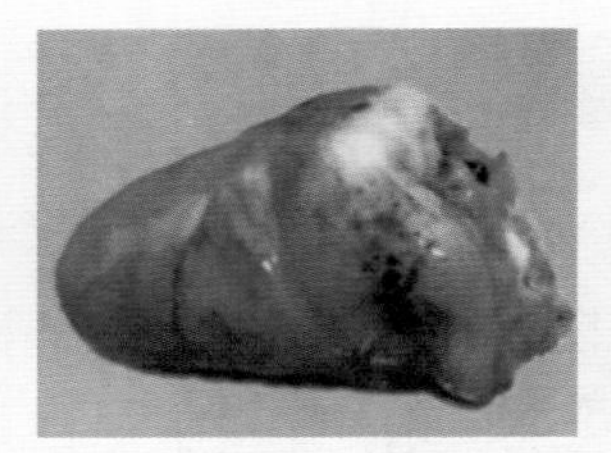

图 2-49　病鸭心冠脂肪、心外膜出血

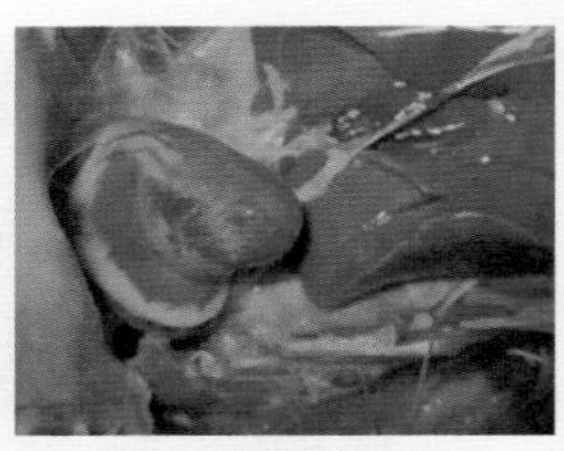

图 2-50　病鸭心肌表面有白色条纹样坏死

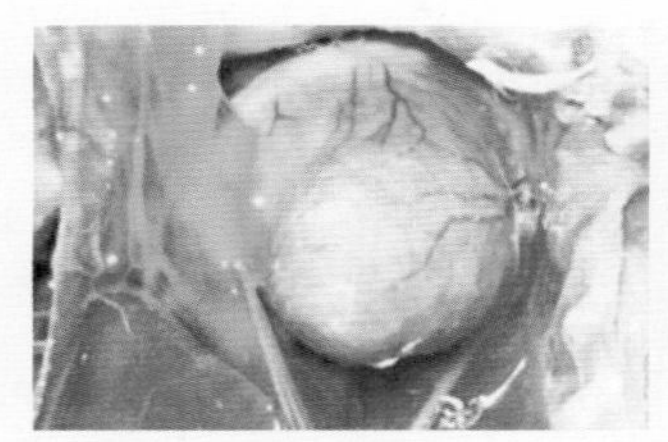

图 2-51　病鸭心肌坏死，心包积液

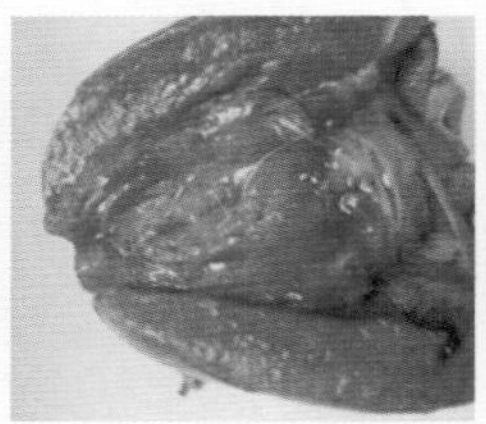

图 2-52　病鸭心内膜出血

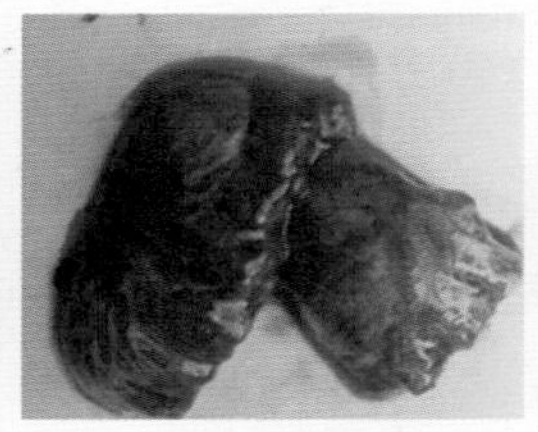

图 2-53　病鸭肺充血、出血、水肿

图 2-54　病鸭肝脏肿大、出血

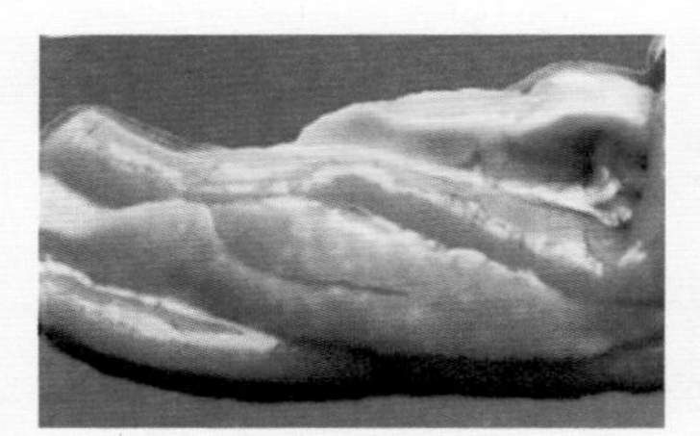

图 2-55　病鸭胰腺有黑白色坏死灶

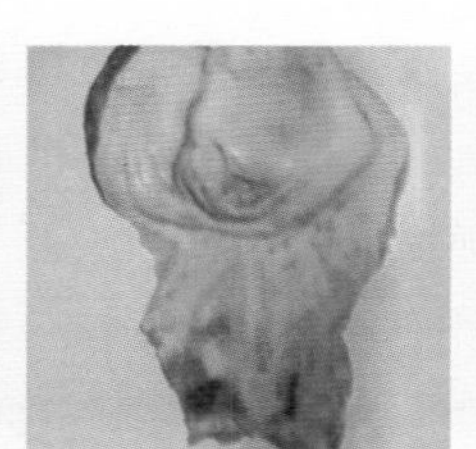

图 2-56　病鸭腺胃出血

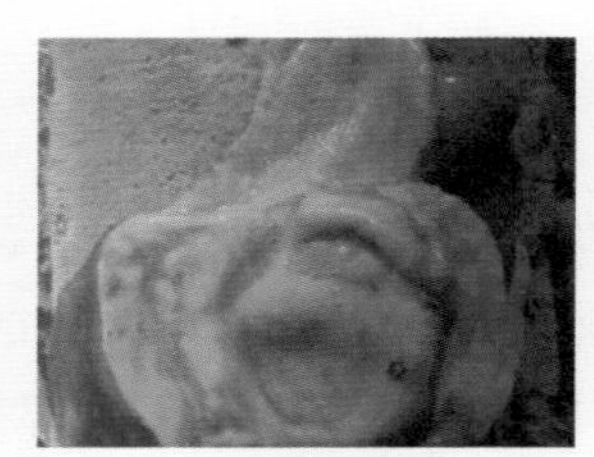

图 2-57　病鸭肌胃角质层下出血

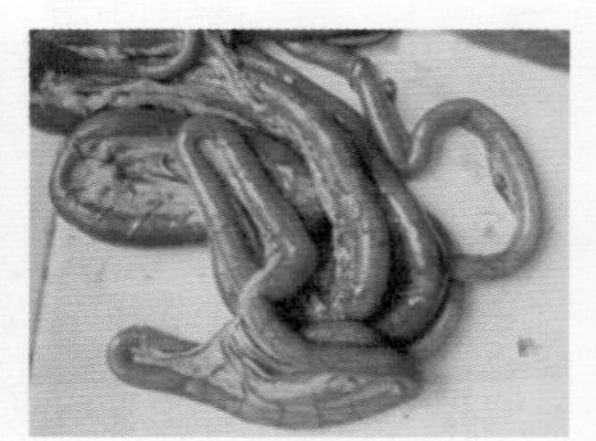

图 2-58　病鸭整个肠道充血、出血

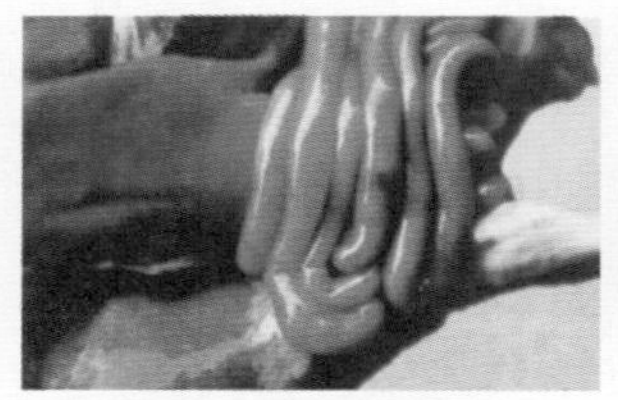

图 2-59　病鸭肠淋巴组织出血

图 2-60　病鸭十二指肠环状出血

图 2-61　病鸭卵泡变形、变性，出血且呈紫葡萄状

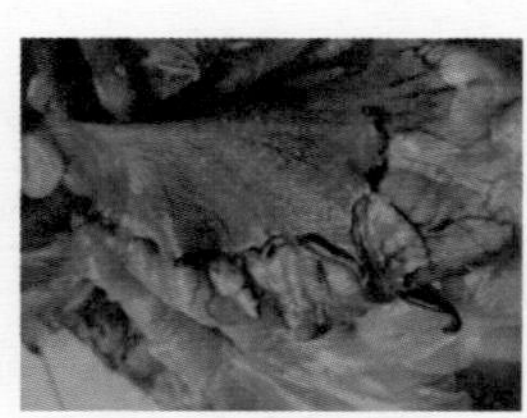

图 2-62　病鸭输卵管浆膜充血、出血

类症鉴别

病名	与鸭禽流感的相似点	与鸭禽流感的不同点
鸭瘟	二者均有精神沉郁，食欲减退，腹泻，共济失调，头颈侧斜扭曲，腿瘫软，角弓反张，肠炎等临床症状和剖检病变	鸭瘟多发于成年鸭，病鸭高温流泪，眼结膜充血、水肿，有的外翻，眼睑周围羽毛湿润呈湿圈，严重者上下眼睑粘连，部分病鸭头部皮下水肿导致头部肿大，故有“大头瘟”或“肿头瘟”之称，多呈急性死亡，病程较短；剖检可见肝脏表面和切面有大小不等的灰黄色或灰白色的坏死斑点，少数坏死点中间有小点出血，或外围有一环状出血带，心外膜充血、出血，呈“刷漆样”，冠状沟有出血点，脾脏略肿大，常呈暗褐色，胸腺和胰腺常见有小出血点或灰色坏死斑
鸭病毒性肝炎	二者均有精神沉郁，食欲减退，腹泻，共济失调，头颈侧斜扭曲，腿瘫软，角弓反张，肠炎等临床症状和剖检病变	鸭病毒性肝炎潜伏期短，感染 24 小时就可发病，所以一般发生在雏鸭阶段，集中在 2~12 日龄发病，而鸭禽流感各种日龄均可感染，但临床上以 1 月龄以上的鸭发病多见；鸭病毒性肝炎病例缩颈，翅下垂，喙呈褐色，爪尖瘀血呈暗紫色；剖检可见肝脏肿胀，呈黄红色或花斑状，表面有大小不等的出血点、出血斑，胆囊肿大，充满胆汁，脾脏有时肿大，外观也类似肝脏的花斑，多数肾脏充血、肿胀，气囊中有微黄色渗出液和纤维素絮片
鸭细小病毒感染	二者均有精神沉郁，食欲减退，腹泻，共济失调，头颈侧斜扭曲，腿瘫软，角弓反张，肠炎等临床症状和剖检病变	鸭细小病毒感染急性病例多见于 7~14 日龄雏番鸭，病雏鸭两翅下垂，尾端向下弯曲，无力走动，排灰白色或浅绿色稀便并黏附于肛门周围；剖检可见泄殖腔扩张外翻，心脏变圆，心壁松弛，肾脏、脾脏表面有针尖大、灰白色坏死灶
鸭疫里默氏杆菌病	二者均有精神沉郁，食欲减退，腹泻，共济失调，头颈侧斜扭曲，腿瘫软，角弓反张，肠炎等临床症状和剖检病变	鸭疫里默氏杆菌病多发于 15~30 日龄的雏鸭，而禽流感各种日龄均可感染，但临床上以 1 月龄以上的鸭发病多见；鸭疫里默氏杆菌病病例随着病程的发展和内脏组织器官被损坏，逐渐转为僵鸭或残鸭，表现为生长不良，极度消瘦，病程拖延时间较长，并反复发作
鸭维生素 B_1 缺乏症	二者均有精神沉郁，食欲减退，腹泻，共济失调，头颈侧斜扭曲，腿瘫软，角弓反张，肠炎等临床症状和剖检病变	维生素 B_1 缺乏症多发于成年鸭；雏鸭发病多表现突发性，个别鸭腿肌麻痹，头后仰呈“观星状”

防治措施

（1）禁止从疫区引种，从源头上控制本病的发生　正常的引种要做好隔离检疫工作，最好对引进的种鸭群抽血，做血清学检查，淘汰阳性个体；无条件的也要对引进的种鸭隔离观察 5~7 天，淘汰盲眼、红眼、精神不振、步态不正常、排绿色粪便的个体。

（2）鸭群接种禽流感灭活疫苗 种鸭群每年春、秋季各接种1次，每次每只接种2~3毫升；雏鸭10~15日龄每只首免接种0.5毫升，25~30日龄每只再接种1~2毫升，可取得良好的效果。

（3）避免鸡、鸭、鹅混养和串栏 禽流感可种间传播，应引起注意。

（4）栏舍、场地、水上运动场、用具、孵化设备要定期消毒，保持清洁卫生 水上运动场以流动水最好。水塘、场地可用生石灰消毒，平时隔15天消毒1次，有疫情时隔7天消毒1次；用具、孵化设备可用福尔马林熏蒸消毒或用百毒杀喷雾消毒；产蛋箱的垫料要常换、消毒。

（5）种鸭群和肉鸭群分开饲养 场地、水上运动场、用具都应相对独立使用。肉鸭饲养实行全进全出制度，出栏后空栏要消毒和净化15天以上。

（6）隔离可疑病例，防止扩散 一旦受到疫情威胁或发现可疑病例，应立即上报相关兽医主管部门，立刻采取有效措施防止扩散，包括及时准确诊断病例及隔离、封锁、销毁、消毒、紧急接种、预防投药等。

四、鸭细小病毒感染

鸭细小病毒感染是由细小病毒引起的一种急性、败血性传染病。由于本病多发于番鸭（瘤头鸭），固又多称为番鸭细小病毒感染。本病的特点是主要发生于3周龄以内的雏番鸭，具有高度传染性和死亡率；病鸭肠道严重发炎，肠黏膜坏死、脱落，肠管脓肿、出血。

流行特点

本病的发生没有性别差异，但与日龄有关。一般从4~5日龄初发病，10日龄左右达到高峰，以后逐日减少，20日龄以后表现为零星发病。随着饲养年限增加，雏鸭发病日龄有延长的趋势，即30日龄以后的番鸭偶尔也有发病，但其死亡率较低，往往形成僵鸭。

本病主要经消化道感染，孵化场和带毒鸭是主要传染源。成年鸭感染本病后不表现任何症状，但能随分泌物、排泄物排出大量病毒污染环境，成为重要传染源。本病也可垂直污染种蛋。带病毒的种蛋污染孵化场，随着工作人员的流动、工具污染等造成大面积传播。

本病的发生一般无明显季节性，特别是我国南部地区，常年平均温度较高，湿度较大，易发生本病。散养的雏番鸭全年均可发病。但在集约化养殖场，本病主要发生于当年9月至第二年3月，原因是这段时间气温相对较低，育雏室内门窗紧闭，空气流通不畅，污染较为严重，发病率和死亡率均较高；而在夏季，通风较好，发病率一般在20%~30%。

本病的发病率和死亡率受饲养管理因素的影响较大。实践中，凡是管理适当、消毒严格、通风良好，种鸭进行免疫接种且防污染控制较好者，本病发生率和死亡率可控制在30%以内。管理条件差、育雏室污染严重且通风不良，种鸭未进行免疫者，雏番鸭的发病率和死亡率可达80%左右。

临床症状

潜伏期为4~16天，最短2天。根据病程长短，可分为最急性型、急性型和亚急性型。

（1）最急性型 多发生于出壳后6天以内的雏鸭。其病势凶猛，病程很短，只有数小时。多数病例不表现先驱症状即衰竭，倒地死亡。此型的病雏鸭喙端、泄殖腔、蹼间等变化不明显，偶见羽毛直立、蓬松。病雏鸭临死时，两脚乱划，头颈向一侧扭曲。该型发病率低，占全部病例的4%~6%。

（2）急性型 急性型多发生于7~21日龄，占全部病例的90%以上。病雏鸭主要表现为精神委顿，羽毛蓬松、直立，挤堆或离群呆立（图2-63、图2-64），两翅下垂，尾端向下弯曲，两脚无力且懒于走动，不合群，对食物啄而不吃；有不同程度的腹泻现象，排出黄白色或浅绿色稀便（图2-65），内常混有絮状物，并常黏附于肛门周围；喙端发绀；蹼间及脚趾边不同程度发绀；呼吸用力，后期常蹲伏于地，张嘴呼吸；临死前两脚麻痹，倒地抽搐，最后衰竭死亡。病程为2~4天。

图2-63 病鸭挤堆

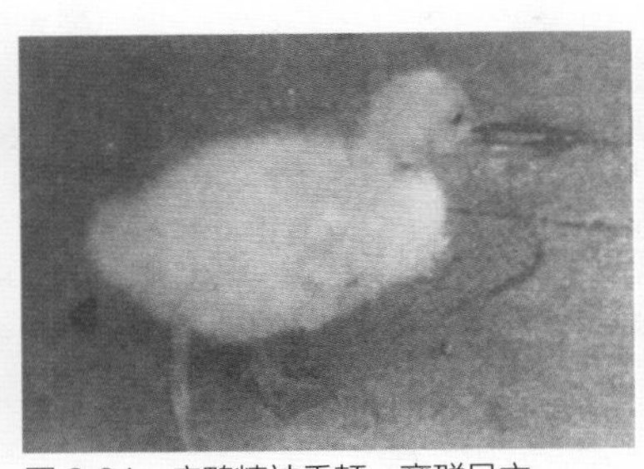
图2-64 病鸭精神委顿，离群呆立

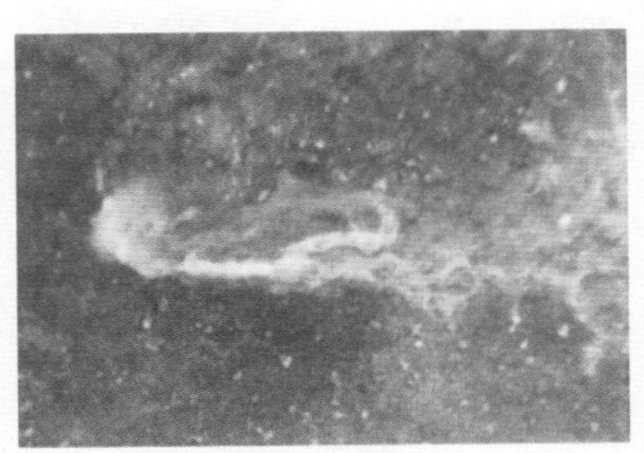
图2-65 病鸭排黄白色稀便

（3）亚急性型 本型病例较少，往往是由急性型随日龄增加转化而来。主要表现为精神委顿，喜蹲伏，排黄绿色或灰白色稀便，并黏附于肛门周围。此型死亡率随日龄增加而渐减，幸存者多成僵鸭。该型病例在 6 周龄鸭中也有极个别发生。

病理变化

最急性型由于病程短，病理变化不明显，只在肠道内出现急性卡他性炎症，并伴有肠黏膜出血，其他内脏无明显病变。

急性型病理变化较为典型，呈全身败血现象。肛门周围有大量稀便，泄殖腔扩张、外翻；心脏变圆，心房扩张，心壁松弛，尤以左心室病变明显，有半数病例心肌呈瓷白色；肝脏稍肿大，呈紫褐色或土色，无明显坏死灶；胆囊显著肿大，胆汁充盈，呈暗绿色；肾脏、脾脏稍肿大；有些胰腺呈浅绿色，还有少量出血点、坏死、变性（图 2-66）。特征性病变在肠道，尤其是十二指肠。在肠道前段有大量胆汁渗出；空肠前段及十二指肠后段呈急性卡他性炎症，大量出血点密布于黏膜表面；空肠中后段和回肠前段的黏膜有不同程度脱落，有的肠壁可见到肌层；回肠中后段可见到显著膨大的肠带（图 2-67），剖开见有大量炎性渗出物，或内混有脱落的肠黏膜（图 2-68），少数病例中可见假性栓子，即在膨大处内有一小段质地松软的黏稠性聚合物，长度为 3~5 厘米，呈黄绿色，其组成主要是脱落的黏膜、炎性渗出物及肠内容物，也有的病例在肠黏膜表面附着有散在的纤维素性凝块，呈黄绿色或暗绿色，未见有真正的栓子形成；两侧盲肠均有不同程度的炎性渗出和出血现象，直肠黏液较多，黏膜有许多出血点，肠管肿大。脑膜无明显病变，个别有散在的出血点；鼻腔、喉头、气管及支气管无黏液渗出；食管、腺胃和肌胃也未见病变。全身脱水较明显。

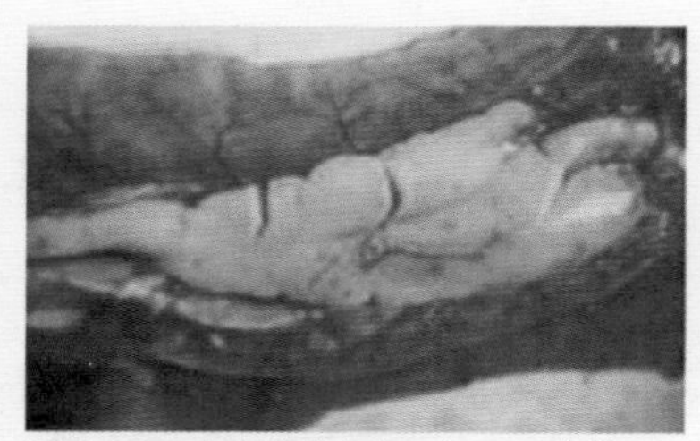
图 2-66 病鸭胰腺出血、坏死、变性

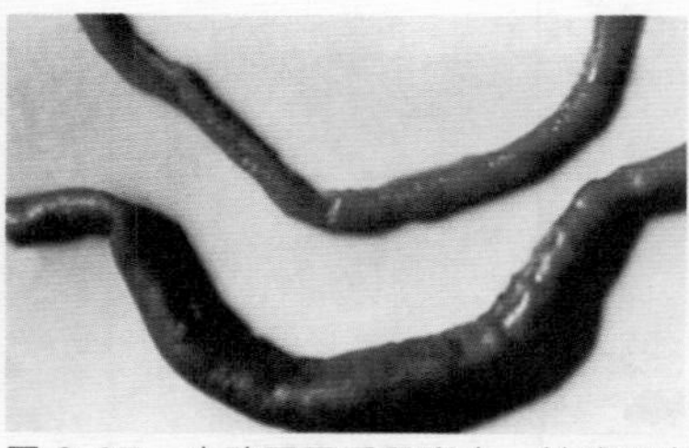
图 2-67 病鸭回肠后段膨大，触感硬实（上边的为正常回肠）

图 2-68 病鸭回肠黏膜脱落

类症鉴别

病名	与鸭细小病毒感染的相似点	与鸭细小病毒感染的不同点
鸭大肠杆菌病	二者均有精神沉郁，食欲减退，腹泻，肠道黏膜呈卡他性或坏死性炎症等临床症状和剖检病变	鸭大肠杆菌病病例发病无日龄区分，多呈散发，病程较缓，死亡率相对较低；全身浆膜呈渗出性炎症，心包膜和气囊壁表面附有黄色纤维素性渗出物，心包腔和腹腔常有浅黄色渗出液，肝脏肿大、质脆，肝被膜呈灰白色，脾脏肿大、呈紫黑色斑纹状，心冠状脂肪有细小出血点，肺有不同程度瘀血；选用适宜抗生素可以控制
鸭沙门菌病	二者均有精神沉郁，食欲减退，腹泻，共济失调，头颈侧斜扭曲，肠炎等临床症状和剖检病变	鸭沙门菌病虽多发于雏鸭，但 50 日龄以上也有发病；剖检可见肝脏显著肿大，边缘钝圆，被膜有纤维素性渗出物覆盖，实质内有细小的灰黄色坏死点，有的实质呈豆腐渣样病变，盲肠显著膨大，内有干酪样填塞物；选用抗生素可控制
鸭巴氏杆菌病	二者均有精神沉郁，食欲减退，腹泻，肠炎等临床症状和剖检病变	鸭巴氏杆菌病多发于 35 日龄以后的仔鸭或产蛋鸭；除肠道呈现急性卡他性或出血性肠炎外，特殊病变为肝脏肿大，表面散布许多针尖大的灰白色坏死点，心冠状脂肪和心外膜有大小不等的出血点，全身浆膜有不同程度出血点，肺严重瘀血，眼结膜发绀；选用抗生素可控制
雏鸭禽流感	二者均有精神沉郁，食欲减退，腹泻，共济失调，头颈侧斜扭曲，腿瘫软，角弓反张，肠炎等临床症状和剖检病变	雏鸭禽流感多发于 2 周龄以内雏鸭；主要表现为呼吸道症状，鼻腔内有浆液性或黏液性分泌物，呼吸困难，摆头、打喷嚏，常发出咳咳声；眼角流泪，常见眶下窦肿胀；鼻咽部和气管黏膜充血
番鸭球虫病	二者均有精神沉郁，食欲减退，腹泻，肠炎等临床症状和剖检病变	番鸭球虫病多发于 15~45 日龄的番鸭；且主要表现为肠道炎症，其病变特点是小肠中后段出现卡他性、出血性肠炎，肠黏膜肿胀，有许多针尖状出血点，有的见有红白相间的小点，黏膜表面常覆有一层红色胶冻状黏液，多数病例排出含有黏液的血便；病鸭消瘦，可视黏膜苍白，心肌色浅；有条件的可取粪便镜检，见有卵囊，即可确诊

防治措施

（1）加强环境控制措施，减少病源污染，增强雏鸭的抵抗能力 孵化场的一切用具、物品、器械等在使用前后应该清洗消毒。购入的孵化用种蛋也要进行甲醛熏蒸消毒。刚出壳的雏鸭应避免与新购入种蛋接触。育雏室要定期消毒。如孵化场已被污染，则应立即停止孵化，待全部器械、用具彻底消毒后再继续孵化。

（2）对番鸭进行疫苗接种 应用番鸭细小病毒活疫苗对出壳 48 小时内的健康番

鸭进行接种，每只皮下注射 0.2 毫升，可以预防本病的发生。

（3）发病时用高免血清防治 利用鸭等制备免疫血清，收集琼扩效价为 1：32 以上的鸭血清，用于雏番鸭（5 日龄）预防，可大大降低发病率。其用法为每只雏鸭皮下注射 1 毫升。对发病鸭进行治疗时，每只雏鸭皮下注射 3 毫升，治愈率可达 70%。

五、鸭腺病毒感染

鸭腺病毒感染又称鸭减蛋综合征，是由腺病毒引起的使鸭群产蛋率下降的一种传染病。其主要特征为产蛋率下降，蛋壳褪色，产软壳蛋或无壳蛋。本病可使鸭群产蛋率下降至 40%~60%，蛋的破损率可达 30%~40%，无壳蛋、软壳蛋达 15%，给养鸭生产造成了严重的经济损失。

流行特点

本病的易感动物主要是鸭、鸡，任何年龄、任何品种的鸭均可感染。雏鸭感染后不表现任何临床症状，也查不出血清抗体，只有到开产以后，血清才转为阳性，尤其在产蛋高峰期 30 周龄前后，发病率最高。

本病主要传染源是病鸭和带毒母鸭，既可垂直感染，也可水平感染。病毒主要在带毒鸭生殖系统增殖，感染鸭的种蛋内容物中含有病毒，蛋壳还可以被泄殖腔的含病毒粪便所污染，因而可经孵化传染给雏鸭。鸭粪是发病鸭水平感染的主要方式，鸭可以从喉及粪便中排泄病毒。此外，鸭蛋和盛蛋工具经常在鸭场间随便流动，这中间受感染的蛋鸭在产蛋中可能是一种非常重要的水平传播来源。

临床症状

发病鸭群的临床症状并不明显，发病前期可发现少数鸭腹泻，个别排绿便，部分鸭精神不佳，闭目似睡，受惊后变得精神。采食、饮水略有减少，体温正常。发病后鸭群产蛋率突然下降，每天可下降 3%~5%，连续 2~3 周，下降幅度最高可达 40%~60%，以后逐渐恢复，但很难恢复到正常水平或达到产蛋高峰。在开产前感染时，产蛋率达不到高峰。蛋壳褪色（绿色变为白色），产畸形蛋、软壳蛋、无壳蛋的数量明显增加（图 2-69）。

病理变化

病死鸭剖检可见心肌、肺和肝脏受到不同程度的损伤，心包炎，心包内积液增多（图 2-70、图 2-71），肺水肿，病程稍长的出现典型的心包纤维素性渗出，多数呈黄色，无异味，心脏心室肌肉收紧、呈圆柱状，部分有条纹状坏死，心室膨大、有瘀血。

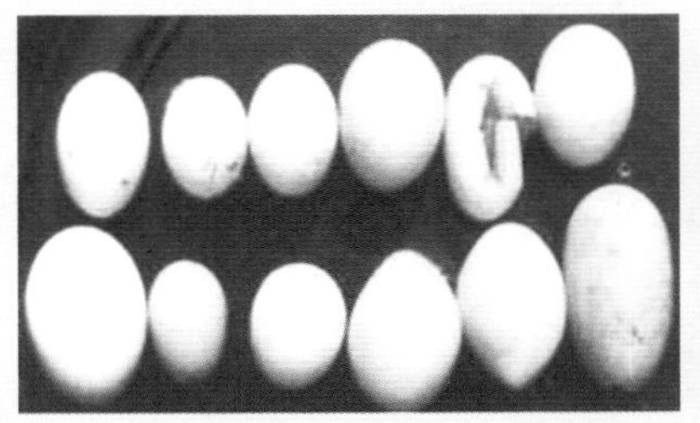
图 2-69　病鸭产的畸形蛋

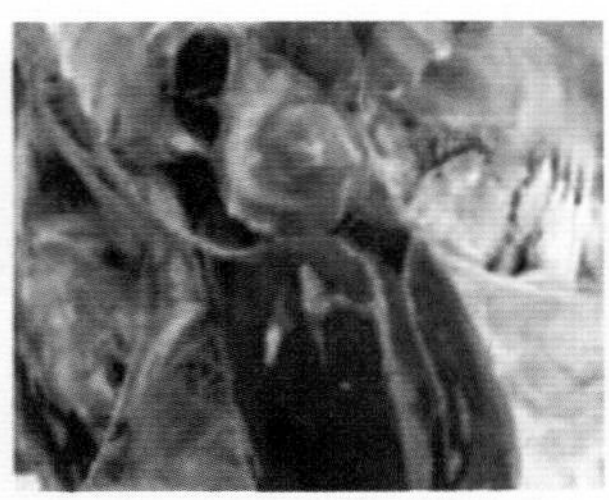
图 2-70　病鸭心包炎

图 2-71　病鸭心包内积液增多

剖检产无壳蛋或畸形蛋的鸭，可见其输卵管及子宫黏膜肥厚，腔内有白色渗出物或干酪样物，有时也可见到卵泡软化，其他脏器无明显变化。

类症鉴别

病名	与鸭腺病毒感染的不同点
鸭传染性脑脊髓炎	鸭传染性脑脊髓炎也可导致其产蛋率下降，但其病原为禽传染性脑脊髓炎病毒；病鸭表现为行动迟缓，走几步即蹲下，常以跗关节着地，驱赶时跗关节走路并拍打翅膀，眼晶体混浊，失明；剖检可见脑膜充血、出血，神经元肿大，树突、轴突消失。鸭腺病毒感染则无此症状和病变
鸭脂肪肝综合征	鸭脂肪肝综合征是鸭的一种代谢病，虽然病鸭也表现产蛋率突然下降，但本病主要发生于肥胖鸭，鸭冠苍白，死亡率高；剖检病死鸭可发现肝脏肿大、易碎、呈黄褐色，肝脏破裂出血。鸭腺病毒感染则无此症状和病变
鸭维生素 A、维生素 D、钙缺乏症	鸭缺乏维生素 A、维生素 D 和钙时，由于卵壳腺机能不正常，缺乏钙质原料，不能分泌充足的壳质等，因而产软壳蛋、无壳蛋，但饲料中添加钙和维生素 A、维生素 D 后便很快会恢复

防控措施

本病目前尚无有效的治疗方法，只能加强预防。

1）未发生本病的鸭场应保持本病的隔离状态，严格执行全进全出制度，绝不引进或补充正在产蛋的鸭，不从有本病的鸭场引进雏鸭或种蛋。注意防止从场外带进病原污染物。

2）在本病流行地区可用疫苗进行预防，产蛋鸭可在 120 日龄采用鸭腺病毒感染油乳剂灭活疫苗（或鸭腺病毒感染蜂胶灭活疫苗）皮下注射，每只 1 毫升。

六、鸭副黏病毒病

鸭副黏病毒病是由鸭Ⅰ型副黏病毒引起的导致鸭发生消化道和呼吸道症状的传染病。

流行特点

各种年龄的鸭对副黏病毒均具有易感性，年龄越小发病率和死亡率越高。不同品种的鸭均能发病，自然条件下潜伏期为3~5天。本病无季节性，一年四季均可发生，常引起地方性流行。产蛋种鸭除发病死亡外，产蛋率明显下降。发生本病的鸭群，其附近尚未接种疫苗的鸡也可感染发病死亡。本病通过不同的感染途径都可感染，如点眼、滴鼻、口服、肌内注射、皮下注射等都可使鸭100%发病，但死亡率不同。

临床症状

发病鸭初期精神不振，食欲减退，饮水增加，缩颈闭眼，体重迅速减轻，两腿无力，蹲伏或瘫痪，开始排黄白色稀便，中期红色，后期绿色或黑色（图2-72、图2-73）；有些病鸭甩头、呼吸困难，口中有黏液蓄积；部分病鸭后期出现摇晃、打转、角弓反张等神经症状。感染副黏病毒病的种鸭，表现为产蛋率下降，出现软壳蛋、无壳蛋、小型蛋等。本病能通过种蛋垂直传播，致使鸭死胚增多，孵出的弱雏鸭增多，部分出现扭头、转圈、向后仰、瘫痪等神经症状（图2-74、图2-75）。

图2-72　病鸭腿无力，孤立一旁或瘫痪，无法行走

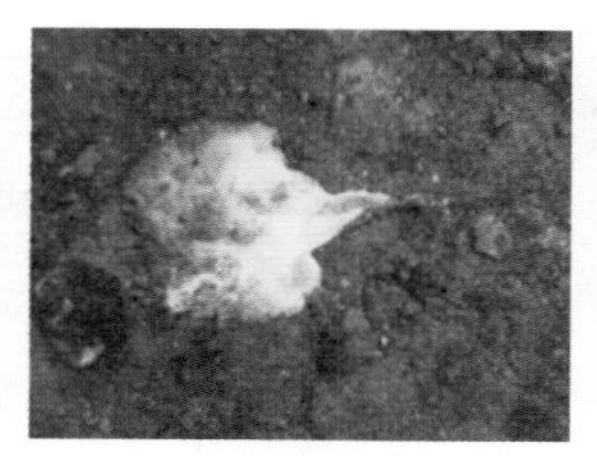

图2-73　病鸭排黄白色、绿色稀便

图2-74　出壳后的雏鸭头颈扭转，瘫痪

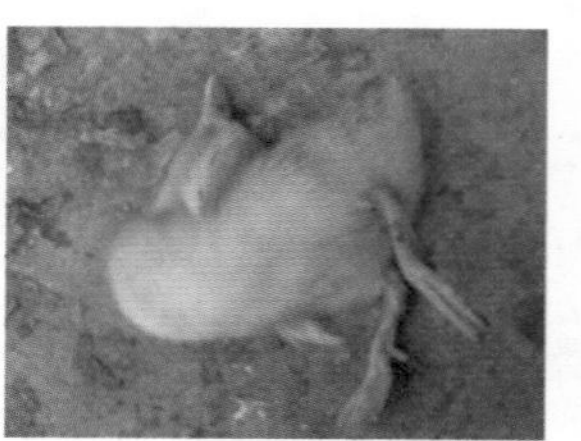

图2-75　病鸭出现的神经症状

病理变化

病死鸭剖检可见鼻腔内黏稠分泌物增多，喉头黏膜出血，食道黏膜有芝麻大小灰黄色结痂，且易剥离；心冠脂肪出血，心包炎、心肌松弛、变性；肝脏肿大，呈紫黑色（图2-76）；脾脏肿大，表面有坏死灶（图2-77）；十二指肠、空肠、回肠、结肠黏膜有纤维性结痂，剥离后可见严重出血或溃疡，且十二指肠有枣核状肿胀（图2-78）；盲肠扁桃体肿胀、出血甚至溃疡；结肠和盲肠有大小不一的溃疡灶（图2-79）；直肠内充满灰绿色粪便，直肠黏膜出血，直肠后段条纹状出血；肠道黏膜上皮坏死脱落，与

渗出的纤维素一起形成假膜，包裹肠内容物，致使肠道膨大；肾脏肿大，呈苍白色；腺胃乳头有轻微的出血；有神经症状的病死鸭剖检可见脑膜充血、出血；部分鸭食管与腺胃，以及腺胃与肌胃交界处出血、溃疡，肌胃角质膜易脱落，角质膜下常有出血斑（图 2-80）；卵泡变形、出血（图 2-81）。

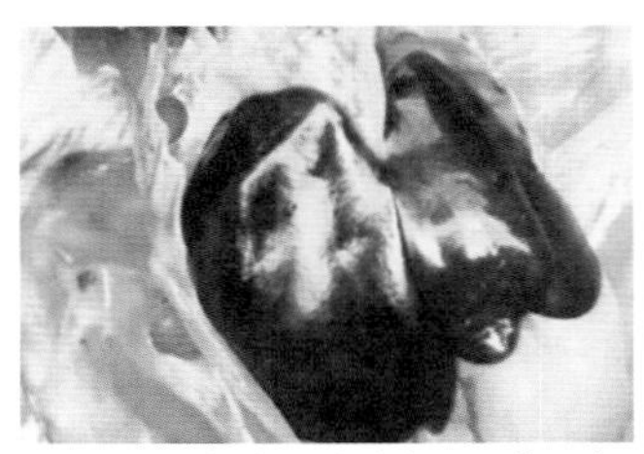
图 2-76　病鸭肝脏肿大，呈紫黑色

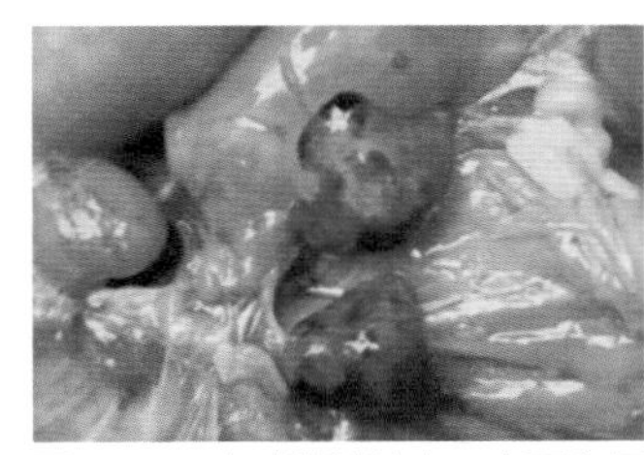
图 2-77　病鸭脾脏肿大，表面有坏死灶

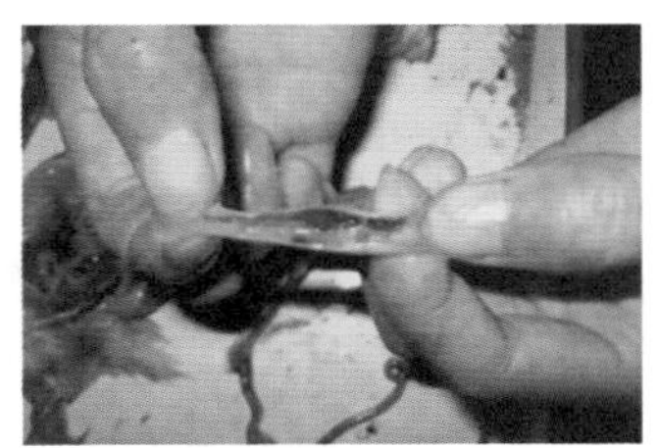
图 2-78　病鸭肠道有局灶性出血

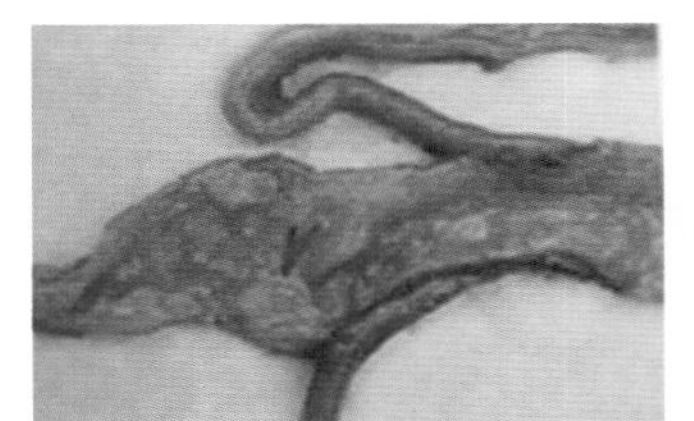
图 2-79　病鸭结肠和盲肠有大小不一的溃疡灶

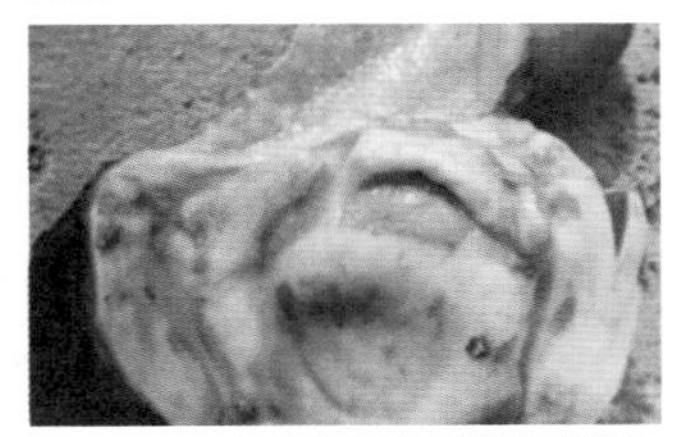
图 2-80　病鸭肌胃角质膜易脱落，角质膜下常有出血斑

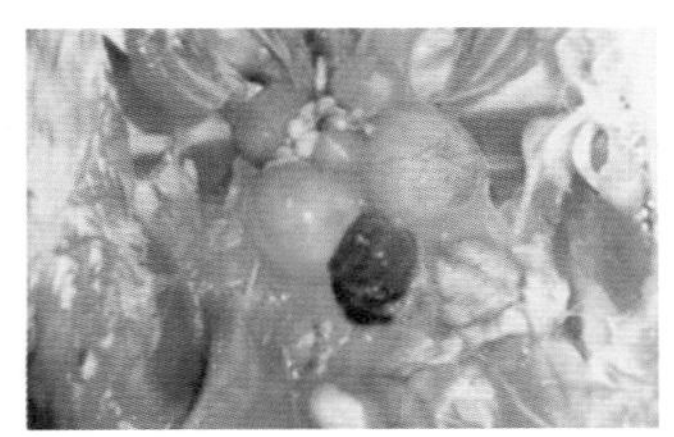
图 2-81　病鸭卵泡变形、出血

类症鉴别

病名	与鸭副黏病毒病的相似点	与鸭副黏病毒病的不同点
鸭瘟	二者均有精神沉郁，食欲减退，腹泻，共济失调，头颈侧斜扭曲，腿瘫软，角弓反张，肠炎等临床症状和剖检病变	鸭瘟的病原为疱疹病毒，成年鸭多发，1 月龄以内的雏鸭发病较少。而鸭副黏病毒病各种品种和日龄鸭均具有易感性；是由鸭Ⅰ型副黏病毒引起的，以消化道和呼吸道症状和病变为特征的急性传染病；鸭副黏病毒病的病变特征为：肠道黏膜上皮坏死脱落，与渗出的纤维素一起形成假膜，包裹肠内容物，致使肠道膨大
鸭巴氏杆菌病	二者均表现体温升高，闭目，垂翅，口鼻分泌物多，呼吸困难，腹泻，粪便混有血液；并均有全身黏膜、浆膜出血，心冠脂肪有出血点等剖检病变	鸭巴氏杆菌病一般只流行于个别鸭群或小范围地区，鸭副黏病毒病则波及全村或更大范围；在症状上，鸭副黏病毒病可见神经症状，鸭巴氏杆菌病则无此症状，而偶见有关节炎表现；鸭巴氏杆菌病病程短，多在 1~2 天死亡，而鸭副黏病毒病多于 3~5 天死亡；鸭巴氏杆菌病死鸭剖检，肝脏上有灰黄色坏死点，心包膜内可见大量纤维蛋白渗出物，肠黏膜无溃疡，鸭副黏病毒病肝脏无坏死点，心包膜内渗出物少，肠黏膜上多有溃疡；细菌学检查，鸭巴氏杆菌病可检出巴氏杆菌

（续）

病名	与鸭副黏病毒病的相似点	与鸭副黏病毒病的不同点
鸭沙门菌病	二者均表现羽毛松乱，精神萎靡，呼吸困难，腹泻	鸭沙门菌病主要发生于雏鸭，特点是排白色稀便，成年鸭较少发病，且发病多为慢性，有时也可见下痢，腹部增大，但不见呼吸困难；慢性病例常可见卵巢萎缩，卵黄变性，质硬色浅，有时形成囊泡；细菌学检查，鸭沙门菌病可检出沙门菌。鸭副黏病毒病呼吸道症状严重，并有神经症状；剖检可见呼吸道和消化道严重出血；实验室检验，鸭副黏病毒病的病原是鸭Ⅰ型副黏病毒
其他神经症状疾病	鸭食盐中毒、维生素A缺乏症、维生素B缺乏症、维生素D缺乏症、维生素E缺乏症、药物中毒等疾病，均可出现神经症状，但一般无呼吸、消化器官症状	

防控措施

本病目前尚无特效治疗药物，应坚持预防为主的原则，及早接种疫苗。

1）一般不要从疫区引进雏鸭，必须引种时应给雏鸭注射鸭副黏病毒油乳剂灭活苗，每只 0.3 毫升，15 日龄以上的每只 0.5 毫升。并切实做好引种鸭群的隔离消毒工作。

2）加强鸭群的饲养管理，调整鸭群的饲养密度，注意搞好环境卫生，经常消毒鸭舍及用具，对已发病鸭群，全场清除粪便、污物，彻底消毒，对病死鸭要做深埋处理。

3）种鸭群至少应经 4 次灭活苗免疫。第 1 次免疫，在 7~15 日龄用Ⅰ号剂型，每只雏鸭皮下注射 0.5 毫升；第 2 次免疫，在第 1 次免疫后 2 个月内用Ⅰ号剂型，每只鸭皮下或肌内注射 0.5 毫升；第 3 次免疫，在产蛋前 15 天左右用Ⅰ号剂型，每只鸭肌内注射 1.0 毫升；第 4 次免疫，在第 3 次免疫 2 个月后用Ⅱ号剂型，每只鸭肌内注射 1.0 毫升。经 4 次灭活苗免疫后，种鸭群在整个饲养期内能比较有效地预防本病的发生。

4）种鸭经免疫的雏鸭群，第 1 次免疫，在 15 日龄左右用Ⅰ号剂型灭活苗免疫，每只皮下注射 0.5 毫升；第 2 次免疫，在第 1 次免疫后 2 个月内进行，每只肌内注射 0.5 毫升。种鸭未经免疫或无母源抗体的雏鸭群，第 1 次免疫，应在 2~7 日龄或 10~15 日龄用Ⅰ号剂型灭活苗免疫，每只皮下注射 0.5 毫升；第 2 次免疫，在第 1 次免疫后 2 个月内进行，每只肌内注射 0.5 毫升。

七、鸭冠状病毒感染

鸭冠状病毒感染又称鸭冠状病毒性肠炎，是由冠状病毒属的肠炎病毒感染所引起的一种病毒性传染病，其特征是病鸭急性腹泻，喙壳上皮脱落，出现破溃（俗称烂嘴壳）。

流行特点

本病可发生于各年龄段的鸭、火鸡，20 日龄左右雏鸭发病较多见，其他禽类未见感染报道。传染源是病禽和潜伏期的感染禽。病毒随粪便排出，污染环境、饲料、饮水、垫料等，经消化道感染禽类。

本病潜伏期为 2~4 天，开始少数发病，1~2 天后出现死亡高峰。发病率近 100%，死亡率为 5%~50% 或偶尔高些。急性死亡者病程为 2~3 天，慢性病例病程可延至 15~20 天，病毒经 10 天左右，可传至邻近的鸭舍。

临床症状

幼龄鸭病初精神委顿，食欲减退，不爱活动，体温较低；进而闭眼昏睡，缩颈弓腰，畏寒怕冷，眼有黏性分泌物；腹泻，排黄绿色或白色水样稀便，其内含有尿酸盐或黏液（图 2-82）；不断鸣叫，扎堆，部分出现脚后伸、头颈后弯、呈观星状等神经症状（图 2-83）；鸭死前喙壳由浅黄色变为浅紫色，喙壳上皮脱落，出现破溃（俗称烂嘴壳）。产蛋鸭产蛋率迅速下降。

病理变化

病鸭咽喉黏膜有卡他性炎症。肠道病变明显，其中以十二指肠段病变最为明显，肠系膜血管扩张、充血并有出血点；肠充血、出血，肠壁水肿明显（图 2-84），整个十二指肠外观呈红色、紫色或紫红色，内有血性黏液；肠黏膜呈深红色，黏膜脱落，肠壁形成溃疡，盲肠黏膜常见斑状或条状的白色附着物，刀刮有硬感；直肠和泄殖腔充血、水肿，病变常累及胰腺。

图 2-82　病鸭不爱活动，闭眼昏睡，缩颈，怕冷，腹泻

图 2-83　病鸭的神经症状

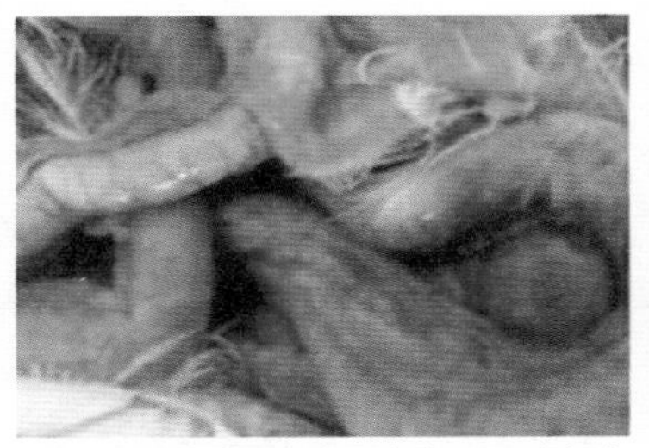

图 2-84　病鸭肠充血、出血，肠壁水肿

类症鉴别

病名	与鸭冠状病毒感染的相似点	与鸭冠状病毒感染的不同点
鸭细小病毒感染	二者均有精神沉郁，食欲减退，羽毛松乱，腹泻和小肠黏膜充血、出血、脱落等临床症状和剖检病变	鸭细小病毒感染的病原为细小病毒；鸭细小病毒感染病例可见心脏变圆，心房扩张，心壁松弛，心肌呈瓷白色。而鸭冠状病毒感染病例腹泻严重，粪便呈白色或黄绿色，有时呈喷射状，喙壳上皮脱落，出现破溃；腺胃黏膜出血、脱落，胆囊肿大
鸭轮状病毒感染	二者均表现精神沉郁，呼吸困难，腹泻	鸭轮状病毒感染的病原为轮状病毒；其病变主要集中在小肠，小肠黏膜充血、脱落，肠系膜淋巴结肿大、出血，但缺少其他器官的病理变化。而鸭冠状病毒感染病例腹泻严重，粪便呈白色或黄绿色，有时呈喷射状，喙壳上皮脱落，出现破溃；腺胃黏膜出血、脱落，胆囊肿大
鸭大肠杆菌病	二者均有精神沉郁，食欲减退，腹泻，肠道黏膜呈卡他性或坏死性炎症等临床症状和剖检病变	鸭大肠杆菌病的病原为大肠杆菌，发病无日龄区分，多呈散发，病程较缓，死亡率相对较低；全身浆膜呈渗出性炎症，心包膜和气囊壁表面附有黄色纤维素性渗出物，心包腔和腹腔常有浅黄色渗出液，肝脏肿大、质脆，肝被膜呈灰白色，脾脏肿大、呈紫黑色斑纹状，心冠状脂肪有细小出血点，肺有不同程度瘀血；选用适宜抗生素可以控制。而鸭冠状病毒感染病例腹泻严重，喙壳上皮脱落，出现破溃
鸭沙门菌病	二者均有精神沉郁，食欲减退，腹泻，肠炎等临床症状和剖检病变	鸭沙门菌病的病原为沙门菌，虽多发于雏鸭，但 50 日龄以上也有发病；剖检可见肝脏显著肿大，边缘钝圆，被膜有纤维素性渗出物覆盖，实质内有细小的灰黄色坏死点，有的实质呈豆腐渣样病变，盲肠显著膨大，内有干酪样填塞物；选用抗生素可控制。而鸭冠状病毒感染病例腹泻严重，喙壳上皮脱落，出现破溃
番鸭球虫病	二者均有精神沉郁，食欲减退，腹泻，肠炎等临床症状和剖检病变	番鸭球虫病的病原为球虫，多发生于 20~45 日龄的番鸭；主要表现为肠道炎症，其病变特点是小肠中后段出现卡他性、出血性肠炎，肠黏膜肿胀，有许多针尖状出血点，有的见有红白相间的小点，黏膜表面常覆有一层红色胶冻样黏液，多数病例排出含有黏液的血便；病鸭消瘦，可视黏膜苍白，心肌色浅；有条件的可取粪便镜检，见有卵囊，即可确诊

（1）加强饲养管理 加强鸭舍及其周围环境的卫生消毒工作，做到全进全出。空舍后应闲置 3~4 天，并严格清洗和消毒，可预防和控制本病。雏鸭应饲养在消毒后的育雏室，与成年鸭隔离饲养。

（2）免疫预防 可在种鸭产蛋前建立主动免疫，使雏鸭出壳时即具有母源抗体，到10日龄时再给予高免抗体，对预防本病有明显效果。

（3）采用新霉素和抗病毒药物控制病情 目前对本病尚无特效治疗药物，可采用新霉素和抗病毒药物控制病情，防止继发感染，降低死亡率。

八、鸭圆环病毒感染

鸭圆环病毒感染是由圆环病毒引起的一种病毒性传染病，也是近些年新发现的一种禽类传染病，本病除了能引起鸭的原发性感染导致死亡外，严重的能使鸭体的免疫系统受到损害，使鸭体产生免疫抑制而继发其他传染性疾病，导致鸭群的大量死亡，造成巨大的经济损失。

流行特点

各品种鸭都能感染本病，6~10周龄鸭感染可表现临床症状。若有其他疾病混合感染或继发感染，本病的发病日龄会更低。据报道，鸭圆环病毒的感染率可能随着鸭年龄的增长而下降。

本病的发生常为混合感染，常与鸭瘟病毒、鸭肝炎病毒、鸭细小病毒、鸭疫里默氏杆菌、鸭大肠杆菌等病形成混合感染。一旦发生混合感染，死亡率将会大大上升。病毒或许可以通过散在空气中的病毒粒子经过呼吸道传播，再通过粪便排出。

图2-85 病鸭羽毛发育不良、紊乱、脱落

临床症状

病鸭的羽毛发育不良、紊乱、脱落（图2-85），生长发育不良、迟缓，体况消瘦，呼吸困难，贫血，鸭群有零星死亡。如与鸭肝炎病毒发生混合感染，则发病鸭病程急、死亡快，大多死前头仰脚蹬，全身抽搐，部分鸭群打堆、眼半闭、缩颈、羽毛蓬松，少数排黄白色稀便。

病理变化

剖检可见法氏囊出现坏死、组织细胞增多。如与鸭肝炎病毒发生混合感染，则肝脏肿大、大面积点状出血、有瘀血斑或土黄斑（图2-86），胆汁少且稀薄色浅；脾脏呈斑驳状，肿大或萎缩；肾脏肿胀、出血；法氏囊内有浅黄色渗出物，黏膜出血。

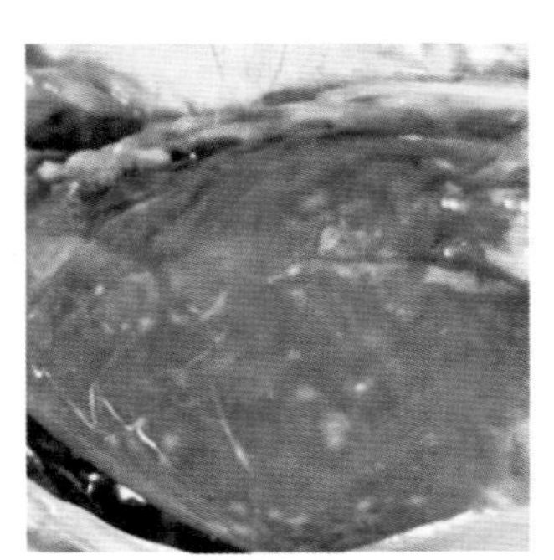

图2-86 病鸭肝脏肿大、大面积点状出血、有瘀血斑或土黄斑

诊断

单独的圆环病毒感染病例，其临床症状和病理变化不典型，不能直接根据临床症状和病理变化进行诊断。由于本病易继发其他感染，故诊断鸭是否感染圆环病毒是非常重要的。鸭圆环病毒感染可通过电镜观察法、PCR、Cap-Elisa、荧光定量 PCR、核酸探针技术，LAMP 等方法进行检测和诊断。

防治措施

对于鸭圆环病毒感染，目前尚无可靠的疫苗和防治药物，只能采取预防和对症治疗的方法。当疾病发生时，要改善饲养条件，加强管理，采取对症治疗措施，同时注意防止继发感染其他疾病。

1）在平时，应禁止去疫区引种。

2）完善鸭的免疫程序，做好基础疫苗的免疫工作。

3）改善养殖场的卫生环境，定期进行消毒。

九、鸭传染性法氏囊病

鸭传染性法氏囊病是由传染性法氏囊病病毒感染所引起的一种急性、高度接触性传染病，其主要特征为病鸭精神委顿，羽毛松乱，法氏囊肿大、出血，胸肌、腿肌出血。

鸭传染性法氏囊病死亡率高、淘汰率高，影响增重，同时可导致免疫抑制，造成免疫失败，使鸭群对其他病原的易感性增加。

流行特点

7~35 日龄鸭对本病易感性高，最小发病的为 4 日龄，最大发病的为 119 日龄。

本病在群内传播迅速，病程短促，出现症状后 1~2 天死亡，死亡高峰期在发病后 3~4 天，发病率为 10%~100%，死亡率为 10%~60%。各个品种鸭均可感染，当鸭场周围地区的鸡场或鸭场混养的鸡发生了传染性法氏囊病后，鸭也可能会发生传染性法氏囊病。本病还可以与鸭病毒性肝炎发生混合感染。鸭传染性法氏囊病广泛流行和发生，其病毒不断扩散，会污染环境，从而在鸡、鸭之间及其他禽类或鸟类之间相互感染。

临床症状

病鸭初期精神委顿，扎堆、怕冷，头与翅膀下垂，羽毛蓬乱，食欲减退或废绝；病鸭后期步态不稳，或呆立于池塘某个角落，或卧地不起，嗜睡或闭目打盹（图 2-87），排黄绿色或白色稀便，并含大量白色尿酸

图 2-87　病鸭精神委顿，羽毛蓬乱，嗜睡

盐，随着病情加重，腹泻加剧，泄殖腔周围羽毛被粪便污染，个别鸭粪便带血。有的病鸭从口腔或鼻腔流出大量黏液。病鸭迅速脱水消瘦，眼窝下陷，脚爪干枯，最后衰竭死亡。病程为3~5天。若与鸭病毒性肝炎发生混合感染，还可见病鸭出现全身性抽搐，身体侧卧，头向后仰，两脚痉挛性地向后踢蹬，有时在地上转圈。

病理变化

法氏囊有不同程度病变，肿大2~3倍，黏膜表面有严重的弥漫性出血，外观呈暗紫色或紫葡萄样，腔内有糨糊状渗出物或干酪样物质，有点状或条纹状出血（图2-88）。有的鸭法氏囊外有黄色透明胶冻样物质包裹，内有浅黄色分泌物。在发病后期，法氏囊萎缩，出血明显；腿肌和胸肌有出血斑点，呈斑驳状，严重者全腿和全胸肌都有出血；有的病鸭胸腺肿大、出血；心包膜增厚，心包液增多，心包脂肪有点状出血；肝脏、脾脏、肾脏肿大，肾表面及输尿管内有白色尿酸盐沉着；肌胃与腺胃交界处有出血带，腺胃乳头肿胀；肠道内积液增加，肠道黏膜有出血斑点，盲肠扁桃体肿大、出血；腹腔的出血点，大的有绿豆大，小的针头大至粟粒大；胆囊肿大，内充满胆汁，胆汁呈绿色。若与鸭病毒性肝炎发生混合感染，还可见肝脏肿大、质脆、色浅发黄，周边有坏死灶，表面有大小不等的出血点，大的有绿豆大，小的针头大至粟粒大，胆囊肿大，内充满胆汁，胆汁呈绿色。

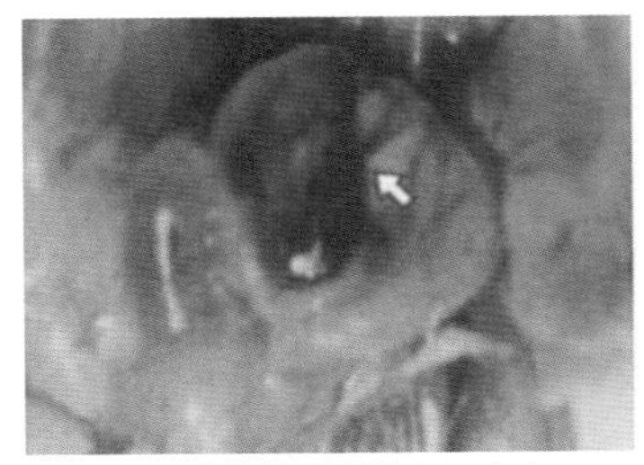

图2-88　病鸭法氏囊肿大、出血

类症鉴别

病名	与鸭传染性法氏囊病的相似点	与鸭传染性法氏囊病的不同点
健康鸭	法氏囊是鸭的免疫器官，许多急性传染病及接种法氏囊炎弱毒苗都能引起法氏囊轻度充血和有少量渗出物，某些健康鸭也有这种现象，对此应积累解剖经验，防止误诊为传染性法氏囊病	
鸭副黏病毒病	二者均表现精神沉郁，羽毛松乱、无光泽，怕冷扎堆、高热、腹泻；并均有腺胃和肌胃结合部有出血带或出血斑，心包膜增厚、心包液增多、心包脂肪有点状出血，肠黏膜充血肿胀、有枣核状出血点、内容物稀薄、呈灰白色混有气泡，肝脏肿大、呈土黄色、周边有坏死灶，肾脏苍白、肿大等剖检病变	鸭传染性法氏囊病病例几乎95%以上在胸部、腿部肌肉出血，是其特有的病变

（续）

病名	与鸭传染性法氏囊病的相似点	与鸭传染性法氏囊病的不同点
鸭沙门菌病	二者均表现食欲减退，精神不振，闭眼缩颈，翅下垂，羽毛松乱，排白色稀便	鸭沙门菌病病鸭出壳后即现病情，有时出壳十几天表现出临床症状，雏鸭因肛门周围绒毛与粪便干结封住肛门不能排便而鸣叫，人工剥去干结物粪便即喷射而出，幸存者发育不良，有气喘和关节炎；剖检可见早期死亡的肝脏肿大、充血，有条纹状出血，卵黄囊吸收不好，病程长的，心脏、肝脏、肺、盲肠、大肠和肌胃有坏死灶，盲肠有干酪样物

（1）加强管理 发现有病的鸭及时隔离，消毒，防止污染环境，每天彻底清除粪便和垃圾，及时更换垫料，保持舍内清洁、干燥、通风，并供给清洁的饮水。

（2）严格消毒 平常用5%消毒液带鸭消毒，每周1次，有疫情时每天1次。用具、饮水器及料槽也要用5%聚维酮碘消毒液进行刷洗，再用清水冲洗后使用。

（3）定期免疫 有条件的鸭场要做抗体监测，制定好合理的免疫程序，按时进行免疫接种，保证鸭群有一个较高的免疫水平。

（4）注意引种 引进新鸭时，先要了解疫情，不要到疫区购买。购进雏鸭要进行免疫接种，隔离饲养1周后才能混群饲养放牧。

（5）对症治疗 鸭群发病后，全群鸭用鸡传染性法氏囊病卵黄抗体注射，发病鸭体重在1千克以下的每只皮下注射1~2毫升，同时要添加青霉素、链霉素，混水，以预防体内的杂菌感染，每天1次，每次各2000~3000国际单位，连用2~3天；体重在1千克以上的鸭，每只皮下注射3~4毫升，同时要添加青霉素、链霉素以预防体内的杂菌感染，每天1次，每次各3000~5000国际单位，连用2~3天；待病情稳定后于5~10天后用鸡法氏囊疫苗加强免疫，有条件的最好同时使用法氏囊灭活疫苗0.5毫升，肌内注射，以维持较长时间的保护。另外，还要在饮水中添加电解多维、黄芪多糖；用氟苯尼考可溶性粉拌料，以增强机体的抵抗力，控制继发感染。

十、鸭传染性脑脊髓炎

鸭传染性脑脊髓炎是由禽传染性脑脊髓炎病毒感染所引起的一种主要侵害雏鸭神经系统的病毒性传染病，以运动失调和头颈部震颤为主要特征。

流行特点

各种年龄的鸭均可感染，主要侵害1~21日龄鸭，7~14日龄最易感。发病率为50%~60%，死亡率为20%~30%。本病一年四季均可发生，但主要集中在冬、春两季。

本病既可水平传播，又能垂直传播。水平传播包括病鸭与健康鸭同居接触传染、出雏器内病雏鸭与健康雏鸭接触传染及媒介物（如污染的饲料、饮水等）在鸭群之间造成传染。由于该病毒可在鸭肠道内繁殖，因而病鸭的粪便对本病的传播更为重要。垂直传播是成年鸭感染病毒之后、产生抗体之前的短时期内，产生含病毒的蛋，孵出带病雏鸭。但是，康复鸭所产的蛋含有较高的母源抗体，可对雏鸭起到保护作用。

临床症状

病鸭开始精神不振，随之发生运动失调，跗关节着地，前后摇晃，有的坐在地上，有的倒卧一侧，之后症状更加明显，很少活动，如受惊扰则行走动作不能控制，足向外弯曲难以行动，两翅展开，头颈震颤，步态不稳，最后呈侧卧瘫痪状态（图2-89）。初期病鸭有食欲，当其完全麻痹后，则无法摄食和饮水，最终衰竭并相互踩踏而死。

图2-89　病鸭头颈震颤，步态不稳，最后呈侧卧瘫痪状态

病理变化

剖检可见大脑水肿，大脑后半部有囊液，脑膜充血，并有浅黄绿色的坏死区；肌胃内层有较多微小点状白色病灶；脾脏稍肿；小肠有轻度炎症。

类症鉴别

病名	与鸭传染性脑脊髓炎的相似点	与鸭传染性脑脊髓炎的不同点
鸭维生素E缺乏症	二者均表现精神沉郁，共济失调，行走不便，不能站立，成年鸭产蛋率及孵化率下降；并均有脑膜充血、出血等剖检病变	鸭维生素E缺乏症的病因是维生素E缺乏，一般在2~4周龄发生，要比鸭传染性脑脊髓炎晚一些，病雏鸭常伴有白肌病及渗出性素质；剖检可见小脑水肿，表现有出血点，脑内还有黄绿色混浊的坏死区，而鸭传染性脑脊髓炎在脑部无肉眼可见的明显变化
鸭维生素A缺乏症	二者均表现精神沉郁，羽毛松乱，生长缓慢，消瘦，共济失调，走路不稳，驱赶、刺激时出现神经症状	鸭维生素A缺乏症的病因是维生素A缺乏，雏鸭流泪，角膜混浊、软化或穿孔，口腔有白色小结节，覆有豆渣样薄膜，成年鸭喙爪色浅，趾爪蜷缩；剖检可见咽喉黏膜有白色结节，覆有豆渣样膜，肾脏呈灰白色，肾小管、输尿管充满白色尿酸盐

（续）

病名	与鸭传染性脑脊髓炎的相似点	与鸭传染性脑脊髓炎的不同点
鸭维生素 D 缺乏症	二者均表现精神沉郁，共济失调，行走不便，不能站立，成年鸭产蛋率及孵化率下降	鸭维生素 D 缺乏症的病因是维生素 D 缺乏，虽然最早可在 10~11 日龄发生，但一般要到 1 月龄后才发生，具有明显的骨软症而瘫痪；鸭传染性脑脊髓炎除表现雏鸭瘫痪外，其头颈部神经性震颤症状明显
鸭维生素 B_2 缺乏症	二者均表现不愿走路，常以跗关节着地，腿麻痹，生长受阻	鸭维生素 B_2 缺乏症的病因是维生素 B_2 缺乏，虽然也以飞节着地，以翅保持移动平衡，一般多在 2~3 周龄发生腹泻，足趾向内卷在 2 周龄之后发生，趾爪明显，皮肤干而粗糙，据此易与鸭传染性脑脊髓炎相区别

防治措施

（1）把好引进种蛋关 不从疫区引进种蛋，患病母鸭所产的蛋不得留作种用。

（2）接种疫苗 在发病严重地区，应在种鸭产蛋前 1 个月接种禽传染性脑脊髓炎油佐剂灭活疫苗。

（3）治疗 目前，还没有治疗本病的特效药物。雏鸭发病时，应立即淘汰重病雏鸭，并做好消毒、隔离与综合防治措施，防止病原扩散。同时要对全群注射传染性脑脊髓炎高免卵黄抗体。

十一、新型鸭瘟

新型鸭瘟是由新型疱疹病毒感染所引起的一种高发病率、高死亡率的病毒性传染病，主要特征为软脚、肿头、流泪、排黄绿色稀便、肝脏出血和坏死、食道和泄殖腔有溃疡和假膜等。本病 2002 年被首次发现，2006 年相继有报道，由于发病症状与鸭瘟有相似处，但用防治鸭瘟的方法治疗却不见效，故业界称为“新型鸭瘟”。

流行特点

本病发病季节多为 2~5 月，发病以 10~30 日龄的雏肉鸭为主，蛋用鸭、番鸭也有发病。本病病程比较长，雏鸭死亡率达 50%~100%。发病率、死亡率均比较高，给养鸭业造成严重损失。

临床症状

病鸭初期体温升高，呈稽留热，精神不振，缩颈（图 2-90），食欲大减，饮水增加，羽毛松乱、无光泽，两翅下垂，双翅羽毛管瘀血、出血，两脚无力，行走困难，严重者静卧不起。最具特征性的症状是流泪和眼睑水肿（图 2-91）。初期眼流浆液性分泌物，眼睛四周的羽毛湿润、粘连，后期分泌物变成黏性或脓性，眼睑粘连在一起不能张开，严重者眼睑肿胀甚至翻出于眼眶外，翻开眼睑可看到眼结膜出血，偶尔有溃疡出现。本病的另一个明显症状是头颈部肿胀（图 2-92）。此外，病鸭鼻腔有稀薄或黏稠的黄色分泌物流出；呼吸困难，呼吸时有鼻塞音；叫声嘶哑；腹泻，排绿色或灰白色稀便；双翅羽毛管内有紫黑色出血，这样的羽毛管易断裂、脱落；上喙端、爪尖、足蹼末梢等部位发绀。

图 2-90 病鸭精神不振，缩颈

图 2-91 病鸭眼睑水肿，流泪，眼周围的羽毛湿润

图 2-92 病鸭头颈部肿胀

病理变化

剖检可见，内脏器官广泛性出血、溃疡，尤其是在口腔、食道、盲肠、直肠和泄殖腔等消化道的黏膜上（图 2-93、图 2-94）。病初，在消化道黏膜表面出现斑点状出血，随后被隆起的黄白色痂块状物覆盖，随着病程发展，病变物聚集成绿色的表面痂块，原来的出血性基部基本消失；早期食道黏膜上有分散状的黄白色痂块，后期痂块常融合成片，坏死灶表面被浅黄色、灰黄色或黄绿色的假膜覆盖，表面有与食道纵向平行的皱褶；颈部皮下有浅黄色胶冻样水肿（图 2-95），出血严重；在肝脏可见到出血和局灶性坏死，坏死部位呈浅铜色或古铜色，并且肿大、质脆；肠黏膜部分呈急性、出血性的卡他性炎症或坏死性炎症；小肠前段黏膜充血、出血，部分小肠肿胀，呈环状出血；泄殖腔黏膜也有充血、出血，并且有水肿现象，严重者黏膜外翻，肛门四周羽毛被严重污染，并且有结块。

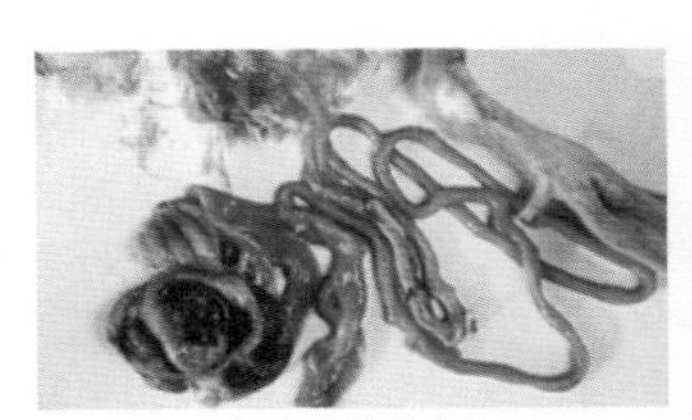
图 2-93 病鸭肠黏膜出血

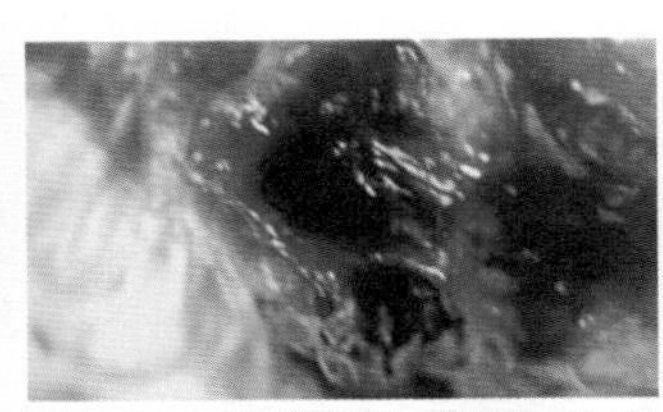
图 2-94 病鸭泄殖腔黏膜有灰绿色溃疡

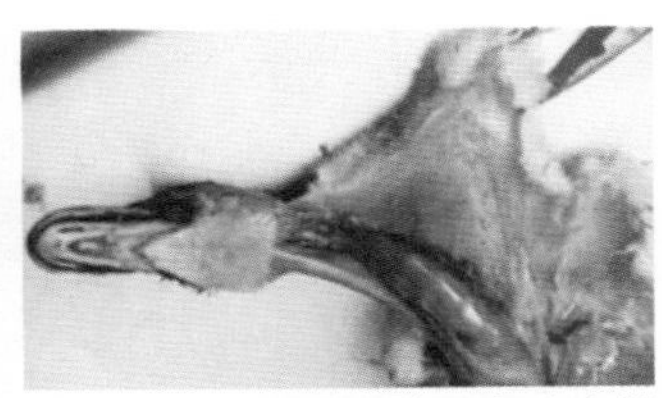
图 2-95 病鸭颈部皮下有胶冻样水肿

类症鉴别

病名	与新型鸭瘟的相似点	与新型鸭瘟的不同点
鸭瘟	二者均有精神沉郁，食欲减退，腹泻，共济失调，头颈侧斜扭曲，腿瘫软，肠炎等临床症状和剖检病变	两种病的病理剖检状况不同，鸭瘟的特征症状是肿头，流泪，食道和泄殖腔黏膜局灶性出血甚至坏死；而新型鸭瘟的症状是双翅羽毛管瘀血、出血、呈紫黑色，肝脏和脾脏表面局灶性瘀血、出血，胰腺出血。新型鸭瘟用鸭瘟血清抗体治疗无效，实验室检查，可通过血清学中和试验来区别
雏鸭病毒性肝炎	二者均有精神沉郁，食欲减退，腹泻，共济失调，头颈侧斜扭曲，腿瘫软，肠炎等临床症状和剖检病变	病毒性肝炎病死雏鸭呈明显的角弓反张，剖检病变主要为肝脏和肾脏肿大、表面有大量出血斑；而患新型鸭瘟的病死雏鸭角弓反张不明显，剖检病变除肝脏、肾脏出血外，胰腺、肠道黏膜也有明显出血。临床初步诊断后，可通过病毒的分离、血清学试验等实验室诊断手段进一步区别
鸭巴氏杆菌病	二者均有精神沉郁，食欲减退，腹泻，共济失调，头颈侧斜扭曲，腿瘫软，肠炎等临床症状和剖检病变	鸭巴氏杆菌病是由多杀性巴氏杆菌引起的一种接触性传染病，临床上的主要诊断要点是发病率高、病死率高、死亡快，其他禽类也可感染发病并引起死亡，皮下脂肪、心冠脂肪及心肌外膜出血，肝脏有大量白色坏死点，采用抗菌药物对其治疗有效；而新型鸭瘟仅侵害鸭，临床特征是双翅羽毛管发黑，发病率与病死率不高，肝脏和脾脏表面局灶性瘀血或出血，胰腺出血，采用抗菌药物治疗无效。根据临床症状一般就能区别两者，也可在实验室通过细菌的分离、鉴定或病毒的分离及血清学试验来区分 诊断巴氏杆菌病，肝脏触片、心包液涂片，革兰染色或亚甲蓝染色见有许多两极染色的卵圆形小杆菌，用肝脏和心包液接种鲜血培养基，能分离到巴氏杆菌
鸭球虫病	二者均有精神沉郁，食欲减退，腹泻，腿瘫软，肠炎等临床症状和剖检病变	鸭球虫病是由鸭球虫引起的一种寄生虫病，发病率和病死率都很高，多感染 10~40 日龄鸭，发病率为 30%~90%，病死率为 20%~70%；临床特征是排暗红色或桃红色稀便，十二指肠和盲肠黏膜上有针尖大的出血点或出血斑，并有浅红色或深红色胶冻样血性黏液；病鸭大多在发病后 3~5 天内死亡，用抗球虫药或磺胺类药物可治疗。而新型鸭瘟可侵害不同日龄鸭，病死鸭不仅肠道有出血，肝脏、脾脏、胰腺、肾脏等均有不同程度的出血或瘀血，应用药物治疗无效。在实验室，取粪便镜检，球虫病可见有卵囊
鸭坏死性肠炎	二者均有精神沉郁，食欲减退，腹泻，腿瘫软，肠炎等临床症状和剖检病变	鸭坏死性肠炎多发生于种鸭，常在秋、冬季节发病，临床特征是病鸭食欲减退，体弱，不能站立，肠道黏膜坏死，突然死亡。而新型鸭瘟可发生于不同日龄的鸭，病鸭的肠道、胰腺、肝脏、肾脏等均有不同程度的出血。在实验室，可通过病毒的分离、血清学试验来区分

1）目前对本病尚无有效的治疗方案，对于发病的肉鸭只能予以淘汰。本病主要发生于1月龄以内的雏鸭，而雏鸭抵抗力较低，所以为让雏鸭能够健康地生长和发育，一定要创造良好的条件，使其尽早地适应舍内外环境。

2）据报道，通过注射疫苗免疫，可以有效预防本病。因此，在生产实践中要做好免疫工作，加强饲养管理，把损失降到最低。

3）加强对疾病的预防措施是防止新型鸭瘟病发生的关键，早期阶段使用抗生素、抗病毒类药物及清热解毒作用的中草药等可以预防并发症的发生。加强饲养管理和消毒工作，注意营养全面，提高鸭群的整体营养水平，保持场地干爽，减少应激因素的影响，给雏鸭补给维生素、补充液盐等，可有效预防本病的发生。

十二、鸭病毒性肿头出血症

鸭病毒性肿头出血症是由鸭病毒性肿头出血症病毒（呼肠孤病毒）感染所引起的一种鸭的急性、败血性传染病。以鸭头肿胀、眼结膜充血出血、全身皮肤广泛出血、肝脏肿大呈土黄色并伴有出血斑点、体温43℃以上、排草绿色稀便等为临床特征，发病率在50%~100%，死亡率为40%~80%甚至100%，是严重危害养鸭业的一种新的传染病。

流行特点

本病主要流行于秋、冬季节，春季也发生，夏季发生较少，冬季为发病高峰时期。麻鸭、番鸭、半番鸭、野鸭、肉鸭和蛋鸭等不分品种、年龄、性别均可感染发病、初次发病的鸭场和地区，呈急性暴发，发病率和死亡率常常达100%。鸭群中突然出现少数病鸭，2~3天后出现大量病鸭和死亡，4~5天死亡达到高峰。病程一般为4~6天，再次或反复发生的地区和鸭场，发病率为50%~90%，死亡率为40%~80%。发病日龄最早的为3日龄雏鸭，500日龄的成年鸭仍有发病。

临床症状

自然感染鸭潜伏期为4~6天，一个鸭场或地区引进病鸭后其他鸭经4~6天开始出现临床症状；病鸭初期精神委顿，不愿活动。随着病程发展，病鸭卧地不起，被毛凌乱无光并粘满污物，不食却大量饮水，腹泻，排出草绿色或黄绿色稀便，呼吸困难，眼睑充血、出血并严重肿胀，眼鼻流出浆液性或血性分泌物，眼结膜出血，所有病鸭头部明显肿胀，体温升高至43℃及以上，后期体温下降，迅速死亡（图2-96~图2-98）。

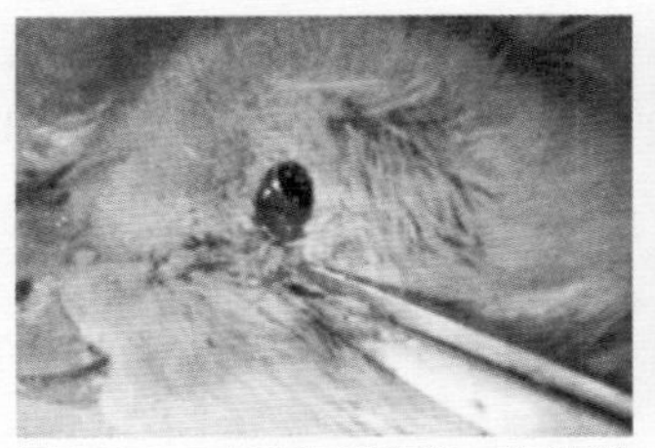
图 2-96 病鸭头部肿胀，眼结膜出血

图 2-97 病鸭排黄绿色稀便

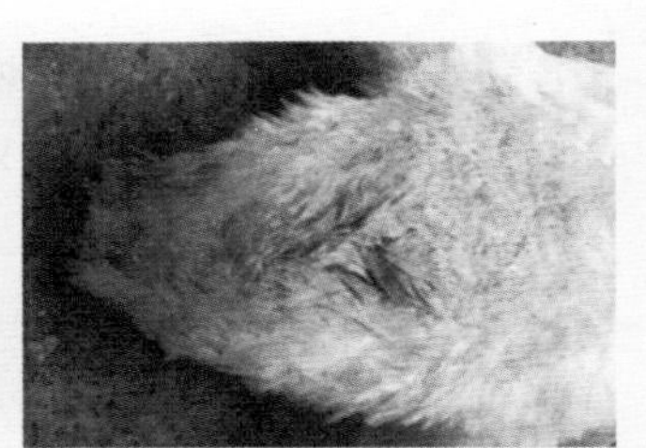
图 2-98 病鸭尾部羽毛被黄绿色粪便污染

病理变化

剖检可见雏鸭、肉鸭头肿大，眼睑肿胀、充血、出血，头部皮下充满浅黄色透明浆液性渗出液，全身皮肤广泛出血，消化道和呼吸道出血；肝脏肿大、质脆、呈土黄色，并伴有出血斑点；脾脏肿大；心外膜和心冠脂肪有少量出血斑点（图 2-99）；肺出血；肾脏肿大、出血；肠浆膜和其他浆膜有出血点。

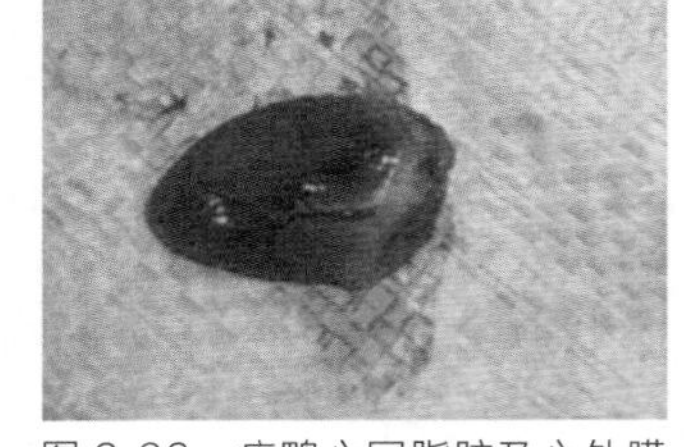
图 2-99 病鸭心冠脂肪及心外膜出血

产蛋鸭卵巢严重充血、出血，心内膜及心肌层中有出血灶、坏死；肝脏后期局灶性坏死；脾脏出血；肺毛细血管充血，间质水肿、增宽；十二指肠黏膜上皮脱落，固有膜炎性水肿，残存绒毛固有膜填满肠腔；直肠绒毛固有膜炎性细胞浸润，肠腺细胞趋于坏死，与基膜分离。

类症鉴别

病名	与鸭病毒性肿头出血症的相似点	与鸭病毒性肿头出血症的不同点
鸭瘟	二者均表现头颈肿大	鸭病毒性肿头出血症病例近 100% 病例出现头肿大，鸭瘟仅有部分病鸭头颈肿大；二者虽然均有消化道黏膜出血病变，但鸭病毒性肿头出血症无鸭瘟消化道黏膜坏死和纤维素性假膜覆盖等特征性病变；鸭瘟肝脏有灰白色坏死点、呈土黄色、肿大、质脆、并有出血斑点，鸭病毒性肿头出血症没有；鸭瘟肝脏的组织学变化有明显的包涵体，而鸭病毒性肿头出血症没有；鸭瘟在自然流行中以成年放牧鸭群发病和死亡较为严重，圈养的 1 月龄以后的雏鸭鲜见大批发病，而鸭病毒性肿头出血症在各种年龄段的发病和死亡都很严重，尤以雏鸭更甚
鸭病毒性肝炎	二者均表现肝脏呈土黄色、肿大、质脆，并有出血斑点	鸭病毒性肝炎发病具有明显年龄特点（主要侵害 3 周龄以内的雏鸭），肝脏的组织学变化表现为坏死、炎性细胞浸润和胆管上皮细胞增生

（续）

病名	与鸭病毒性肿头出血症的相似点	与鸭病毒性肿头出血症的不同点
鸭禽流感	二者均有精神沉郁，食欲减退，腹泻，共济失调，头颈侧斜扭曲，腿瘫软，肠炎等临床症状和剖检病变	禽流感病毒可引起鸡、火鸡、鸭和鹌鹑等多种家禽和鸟类发病，属正黏病毒科成员，有囊膜和血凝性；而鸭病毒性肿头出血症的发病鸭群与鸡群混养时未见鸡群发病，分离的病毒无血凝性且不感染 SPF 雏鸡 [SPF 雏鸡是指生长在屏障系统或隔离器中，无国内外（尤其是国内）流行的鸡主要传染病病原，具有良好的生长和繁殖性能的雏鸡]、雏鹅等

防治措施

1）坚持自繁自养，不到鸭病疫区去引进种鸭、雏鸭、商品鸭和种蛋。如果必须到非疫区引进种鸭、雏鸭、商品鸭和种蛋，必须经过严格的检疫，经检疫合格后，才能引进。种鸭、雏鸭、商品鸭引进后，必须经隔离饲养观察 2 周以上，确认健康，方可混群饲养或向外销售。

2）实行舍养与圈养结合，严格控制鸭与外界野禽接触，减少疫病传播机会。

3）谢绝外人对鸭场参观访问，饲养员进入鸭舍必须彻底消毒，更换衣服；定期对鸭舍、场地、用具进行消毒，对鸭场出现的病死鸭及时做焚烧或深埋处理，消灭蚊蝇和老鼠，做好清洁卫生，减少病原微生物滋生、繁殖。

4）做好鸭的保健和常规疫苗的免疫，对鸭经常投喂一些黄芪多糖、板蓝根等中草药制剂，提高免疫力，增强抗病能力。同时，常规免疫需要的疫苗如鸭病毒性肝炎、鸭瘟、禽流感疫苗等必须按程序免疫到位。

5）一旦鸭场出现肿头、流泪、死亡等现象，要引起高度重视，尽快确诊。同时，要对患病鸭群进行隔离、封锁，严禁继续放牧和人员往来，以防疫病扩散。对受疫点威胁的健康鸭群，可采集典型病死鸭的肝脏、脾脏等脏器，做成灭活疫苗，进行免疫，有较好的预防效果。

十三、番鸭小鹅瘟

番鸭小鹅瘟是由小鹅瘟病毒感染所引起的一种病毒性传染病，临床上以传播快、死亡率高、剧烈下痢、小肠中段和后段内形成腊肠样栓子为特征。

流行特点

本病多发于冬季和早春季节，在自然条件下只有雏番鸭和雏鹅发病，传播迅速。本病多发于 5~25 日龄的雏番鸭，随着日龄的增长，易感性降低。1 月龄以上的番鸭也有发生，成年番鸭多不发病而成带毒者。20 日龄内的雏番鸭发病时死亡率常高达 95%，发病日龄越小，发病率和病死率越高；而 20 日龄以上的雏番鸭发病时，死亡率一般不超过 60%。

临床症状

易感雏番鸭的临床症状随日龄的变化而不同，10 日龄的雏番鸭发病后迅速出现厌食、腹泻、衰竭，突然倒地抽搐后不久而死亡，病程为 2~5 天。日龄稍大的雏番鸭发病后最初表现厌食，嗉囊空虚，内有混浊液体和气体，喙部和蹼表发绀，上喙变短。病雏番鸭排出大量黄白色或浅黄绿色水样稀便（图 2-100、图 2-101）。

病理变化

本病的剖检病变主要在消化道，以肠道病变较为明显。腺胃和肌胃黏膜水肿、出血，交界处黏膜溃疡或糜烂，腺胃角质层糜烂脱落；肠道外观瘀血肿胀，肠道（尤其十二指肠）黏膜出血（图 2-102），小肠的中、后段整片肠黏膜坏死脱落，与纤维素性渗出物凝固形成腊肠样栓子或假膜（图 2-103），包裹在肠内容物表面，形如腊肠，质地坚硬，堵塞肠腔。低日龄雏番鸭有时肠管外壁可见环状细纹，外观似蚯蚓，肠腔内积有脱落的肠黏膜碎片或黏稠内容物，肠壁变薄，内壁光滑，呈浅红色或苍白色。

图 2-100　病鸭厌食，嗉囊空虚，喙部和蹼表发绀，排出大量黄白色水样稀便

图 2-101　病鸭上喙变短（右为健康鸭）

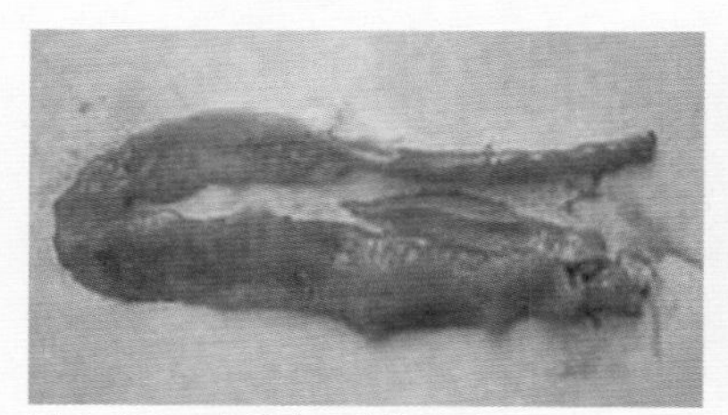
图 2-102　病鸭十二指肠出血

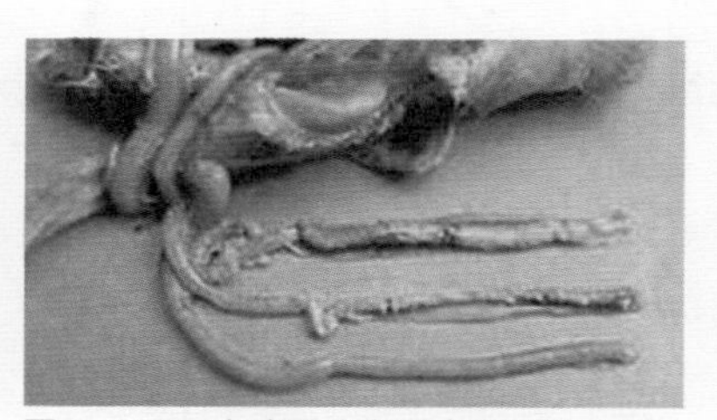
图 2-103　病鸭肠腔内形成腊肠样栓子

类症鉴别

病名	与番鸭小鹅瘟的相似点	与番鸭小鹅瘟的不同点
鸭瘟	二者均有精神沉郁，食欲减退，腹泻，死前抽搐，肠炎等临床症状和剖检病变	鸭瘟的病原为疱疹病毒，各品种鸭均可发生，并多发于成年产蛋鸭；病鸭高温、流泪，眼结膜充血、水肿，有的外翻，眼睑周围羽毛湿润呈湿圈，严重者上下眼睑粘连，部分病鸭头部皮下水肿导致头部肿大，故有“大头瘟”或“肿头瘟”之称，多呈急性死亡，病程较短；剖检可见心外膜充血、出血，呈“刷漆样”，冠状沟有出血点，脾脏略肿大，常呈暗褐色，胸腺和胰腺常见有小出血点或灰色坏死斑
新型鸭瘟	二者均有精神沉郁，食欲减退，体温升高，腹泻，死前抽搐，肠炎等临床症状和剖检病变	新型鸭瘟的病原为新型疱疹病毒；病鸭流泪，眼睑水肿，眼内流浆液性、脓性分泌物，翻开眼睑可看到眼结膜出血，头颈部肿胀，呼吸困难，呼吸时有鼻塞音；剖检可见，内脏器官广泛性出血，尤其是在口腔、食道、盲肠、直肠和泄殖腔等消化道的黏膜上，颈部皮下有浅黄色胶冻样水肿，出血严重，在肝脏可见到出血和局灶性坏死，坏死部位呈浅铜色或古铜色，并且肿大、质脆
鸭禽流感	二者均有精神沉郁，食欲减退，腹泻，死前抽搐，肠炎等临床症状和剖检病变	鸭禽流感多发于各品种的雏鸭，而番鸭小鹅瘟多发生于雏番鸭。鸭禽流感病例消化道病变类似番鸭小鹅瘟，但不同的是：鸭禽流感病例腺胃乳头肿大，呈化脓性出血，并有灰白色分泌物；胰腺边缘充血、出血，有灰白色或黄白色坏死灶；成年产蛋鸭可在输卵管内见到白色或浅黄色的脓性渗出物或豆腐渣样的干酪样物质，法氏囊和肾脏肿大、出血
鸭巴氏杆菌病	二者均有精神沉郁，食欲减退，腹泻，肠炎等临床症状和剖检病变	番鸭小鹅瘟流行范围较广，多发生于雏番鸭，病死率高，而鸭巴氏杆菌病一般零星发生，各品种鸭均可发生，病鸭常突然死亡，并以产蛋的母鸭多发；番鸭小鹅瘟病例高温稽留、迅速消瘦，死亡时嗉囊无食物，手感空虚，而鸭巴氏杆菌病病例常摇头，死亡时，口、鼻流稀血水，嗉囊里充满饲料，手感硬实；番鸭小鹅瘟的病原为小鹅瘟病毒，而鸭巴氏杆菌病的病原为多杀性巴氏杆菌，鸭巴氏杆菌病使用磺胺类或抗生素治疗有效

防控措施

（1）加强饲养管理 本病的发生主要是通过孵化厂传播和早期感染，因此孵化厂加强消毒和出壳后加强饲养管理等工作显得特别重要。此外，还应注意不从疫区引进种番鸭和雏番鸭。

（2）按期免疫 雏番鸭在1~2日龄注射小鹅瘟弱毒疫苗，每只肌内注射0.2毫升；种番鸭在产蛋前2~3周接种小鹅瘟弱毒疫苗，肌内注射1毫升，1个月后所产的蛋可留作种用，孵出的雏鸭在8~10日龄时每只注射1毫升小鹅瘟高免血清或高免蛋黄抗体。

第三章

鸭细菌性传染病的鉴别诊断与防治

一、鸭巴氏杆菌病

鸭巴氏杆菌病也称鸭霍乱，是由多杀性巴氏杆菌引起的鸭的急性、败血性传染病。主要临床特征为纤维素性心包炎、纤维素性肝周炎、纤维素性气囊炎、干酪性输卵管炎、关节炎及麻痹。因其具有发病率和病死率高等特点，常给养鸭生产造成较严重的经济损失。

流行特点

各种家禽包括鸡、鸭、鹅、鸽、火鸡等都有易感性，野禽中的野鸭、海鸭、天鹅和飞禽都能感染。鸭、鹅、鸡最易感，且多为急性经过。鸭群中发病多呈流行性。病鸭和带菌鸭及其他带病禽类是本病的传染源。病禽的排泄物污染饲料、饮水，经消化道传染。也可经病禽的咳嗽、鼻腔分泌物排出细菌，通过飞沫进入呼吸道而传染。有时也可经损伤的皮肤传染。此外，也可能发生内源性传染。带菌的鸭由于长途运输，或饲养管理及卫生条件太差，易使鸭抵抗力降低而暴发本病。病死禽污染的池塘、湖泊、水洼、河沟渠道及放牧鸭群、人员乱串圈、运输工具、野生禽类或动物等都可能成为传播本病的媒介。

本病的流行无明显的季节性。由于各地气候条件不同，有的地区以春、秋两季发病较多，有的多发生于秋、冬季节。

临床症状

潜伏期为0.5~3天。按病程长短可分为最急性型、急性型和慢性型。

（1）最急性型 最急性型常见于流行初期，无明显可见症状，常在吃食时或吃食后突然倒地，迅速死亡。有的种鸭在放牧中突然死亡。

（2）急性型 病鸭精神委顿，不愿下水游泳，即使下水，也是行动缓慢，常落于鸭群的后面或独蹲一隅，不愿行动，双翅下垂，缩头弯颈，羽毛松乱，食欲减退或废绝，口渴（图3-1、图3-2）。体温为42.5~43℃，嗉囊内积食或积液，将病鸭倒提时，有大量恶臭污秽液体从口和鼻流出。病鸭咳嗽、打喷嚏、呼吸加快，常见张口呼吸，并常摇头，企图排出积在喉头的黏液，故有“摇头瘟”之称。病鸭排出腥臭的白色或铜绿色稀便，少数病鸭粪便中混有血液。还有些病鸭两脚发生瘫痪，不能行走，常在1~3天死亡。

图3-1 病鸭双翅下垂，缩头弯颈

（3）慢性型 在病的流行过程中，常遗留部分慢性病例，占发病总数的2%~10%。病鸭消瘦，一侧或两侧局部关节肿胀，局部发热、疼痛，行走困难，跛行或完全不能行走；穿刺时见有暗红色液体，时间较久则局部变硬；切开见有干酪样坏死。慢性型病例也有的转为急性而死亡。

图3-2 病鸭羽毛松乱，食欲减退或废绝，口渴

病理变化

病死鸭尸僵完全，皮肤上有少数散在的出血斑点；心包液增多，呈透明橙黄色，有的内混纤维素絮片；心内膜、心外膜、心耳、心冠脂肪有弥漫性出血斑点（图3-3~图3-5）；肝脏略肿大，呈黏土色，质地柔软，易碎裂，表面有针尖大出血点和灰白色坏死灶（图3-6、图3-7）；胆囊多肿大；脾脏肿大、出血（图3-8）；腺胃黏膜脱落、出血（图3-9）；肠道以十二指肠和大肠黏膜充血和出血最严重，并有轻度卡他性炎症，小肠后段和盲肠较轻，肠淋巴集结肿大、出血（图3-10、图3-11）；胸腔积液，肺呈多发性肺炎，肺水肿，有的有气肿和出血（图3-12、图3-13）；鼻腔黏膜充血或出血。雏鸭为多发性关节炎，关节肿大，关节囊增厚，内含有暗红色、混浊的黏稠液体或干酪样渗出物（图3-14、图3-15）；肝脏发生脂肪变性，有坏死灶。

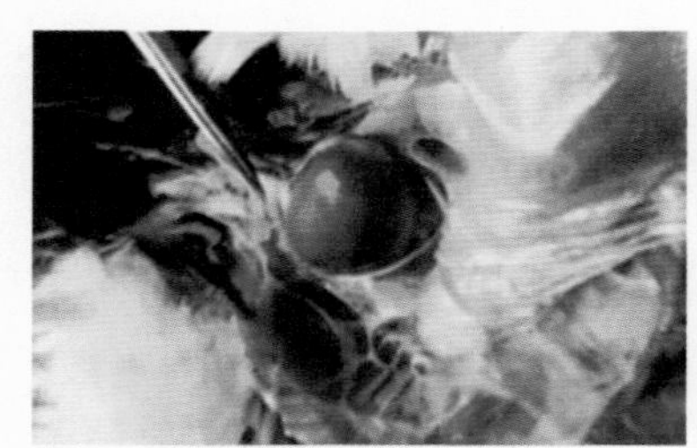
图 3-3　病鸭心包积液

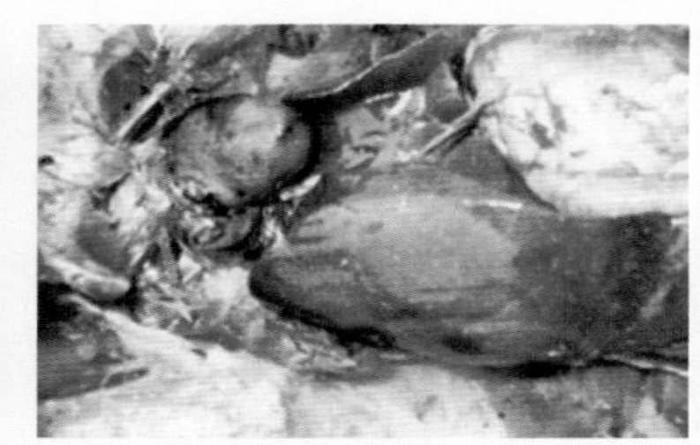
图 3-4　病鸭心冠脂肪出血

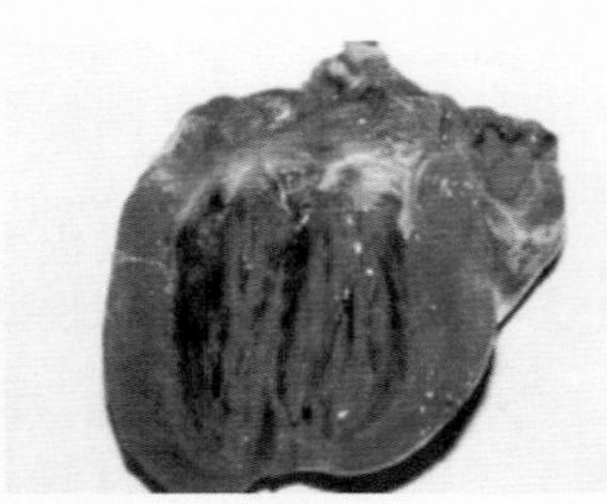
图 3-5　病鸭心内膜出血

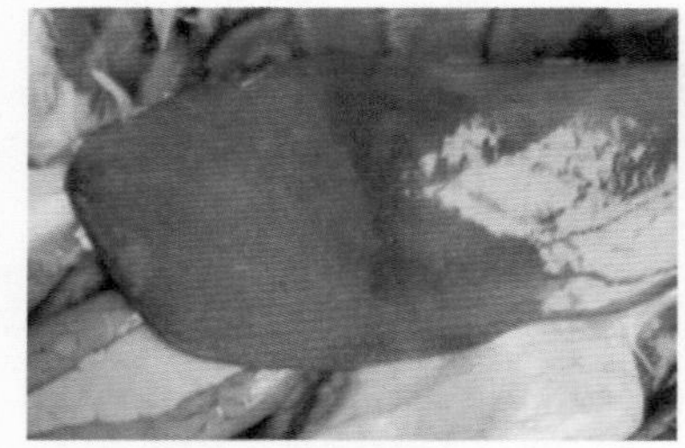
图 3-6　病鸭肝脏表面有大量针尖状的灰白色坏死灶

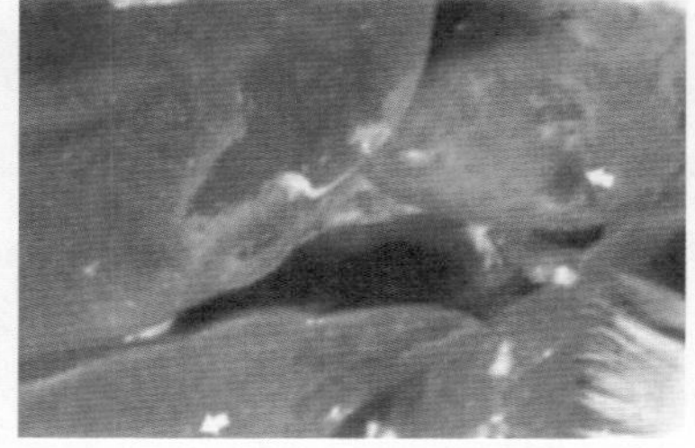
图 3-7　病鸭心外膜有出血点和出血斑；肝脏肿大，表面有许多灰白色、针尖大小的坏死灶

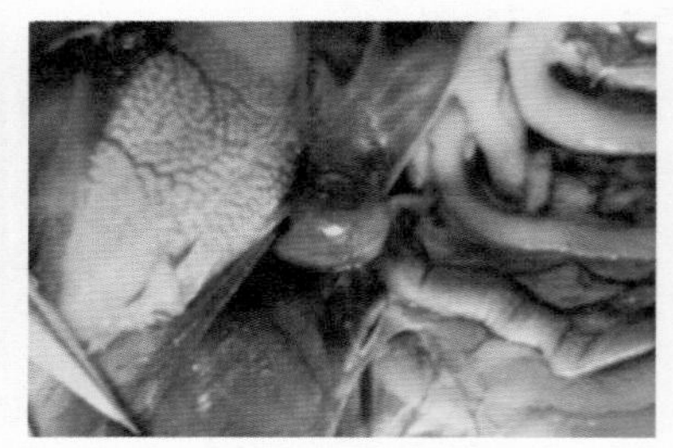
图 3-8　病鸭脾脏肿大、出血

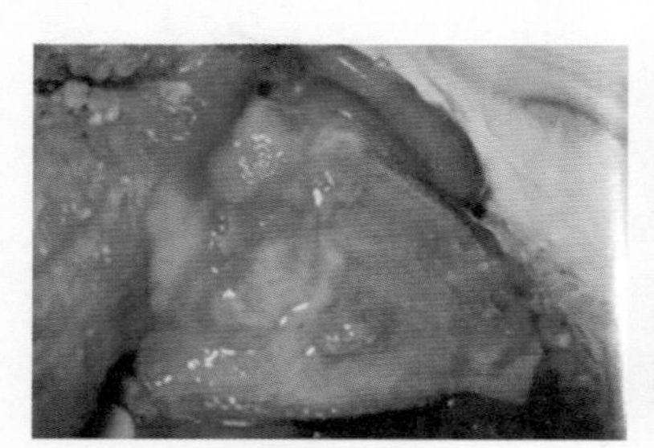
图 3-9　病鸭腺胃黏膜脱落、出血

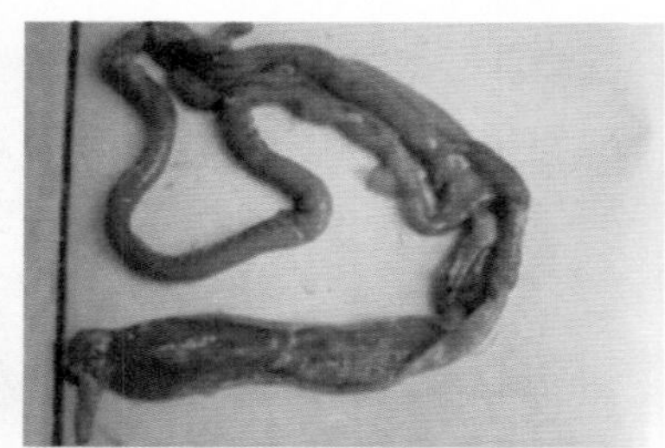
图 3-10　病鸭肠道黏膜充血、出血，肠内容物呈胶冻样

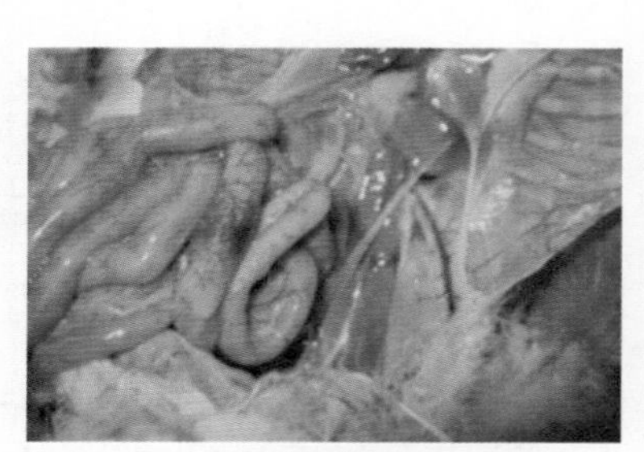
图 3-11　病鸭肠淋巴集结肿大、出血

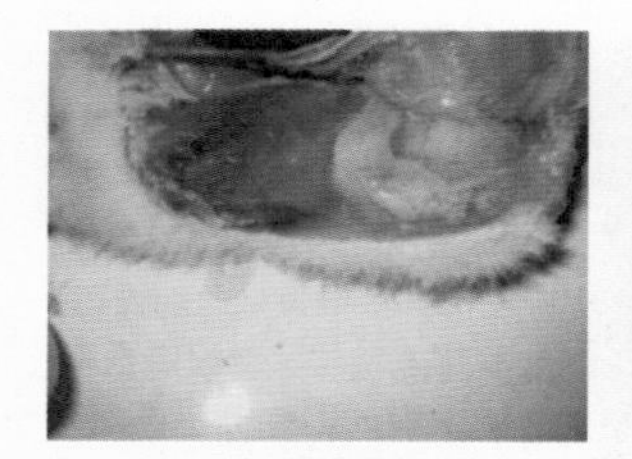
图 3-12　病鸭胸腔积液

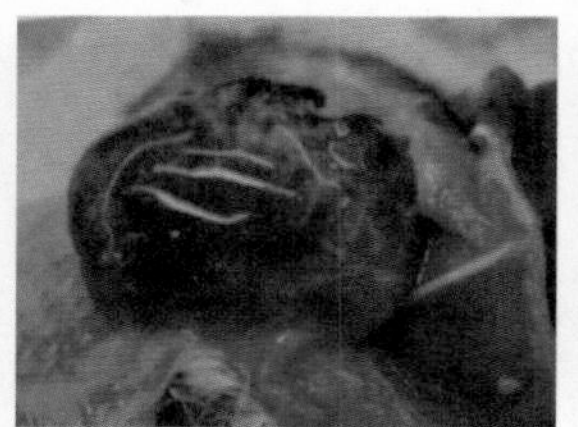
图 3-13　病鸭肺水肿

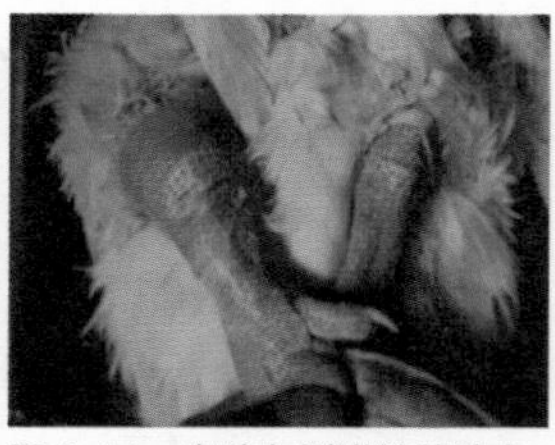
图 3-14　病鸭左侧跗关节肿大

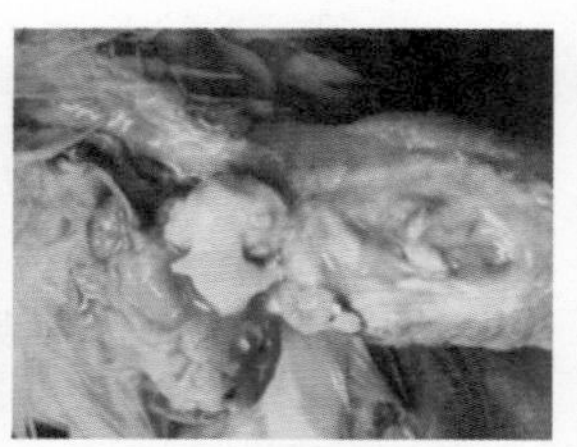
图 3-15　病鸭跗关节腔见有少量干酪样渗出物

类症鉴别

病名	与鸭巴氏杆菌病的相似点	与鸭巴氏杆菌病的不同点
鸭瘟	二者均有精神沉郁，食欲减退，腹泻、肠炎等临床症状和剖检病变	鸭瘟流行范围较广，病程较长，一般多在发病后 4~6 天死亡，而鸭巴氏杆菌病一般零星发生，病鸭常突然死亡；鸭瘟多发于雏鸭，而鸭巴氏杆菌病多发于产蛋的母鸭；鸭瘟病例流鼻液、流泪，死亡时眼睛充血，嗉囊无食物，手感空虚，而鸭巴氏杆菌病病例常摇头，死亡时，口、鼻流稀血水，嗉囊里充满饲料，手感硬实；鸭瘟为疱疹病毒感染，而鸭巴氏杆菌病为多杀性巴氏杆菌感染，鸭巴氏杆菌病使用磺胺类药物或抗生素治疗有效；鸭瘟病例肝脏有大小不等的灰黄色坏死灶，而鸭巴氏杆菌病病例剖检可见肝脏表面有许多针头大小、分布均匀的灰白色病灶
鸭副黏病毒病	二者均表现体温高，闭目，垂翅，口鼻分泌物多，呼吸困难，腹泻，粪便混有血液等临床症状；并均有全身黏膜、浆膜出血，心冠脂肪有出血点等剖检病变	鸭副黏病毒病可波及全群或更大范围，而鸭巴氏杆菌病一般只流行于个别鸭群或小范围地区；鸭巴氏杆菌病病死鸭剖检，肝脏上有灰黄色坏死点，心包膜内见大量纤维蛋白渗出物，肠黏膜无溃疡，鸭副黏病毒病肝脏无坏死点，心包膜内渗出物少，肠黏膜上多有溃疡；细菌学检查，鸭巴氏杆菌病可检出多杀性巴氏杆菌
鸭疫里默氏杆菌病	二者均有精神沉郁，食欲减退，腹泻，肠炎等临床症状和剖检病变	鸭疫里默氏杆菌病主要发生于雏鸭，8 周龄以后很少发生；主要病变为心包炎、气囊炎和肝周炎
鸭沙门菌病	二者均有精神沉郁，食欲减退，腹泻，肠炎等临床症状和剖检病变	鸭沙门菌病病死鸭具有其最特征的病变，即盲肠肿大 1~2 倍、呈斑驳状，肠内有干酪样团块物质
鸭大肠杆菌病	二者均有精神沉郁，食欲减退，腹泻，肠炎等临床症状和剖检病变	鸭大肠杆菌病病例心包膜、心外膜、肝脏和气囊表面有黄绿色纤维性渗出物，肝脏肿大、质脆，表面有针尖大小、边缘不整齐的灰白色坏死灶，比鸭巴氏杆菌病的坏死灶稍大

预防措施

1）加强鸭群的饲养管理，平时严格执行鸭场兽医卫生防疫措施，以栋舍为单位采取全进全出的饲养制度，预防本病的发生。

2）一般从未发生本病的鸭场可不进行疫苗接种，鸭群发病后应立即采取治疗措施，有条件的地方应通过药敏试验选择有效药物全群给药。磺胺类药物、红霉素、庆大霉素等均有较好的疗效。在治疗过程中，剂量要足，疗程要合理，当鸭死亡明显减少后，再继续投药 2~3 天以巩固疗效，防止复发。同时，要妥善处理病尸，做到无害化处理，避免人为地传播本病。

3）加强鸭场兽医防疫措施，搞好舍内外消毒工作，对及早控制本病有重要作用。

4）对常发地区或鸭场，药物治疗效果日渐降低，本病很难得到有效控制，可考虑用疫苗进行预防。但由于疫苗免疫期短，防治效果不十分理想，所以，在有条件的地方可在本场分离细菌，经鉴定合格后，制作自家灭活苗，定期对鸭群进行注射，经实践证明，通过 1~2 年的免疫，本病可得到有效控制。

治疗方法

1）10% 氟苯尼考加黄芪多糖全群饮水，连用 3 天。

2）对病鸭用青霉素加链霉素混合后进行肌内注射，每天 1 次，每次各 3000~5000 国际单位，连用 3 天。同时，对场地和鸭舍早晚用石灰水、过氧乙酸或癸甲溴铵等消毒液交替消毒场地，用高锰酸钾溶液消毒料槽、水槽和用具。采取以上措施后，病情逐步得到控制。

二、鸭疫里默氏杆菌病

鸭疫里默氏杆菌病又称鸭传染性浆膜炎，是由鸭疫里默氏杆菌引起的鸭的一种接触性、急性或慢性、败血性传染病，其主要特征是纤维素性心包炎、肝周炎、气囊炎、干酪性输卵管炎、关节炎及麻痹，是造成雏鸭死亡最严重的传染病之一。

流行特点

本病主要发生于 2~6 周龄的雏鸭，8 周龄以后和 1 周龄以内的雏鸭很少发病，其他水禽、火鸡、鸡、鹌鹑等也曾有发病报道。本病的发病率较高，有的高达 90% 以上，死亡率为 5%~80%。

一年四季均可发生，尤以冬、春寒冷的季节多见，主要经呼吸道或皮肤感染，被病原菌污染的饲料、饮水或周围环境都能传播本病，育雏室饲养密度过大、空气流通不畅、潮湿、环境卫生差，饲养粗放或饲料中营养不全等均易造成本病的发生和传播。此外病菌也有可能通过鸭蛋传播。

临床症状

本病根据病程长短可分为最急性型、急性型和慢性型。

（1）最急性型 最急性型病例常表现为突然死亡，无任何临床症状。

（2）急性型　主要表现为病鸭闭口嗜睡，精神委顿，缩头垂翅或嘴抵地面，食欲减退或废绝；排黄绿色恶臭稀便（发病早期排出白色稀便，后期变成绿色稀便）；腿软弱，呈犬坐姿势，行动缓慢，不愿走动，或共济失调；打喷嚏，眼鼻常流出黏液性或浆液性分泌物，使鸭眼周围的羽毛粘连，表现“黑眼圈”，故本病病鸭有“眼镜鸭”之称；濒死前出现神经症状，病鸭站立时，头颈向身体的右侧弯转 90 度，呈“S”形，病鸭顺着歪脖的方向转圈，为本病的特征性症状；最后，病鸭角弓反张，抽搐死亡（图 3-16~ 图 3-20）。病程为 1~3 天。

（3）慢性型　28 日龄以上的雏鸭，多呈亚急性或慢性经过，病程超过 7 天。病鸭食欲减退或废绝，腿脚无力，不愿走动，多伏卧。少数病例头颈歪斜（图 3-21），若遭遇惊吓，则不断鸣叫、倒退或痉挛转圈。当采食、饮水或安静蹲卧时，伸颈，头颈稍弯曲，张口呼吸。少数病例出现跗关节肿胀。耐过的病鸭往往较瘦弱，发育不良。

图 3-16　病鸭腿软弱，呈犬坐姿势

图 3-17　病鸭眼分泌物增多，眼眶周围的羽毛粘连

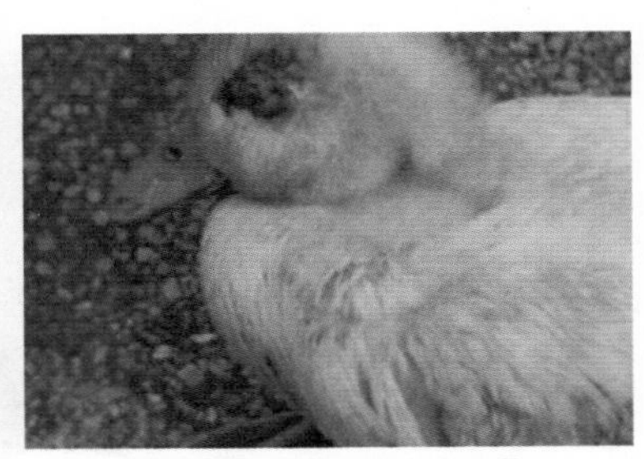

图 3-18　病鸭眼周围羽毛粘连脱落

图 3-19　病鸭表现“黑眼圈”

图 3-20　病鸭鼻腔流出的分泌物凝固后堵塞鼻孔，死前震颤、痉挛

图 3-21　病鸭头颈歪斜

鸭疫里默氏杆菌病特征性病理变化是浆膜面上有纤维素性炎性渗出物，以心包膜、肝被膜和气囊壁的炎症为主。多数病例表现为全身脱水，心包炎，心包液增多，心包膜附着纤维素性渗出物，心包内填充浅黄色纤维素性渗出物，病程较长时，可见心包膜与心外膜粘连（图 3-22）；肝脏肿大，明显大于正常肝脏，呈棕红色或土黄色，质脆，胆囊肿大；肝脏表面覆盖有一层极易剥离的灰白色或灰黄色纤维素性膜，病程较长时，渗出物呈干酪样，容易剥离（图 3-23、图 3-24）；气囊混浊、增厚，气囊壁上附有纤维素性渗出物（图 3-25、图 3-26）；脾脏肿大或肿大不明显，表面附有纤维素性薄膜，有的病例脾脏明显肿大、呈红灰色斑驳状（图 3-27）；输卵管阻塞（图 3-28）；脑膜及脑实质血管扩张、瘀血，病鸭有神经症状时，可见纤维素性脑膜炎及脑膜充血、出血（图 3-29）。慢性病例常见胫膝关节及跗关节肿胀，切开可见关节液增多。少数病例输卵管内有干酪样渗出物。部分病例肠道充血、出血，以十二指肠病变最为严重，表面有黄色胶冻样分泌物；直肠处可见白色或浅绿色稀便。

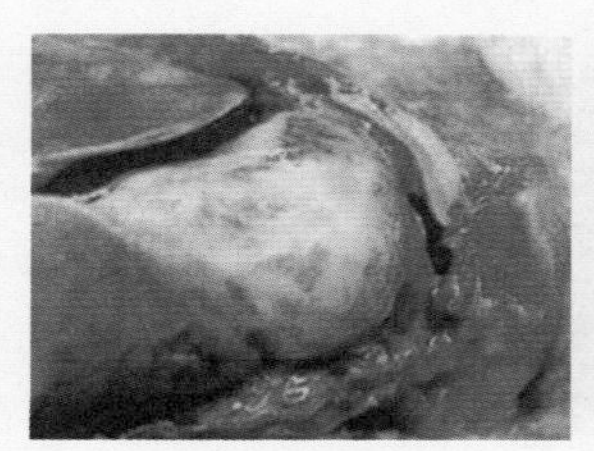
图 3-22　病鸭心包炎，心包、肝脏出现广泛的纤维素性渗出物

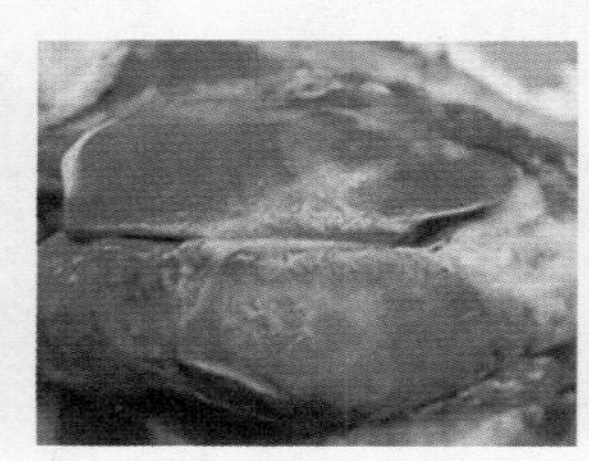
图 3-23　病鸭肝周炎，表面附有一层纤维素性膜

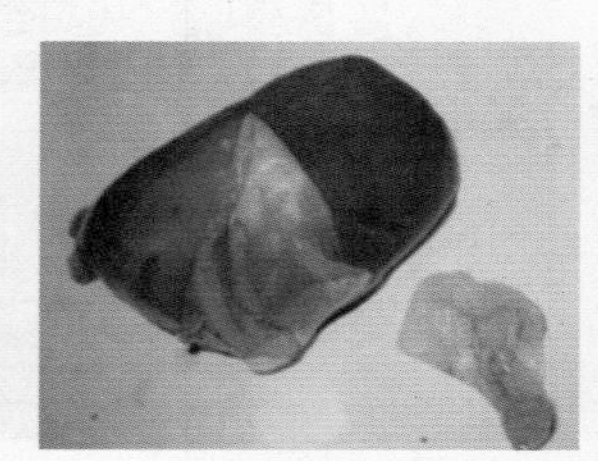
图 3-24　病鸭肝脏被膜上的纤维素性渗出物易剥离

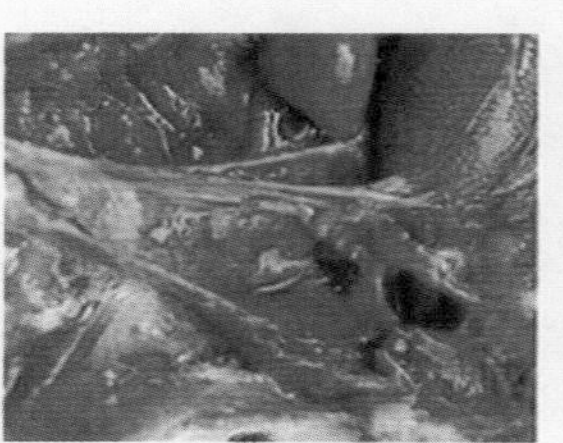
图 3-25　病鸭气囊混浊、增厚

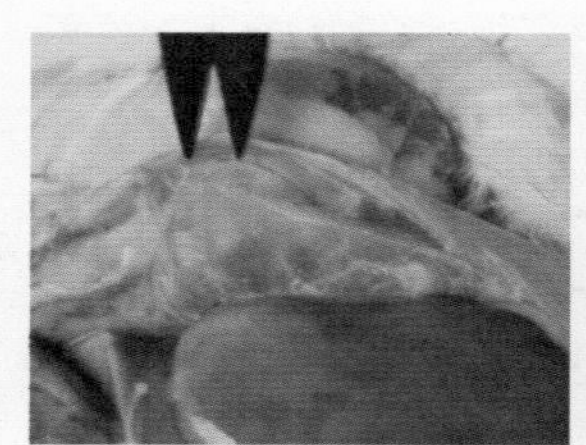
图 3-26　病鸭气囊上有一层纤维素性渗出物

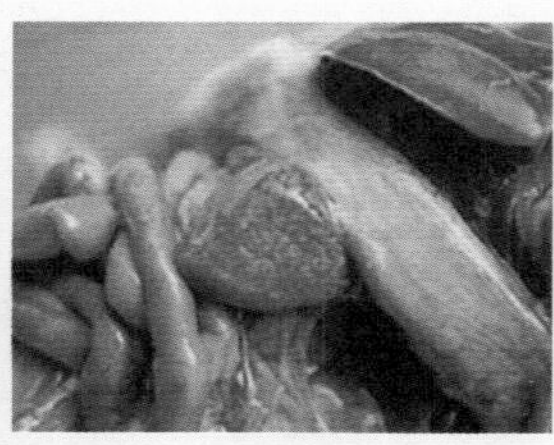
图 3-27　病鸭脾脏肿大，表面呈红灰色斑驳状

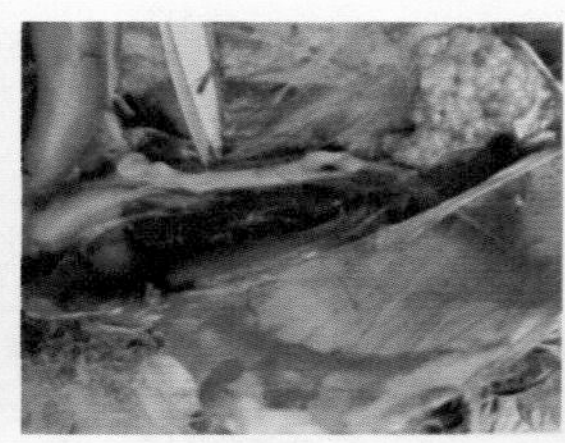
图 3-28　病鸭输卵管阻塞

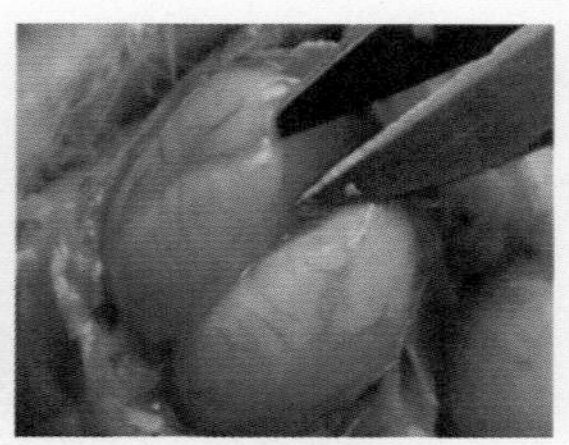
图 3-29　病鸭脑膜血管呈树枝状充血

类症鉴别

病名	与鸭疫里默氏杆菌病的相似点	与鸭疫里默氏杆菌病的不同点
鸭大肠杆菌病	患病鸭群发生鸭疫里默氏杆菌病时，常有60%以上的病鸭群同时混合感染大肠杆菌病。大肠杆菌性败血症的病变表现为心包炎、肝周炎和气囊炎，与鸭疫里默氏杆菌病的病变非常相似	鸭大肠杆菌病剖检时有特殊臭味，病鸭心脏和肝脏表面附着的渗出物较厚，一般为干酪样（凝乳状），色较重，不易剥离，肝脏肿大、呈铜绿色，而鸭疫里默氏杆菌病病例心脏和肝脏表面附着的渗出物较薄，一般较湿润，色浅；鸭疫里默氏杆菌病病例表现头颈震颤、歪斜等神经症状，而鸭大肠杆菌病不表现神经症状
鸭衣原体病	二者均表现心包炎、肝周炎和气囊炎	鸭衣原体病病例粪便呈黄绿色水样，气味恶臭，而鸭疫里默氏杆菌病病例常排白色黏稠样粪便；鸭疫里默氏杆菌病病例表现头颈震颤、歪斜等神经症状，而鸭衣原体病不表现神经症状
鸭沙门菌病	二者病程较长后均可引起鸭喘气、消瘦和神经症状	鸭疫里默氏杆菌病病例常排白色黏稠样粪便，而鸭沙门菌病病例常排绿色或浅绿色水样粪便或黑褐色糊状粪便；剖检时鸭疫里默氏杆菌病可见心包炎、肝周炎和气囊炎，而鸭沙门菌病病例偶见心包炎，以肝脏呈古铜色、表面有灰白色小坏死点及盲肠肿胀、内有干酪样物质形成栓子为特征
鸭禽流感	二者均有神经症状	鸭禽流感表现心冠脂肪、心肌出血；胰腺出血、表面有大量针尖大小的白色坏死点或透明样液化灶等，与鸭疫里默氏杆菌病的病变完全不同；鸭禽流感发生于各日龄的鸭，而鸭疫里默氏杆菌病多发生于1~8周龄的各品种鸭

预防措施

（1）加强饲养管理 给鸭群供应优质、营养全面、充足的饲料，保持合理的环境温度、空气湿度和饲养密度，加强鸭的运动，并及时更换垫料，做好通风换气工作，提高鸭的体质。

（2）做好消毒和疫苗接种工作 为了防止疫病的产生和扩散，要对鸭舍、饲槽、水槽及鸭经常活动的场所进行定期消毒，并做鸭疫里默氏杆菌病灭活苗的免疫接种工作。

建议免疫程序：

① 5 日龄免疫应用蜂胶疫苗 0.5 毫升，13 日龄加强免疫应用油乳剂疫苗 0.5 毫升。

② 1~2 日龄免疫应用蜂胶疫苗 0.2 毫升。实验证明：7 日龄应用二联蜂胶疫苗 0.5

毫升进行预防，10 天后攻毒，保护率可达 80%~100%。

（3）严格检疫 加强对鸭场、孵化场的监督管理工作，添置必要的防疫设备。在疫苗接种消毒和种苗供应方面严格把关，并做好运输检疫、市场检疫工作，防止疫情产生和蔓延。

发病后可应用加有敏感药物的蜂胶疫苗加大剂量紧急预防注射，并投喂抗生素。

（1）土霉素 0.05% 混入饲料中连喂 3~5 天。

（2）青霉素、链霉素 各 3000~5000 国际单位，肌内注射，每天 1 次，连用 2~3 天。

（3）磺胺二甲嘧啶 0.3% 混入饲料中，连喂 3 天。

三、鸭大肠杆菌病

鸭大肠杆菌病是由革兰阴性的埃希氏大肠杆菌引起的一种细菌性传染病。临床上以脐炎、眼结膜炎、气囊炎、心包炎、败血症、肉芽肿及输卵管炎等为特征，各种日龄的鸭均可感染发病，但以雏鸭多见。

不同品种和日龄的鸭都可感染致病，但临床上以 2~6 周龄的鸭多见。表现的病型也有一定的差异。如舍饲的肉用雏鸭所表现的病型以纤维素性心包炎、气囊炎、肝周炎及败血症较为常见，脐炎、眼结膜炎则以 1~2 周龄麻鸭多见。

病鸭和带菌鸭是本病的主要传染源，通过粪便排出的病菌散布于外界，污染水源、饲料，经消化道感染；也可由鸭舍的尘埃经呼吸道感染；或是病菌污染蛋壳经入孵种蛋裂隙使胚胎发生感染，导致胚胎死亡或初生雏鸭致病；病原菌还可经损伤的皮肤侵入体内引起感染；此外，成年鸭还可以通过交配引起感染。

一年四季均可发生，在南方，蛋鸭以温暖潮湿的梅雨季节易发；而密闭舍饲的肉用雏鸭则以寒冷的冬、春季节多见。

大肠杆菌属条件性致病菌，不良的饲养环境和管理是促进本病发生的重要诱因。临床常见的发病率一般为 5%~30%。其发病率通常因日龄和饲养管理条件而异，往往是环境差、日龄小的雏鸭发病率高。

根据本病的临床症状和病理变化可分为以下多种类型：

（1）卵黄囊炎及脐炎型 本病型多发生于胚胎期至 3 日龄的雏鸭，感染的鸭胚有的在孵出前可能死亡，即使能孵出的也大多是残弱雏鸭，腹部膨大、脐部发炎肿胀（图 3-30），有的脐孔破溃，皮肤较薄，严重者颜色青紫。精神委顿，两肢无力，喜卧嗜睡，食欲减退或废绝，饮水也少，一般多于 1~3 天死亡，极少数病雏鸭也能延至 5~7 天。

（2）眼炎型　多见于 1~2 周龄雏鸭，病雏鸭眼结膜发炎、流泪，有的角膜混浊，病程稍长的眼角有脓性分泌物（图 3-31），严重者封眼，病程为 1~3 天，本病型有时在鸭群中常与其他病型同时出现。

（3）关节炎型　多见于 7~10 日龄雏鸭，病雏鸭一侧或两侧跗关节或趾关节炎性肿胀，运动受限，出现跛行（图 3-32），食欲减退，若不及时治疗，病雏鸭常在 3~5 天衰竭死亡。本病型有时也见于青年鸭或成年鸭。

图 3-30　病雏鸭脐部发炎肿胀，腹部膨大

图 3-31　病鸭眼结膜发炎、流泪，眼角有分泌物

图 3-32　病鸭行走时跛行

（4）败血型　本病型见于各种日龄的鸭，但以 1~2 周龄雏鸭多见。常突然发生，最急性的则无任何症状即死亡。病雏鸭精神不振，食欲减退，饮欲增强，羽毛蓬松，缩颈闭目，腹泻，常喜卧，不愿行动，部分病鸭出现呼吸道症状，眼、鼻常有分泌物，病程为 1~2 天。

（5）脑炎型　见于 1 周龄的雏鸭，病程稍长的转为脑炎型。病雏鸭扭颈，抽搐，出现神经症状（图 3-33），食欲减退或废绝。病程为 2~3 天。

（6）浆膜炎型　常见于 2~6 周龄的肉用鸭，病雏鸭精神沉郁，食欲减退或废绝，气喘，甩鼻，出现呼吸道症状，眶下窦肿胀，眼结膜和鼻腔带有浆液性或黏液性分泌物，缩颈闭目，嗜睡，羽毛松乱，两翅下垂，常发生下痢（图 3-34、图 3-35）；部分病例腹部膨大、下垂，行动迟缓。严重者呈企鹅状，腹部触诊有液体波动。病程一般为 2~7 天。

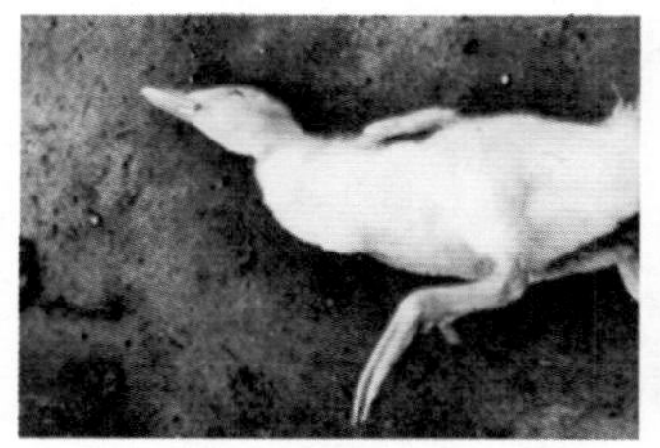
图 3-33　病雏鸭死前扭颈，抽搐

图 3-34　病鸭眶下窦肿胀

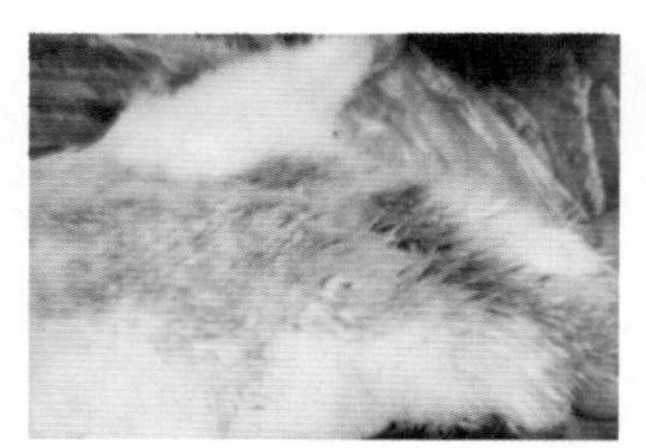
图 3-35　病鸭下痢，泄殖腔周围羽毛粘有稀粪

（7）肉芽肿型　临床上见于青年鸭或成年鸭，病鸭精神不振、食欲减退，腹泻，行动缓慢，常落群，羽毛蓬松，逐渐消瘦，最后衰竭而死，病程在 1 周以上。

（8）生殖器官炎型　临床上见于成年公、母鸭。患病公鸭阴茎红肿发炎，常脱垂，病程长的阴茎上面有大小不等的干酪样坏死结节或痂块。患病母鸭开始产蛋减少，产软壳蛋或薄壳蛋，继而停产，病鸭食欲减退或废绝，病初饮欲增加，后废绝，腹部膨大、下垂，易恋巢，行动迟缓，严重者呈企鹅姿势。腹泻，粪便呈黄白色或带黄绿色，有时排泄物中混有蛋黄、蛋清或变性的凝固絮状碎片，逐步消瘦，衰竭死亡。病程为 7~10 天。

（1）卵黄囊炎及脐炎型　死于卵黄囊炎及脐炎的雏鸭可见卵黄囊膜水肿增厚、卵黄吸收不良、卵黄稀薄、腐臭、呈污褐色，或卵黄变性、内有较多的凝固豆腐渣样物质（图 3-36）；喙、脚、蹼干燥。

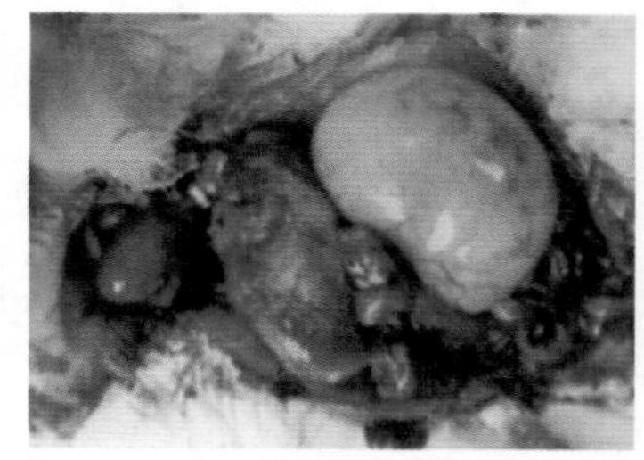
图 3-36　病死雏鸭卵黄变性、凝固

（2）眼炎型　眼炎型病例，除眼结膜炎或角膜炎外，可见气囊混浊，肝脏肿大，严重的呈青铜色，有散在的坏死灶，胆囊充盈，肠道黏膜呈卡他性炎症。

（3）关节炎型　关节炎型病死鸭，剖检可见跗关节或趾关节炎性肿胀，内含有纤维素性或混浊的关节液。

（4）败血型　败血型的病死鸭，常见心包积液，心包膜增厚，心包液混浊（图 3-37），心冠脂肪有出血点，肝脏呈青铜色，有出血点或有散在的坏死灶，表面有絮状纤维素沉着（图 3-38），脾脏肿大、呈紫黑色斑纹状；肺有不同程度瘀血；肠道黏膜呈卡他性炎症。雏鸭有时伴有气囊炎、脐炎及眼结膜炎。

（5）脑炎型 脑炎型病例可见肝脏肿大，呈青铜色或墨绿色，有散在的坏死点，脑膜血管充血，脑实质有点状出血。

（6）浆膜炎型 死于浆膜炎型鸭，可见心包积液，心包膜增厚，呈纤维素性心包炎（图3-39、图3-40）；气囊混浊，表面有纤维素渗出，呈纤维素性气囊炎（图3-41）；肝脏肿大，表面也有纤维素膜性覆盖，易剥离，有的肝脏伴有坏死灶（图3-42、图3-43）；病程较长的腹腔内有浅黄色腹水（图3-44），肝脏质地变硬。肠道黏膜轻度出血，鼻窦腔内有黏液性或浆液性分泌物。

（7）肉芽肿型 肉芽肿型的病死鸭可见心肌、肺、肠系膜上有绿豆至黄豆大小菜花样增生物，有时也见于肝脏、肾脏和胰腺，肠道黏膜（小肠后端及盲肠）也常有坏死样肉芽肿病变。

（8）生殖器官炎型 生殖器官炎型的病死产蛋母鸭剖检可见卵子变形、变性，卵泡充血、出血，腹腔内有较多的腐臭的卵黄碎片，肠环间粘连；病程较长的病例，腹

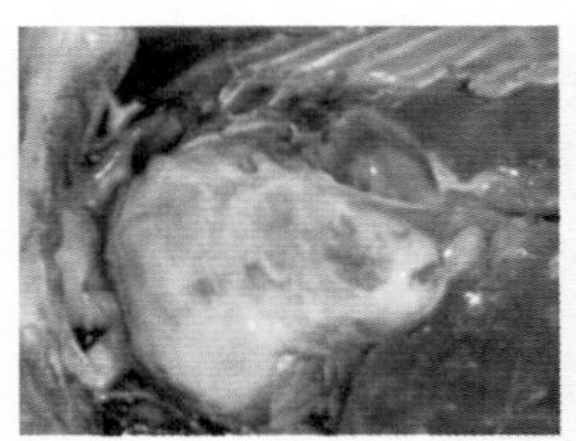

图3-37 病鸭心包膜增厚，心包液混浊（心包炎）

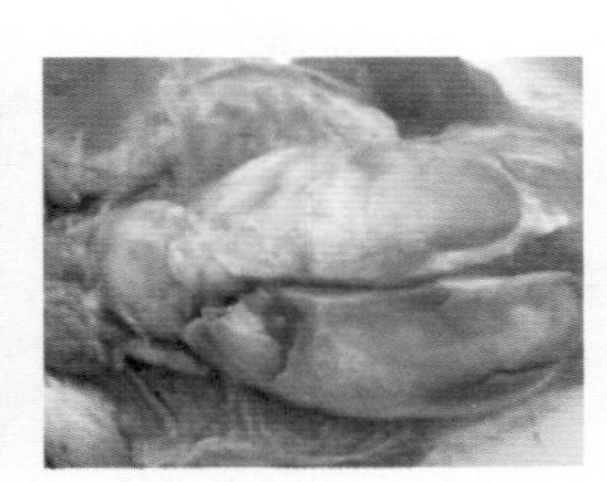

图3-38 病鸭肝脏肿大，表面有絮状纤维素沉着

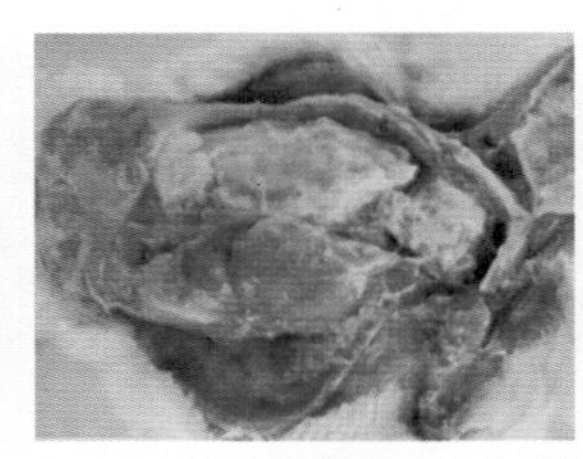

图3-39 病鸭浆膜上有纤维素性膜覆盖

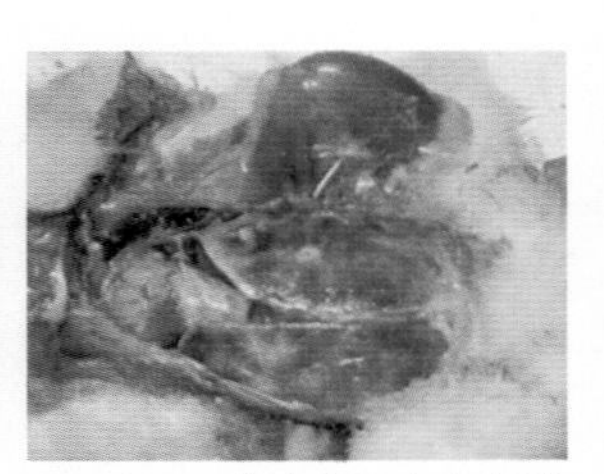

图3-40 病鸭心包上有纤维素性膜覆盖

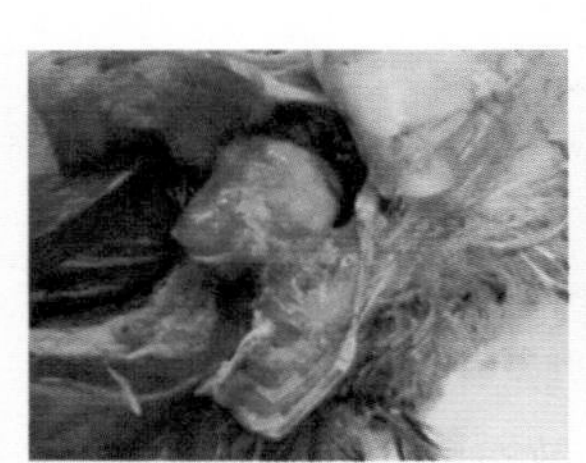

图3-41 病鸭胸腹气囊上有纤维素性膜覆盖

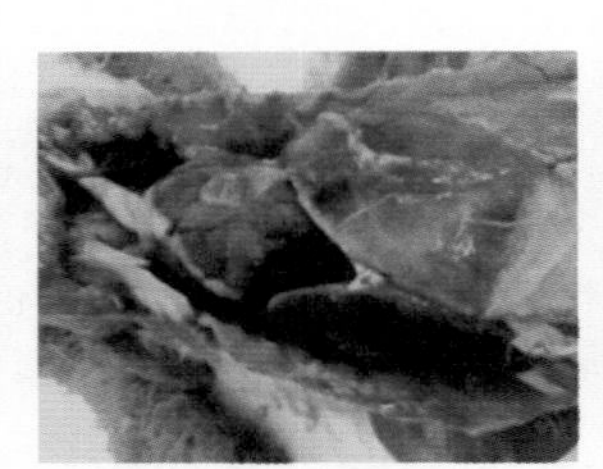

图3-42 病鸭肝脏被膜上有纤维素性膜覆盖

图3-43 病鸭肝脏上的纤维素性膜易剥离

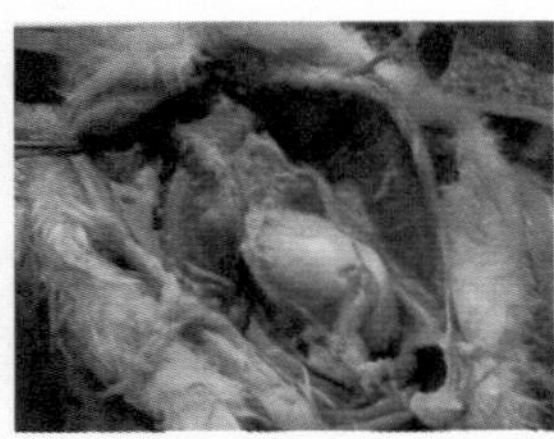

图3-44 病鸭腹腔内有浅黄色腹水

腔内有较多混浊的炎性渗出液（图 3-45）。输卵管扩张，内有腐臭凝固的卵黄和蛋清。公鸭的病变局限于外生殖器部分。

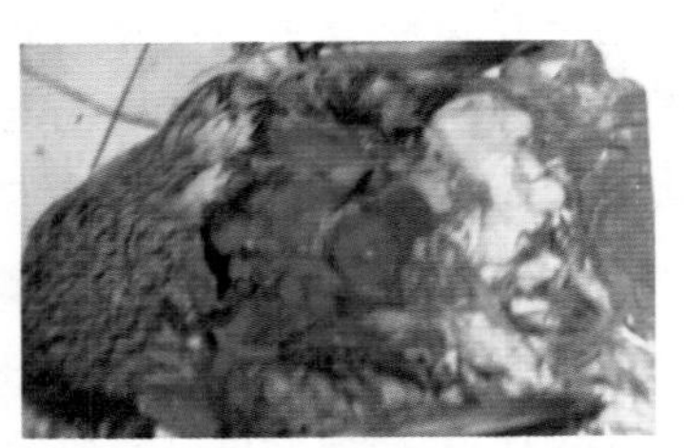

图 3-45　病鸭卵泡充血、出血，腹腔内有炎性渗出物

类症鉴别

病名	与鸭大肠杆菌病的相似点	与鸭大肠杆菌病的不同点
鸭疫里默氏杆菌病	二者均有精神不振，呼吸困难，下痢，肠炎等临床症状和剖检病变	鸭疫里默氏杆菌病对于 1~8 周龄的鸭均可感染，但以 2~3 周龄的雏鸭最易感，而鸭大肠杆菌病多发于 20 日龄以后；鸭疫里默氏杆菌病病例出现头颈歪、转圈、不停地点头、摇头、扭头等典型神经症状，而鸭大肠杆菌病病例有耸脖、走路摆尾现象，没有上述典型的神经症状，病鸭排不成形黄色、白色的粪便；鸭疫里默氏杆菌病病例脾脏肿大、呈大理石样病变，最明显的眼观病变是纤维素性渗出物，表面的渗出物较厚，构成纤维素性心包炎、肝周炎、气囊炎、干酪性输卵管炎和脑炎等，而鸭大肠杆菌病病例可见到包心、包肝现象，表面的渗出物较薄、较湿润，没有干酪样渗出物
鸭链球菌病	二者均表现羽毛松乱，食欲减退或废绝，腹泻；并均有腹腔有纤维素，肝脏肿大，肠黏膜出血等剖检病变	鸭链球菌病病例嗜睡，冠髯发紫或苍白，足底皮肤坏死，濒死前角弓反张、痉挛；剖检可见器官出血较为严重，肝脏肿大，表面密集出血点或出血斑，心冠脂肪、心内膜和心肌出血，肾脏肿大、出血
鸭结核病	二者均表现精神委顿，羽毛松乱，食欲减退或废绝，不愿活动，腹泻，产蛋率下降，有关节炎；并均有肝脏、脾脏有结节块（肉芽肿）等剖检病变	鸭结核病病例表现渐进性消瘦，胸骨凸出，翅下垂；剖检可见肝脏、脾脏、肠道、气囊、肠系膜等均有结核结节（粟粒大、豆大、鸽蛋大）；切开干酪样物，涂片后用萋－尼氏染色法染色，镜检显红色结核分枝杆菌

1）在阴雨天或其他应激条件下，应在饲料中添加抗生素进行预防，同时添加蛋白质及多种维生素增强抵抗力。

2）雏鸭发生大肠杆菌病一般经卵由母鸭传播。孵化时，种蛋及孵化用具要严格消毒，平时加强鸭群卫生消毒。尤其对公鸭要逐只检查，将阴茎上有病变的公鸭淘汰。

3）对一些治疗效果差、复发率高的养鸭区最好用鸭大肠杆菌病灭活油乳苗（每只0.5~1毫升）进行预防接种，注射后会有轻微的反应，但是很快恢复。在发病鸭群注射灭活苗，1周后即无新的病例出现，能有效控制疫病的流行。种鸭群的强化免疫能给其后代雏鸭提供有效的被动保护力。

治疗方法

1）按每千克体重使用氟苯尼考100毫克，在饮水中溶解后任其自由饮用，每天2次，连续使用5天，或者按每千克体重胸部皮下注射0.4毫升10%氟苯尼考注射液，每天1次，连续使用3天。

2）病鸭也可胸部肌内注射10万~20万国际单位链霉素或者卡那霉素，每天2次，连续使用3天。同时，大群鸭饲料中添加0.005%环丙沙星，连续饲喂3~5天。

3）取大黄30克、车前子15克、白芍20克、黄柏30克、黄芩30克、茵陈60克、蒲公英40克、茯苓25克、黄连10克，加水后进行2次煎煮，取前汁添加在饲料中，取后汁添加在饮水中，每天1剂，连续使用5天。

在使用药物治疗的同时，还要在饮水中添加2%~3%的白糖和适量的电解多维。另外，对于整个鸭群，按照每8000克饮水添加100克氟苯尼考，任其自由饮用，连续使用3~5天。

还可在饲料中添加土霉素原粉，一般每100千克饲料添加400克用于治疗，预防时药量减半，连续使用3~5天。病鸭症状严重时要适时进行淘汰净化，避免整个鸭群发生感染，并防止污染孵化房。如果病鸭在停药之后出现复发，可再继续进行1个疗程的治疗，用于控制本病的发生和蔓延。

四、鸭沙门菌病

鸭沙门菌病又称鸭副伤寒，是由沙门菌属的任何一个或多个成员所引起的鸭急性或慢性病的总称，是鸭最严重的细菌性传染病之一。本病感染雏鸭的发病率和病死率均很高，严重时可高达80%以上。种蛋污染后可引起死胚和孵化率严重下降。

在自然界中，家禽是沙门菌的最主要的贮菌者。人类的大多数食品，常常被沙门菌所污染，因此，沙门菌病是一个十分重要的公共卫生性疾病。

流行特点

一般情况下，本病一年四季都可发生，雏鸭对本病具有高度的敏感性和致病性。一般 3 周龄以内的雏鸭最易发病死亡，死亡率约为 20%，严重者可高达 80%~90%，成年鸭感染后多成为带菌者。

沙门菌的传播途径有 2 种，一种是由种蛋带菌而引起的垂直传播；另一种是通过与病鸭接触或通过污染的饲料、饮水器及垫料等引起的水平传播，常造成鸭群体发病，传播迅速。本病主要是经消化道感染。

临床症状

因传染方式不同而临床上表现为不同的症状。因种蛋带菌或在孵化过程中感染者，可出现胚胎死亡或雏鸭体弱，卵黄吸收不全，胎毛松乱。

雏鸭沙门菌病以急性败血型为主，出壳后即现病情，有时出壳十几天表现出临床症状，表现为精神沉郁，食欲消失，口渴增加，粪稀，刚开始时粪便呈稀粥状，后为水样。雏鸭因肛门周围绒毛与粪便干结封住肛门不能排粪而鸣叫，人工剥去干结物粪便即喷射而出（图 3-46）。病雏鸭缩颈怕冷，颤抖，呼吸困难，喘息，眼睑浮肿，死前有时出现突然倒地，头向后仰，痉挛，数分钟后死亡，故又称“猝倒病”。慢性患病鸭表现为气喘、极度消瘦和血痢，有时还抽搐、转圈，甚至麻痹，有时关节肿大、跛行。

图 3-46　病雏鸭排白色稀便，肛周羽毛被污染

成年鸭对本病具有一定的抵抗力，其发病率和死亡率较低。急性发病时可见病鸭精神委顿，食欲减退，采食量减少，饮水增加，腹泻，体重减轻或贫血，病愈鸭常成为带菌者。

病理变化

雏鸭常呈败血症变化，主要病变是卵黄吸收不全，脐炎，肝脏肿大、呈青铜色，边缘钝圆，肝实质有白色或灰黄色坏死灶，有的实质呈豆腐渣样病变（图 3-47、图 3-48）；常有心包炎，心包膜与心外膜粘连（图 3-49）；气囊混浊、增厚，有浅黄色纤维素性渗出物附着（图 3-50）；胆囊肿胀、充满胆汁；脾脏肿大，出现针尖大的坏死点或呈斑驳花纹状（图 3-51）；肠黏膜充血、出血，有时可见灰白色结节；盲肠内有干酪样物质；直肠肿大，并有出血斑点；肾脏呈灰白色，有尿酸盐沉积。特征病变为盲肠膨大，内有干酪样肠栓子（图 3-52）；直肠黏膜发炎、肿胀，有灰白色液体；脑膜炎。

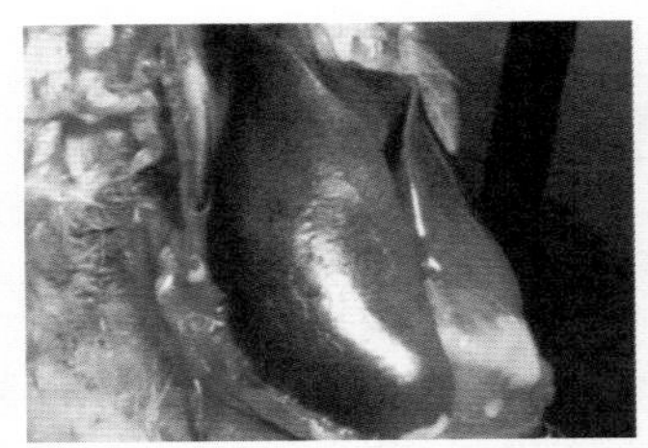

图 3-47　病鸭肝脏肿大、呈青铜色

图 3-48　病鸭肝脏肿大，表面有大量针尖大小的白色坏死灶

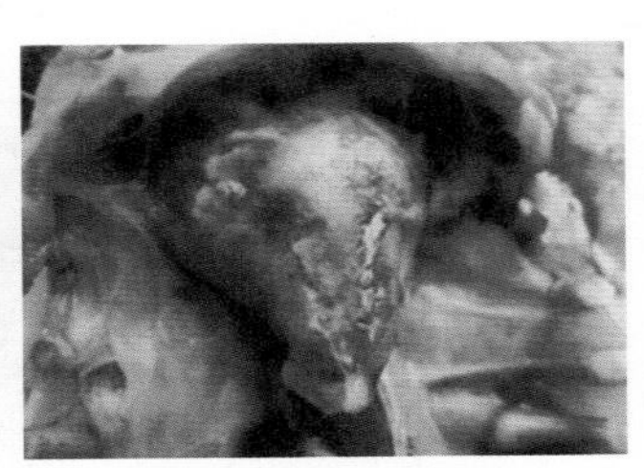

图 3-49　病鸭心包炎

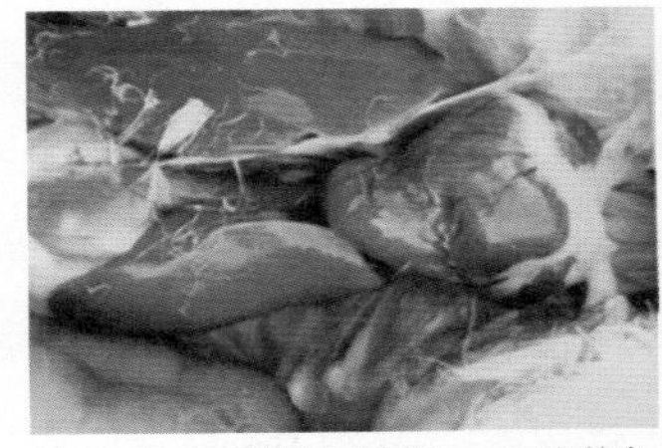

图 3-50　病鸭气囊混浊，有浅黄色纤维素性渗出物附着

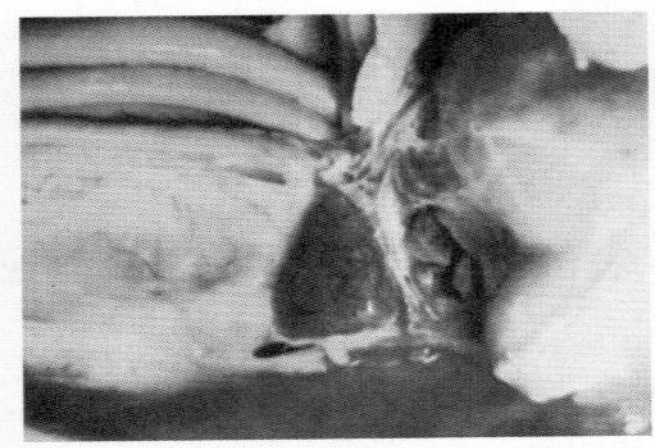

图 3-51　病鸭脾脏肿大，出现针尖大的坏死点或呈斑驳花纹状

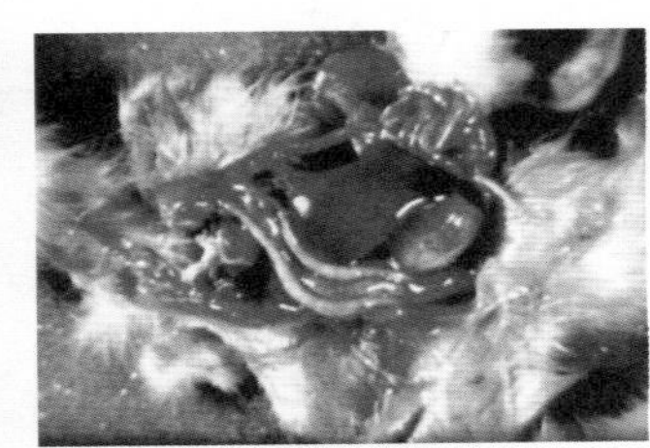

图 3-52　病鸭两侧盲肠膨大，内有干酪样肠栓子

成年鸭常见肝脏、脾脏、肾脏肿胀、充血，输卵管炎和卵巢炎，有的在肝脏和心肌上有灰白色的坏死灶。部分鸭腿关节肿大。

类症鉴别

病名	与鸭沙门菌病的相似点	与鸭沙门菌病的不同点
鸭大肠杆菌病（急性败血症）	二者均表现体温高，羽毛松乱，呆立，厌食，饮水增加，下痢，肛门周围被粪便污染	鸭大肠杆菌病病例腹泻剧烈，粪黄白、混有黏液或血液；剖检可见心包炎、腹膜炎及肝脏肿大，有大量纤维素性渗出物充满和包围；通过病原分离和纯培养、染色镜检、生化试验确定大肠杆菌
鸭曲霉菌病	二者均表现精神不振，羽毛松乱，厌食，嗜睡呆立，翅膀下垂，下痢，结膜炎	鸭曲霉菌病病例对外界反应淡漠，头颈伸直，张口呼吸，耳听有沙沙声，打喷嚏；剖检可见肺有霉菌结节，周围红色浸润，切开干酪样物有层状结构，气囊也有霉菌结节，有时形成霉斑；镜检肺部结节玻璃压片可见曲霉菌的菌丝，气囊结节可见分生孢子柄和孢子
鸭结核病	二者均表现精神委顿，食欲减退，下痢，消瘦，关节炎，产蛋率下降；并均有肝脏、脾脏肿大等剖检病变	鸭结核病的病例表现渐进性消瘦，胸骨凸出，翅下垂；剖检可见肝脏、脾脏、肠道、气囊、肠系膜等均有结核结节（粟粒大、豆大、鸽蛋大）；切开干酪样物，涂片后用萋－尼氏染色法染色，镜检显红色杆菌（其他分枝杆菌呈蓝色），禽结核杆菌素注于肉髯皮内呈阳性反应

（续）

病名	与鸭沙门菌病的相似点	与鸭沙门菌病的不同点
鸭住白细胞原虫病	二者均表现雏鸭精神萎靡，嗜睡呆立，闭眼厌食，下痢水样，消瘦；并均有肝脏、脾脏有坏死灶等剖检病变	鸭住白细胞原虫病病例口中流涎，粪呈绿色，呼吸困难，可因突发咯血而死，青年鸭和成年鸭排水样白色或绿色稀便；剖检可见全身皮下出血，肌肉（胸肌、腿肌、心肌）有大小不等出血点，各内脏器官有灰白色或浅黄色粟粒大小结节，挑出结节内容物压片，可见裂殖子散出，采翅血管血涂片，瑞氏或吉姆萨染色可见虫体

（1）雏鸭必须与成年鸭分开饲养 防止间接或直接的接触。病母鸭所产的蛋不能留作种用。

（2）防止蛋壳被污染 应在鸭舍干燥清洁的位置设立足够数量的产蛋槽，槽内勤垫干草，以保证蛋的清洁，防止粪便污染。勤捡蛋，保持种蛋的清洁干净。对那些产在运动场、河岸或河内的蛋严禁入孵，因大多已被细菌污染，在孵化过程中可能发生破裂而污染整个孵化器。搜集的蛋应及时入蛋库或蛋室，并用福尔马林（甲醛）进行熏蒸消毒。蛋库内温度为 12~15℃，相对湿度为 75%。孵化器的消毒应在出雏后或入孵前（全进全出）进行；采用循环入孵（即每周入一批蛋）者，应于入孵后 12 小时内进行福尔马林熏蒸消毒，严禁于入孵后 24~96 小时进行消毒，因为此时该鸭胚对甲醛甚为敏感。原在孵化器内的已入孵的蛋可能多次受到福尔马林熏蒸消毒，不过没有害处。每立方米体积用 15 克高锰酸钾、30 毫升福尔马林（含甲醛 36%~40%），消毒 20 分钟后，开门或开通气孔通风换气。

（3）防止雏鸭感染 接运雏鸭用的木箱或接雏盘于使用前或使用后进行消毒，防止污染。接雏后应尽早供给饮水或饲料，并可在饲料内加入适当的抗菌药物，其用量、用法是每千克饲料加入土霉素 0.2~0.4 克。

（4）坚持灭鼠，消灭传染源 鼠类常是本病的带菌者或传播者，它可以污染饲料和鸭舍，成为传染源。

（5）淘汰病鸭 净化本病的有效方法是及时捡出并淘汰病鸭，定期严格消毒鸭舍和用具。

在治疗之前进行细菌分离和药敏试验，选择最有效的药物用于治疗。

（1）磺胺甲基嘧啶和磺胺二甲嘧啶 将两者均匀混在饲料中饲喂，用量为

0.2%~0.4%，连用 3 天，再减半用 1 周。

（2）磺胺喹噁啉 按 0.05%~0.1% 混水，连用 2~3 天后，停药 2 天，再减半用 2~3 天。

（3）土霉素、四环素 混入饲料中，用量为 0.02%~0.06%，可连用 2 周。

（4）链霉素或卡那霉素 肌内注射，每只每天 2.5 毫升，连用 4~5 天。

（5）磺胺甲基嘧啶与复方磺胺甲噁唑 按 0.3% 均匀拌料饲喂，连用 7 天。

五、鸭葡萄球菌病

鸭葡萄球菌病是由金黄色葡萄球菌引起的多种临床表现的急性或慢性疾病，病鸭主要表现为关节炎、脐炎、腹膜炎及皮肤疾病，时有造成死亡。

流行特点

金黄色葡萄球菌是各种禽类皮肤体表的常在菌，从鸭舍和各种用具上也常可分离到本菌。当体表损伤，病原侵入，常造成皮肤的局部感染。种鸭舍垫草潮湿，粪便污染，也常可导致蛋壳的污染，因而病菌可侵入蛋内，造成孵化中死亡或成为带菌者。初生鸭脐炎，或滞留的未经完全吸收的蛋黄内也可分离到金黄色葡萄球菌。它是造成弱雏鸭或幼雏鸭早期死亡的原因之一。

（1）关节炎型 常见于青年鸭或种鸭，病变多发生于趾关节和跗关节。病变关节及其临近腱鞘肿胀（图 3-53、图 3-54），初期局部发热、发软、疼痛，跛行不愿行动，久之肿胀处发硬，切开见有干酪样物蓄积。时常见病灶蔓延至病肢侧腹腔内，发生化脓性、局限性病灶。

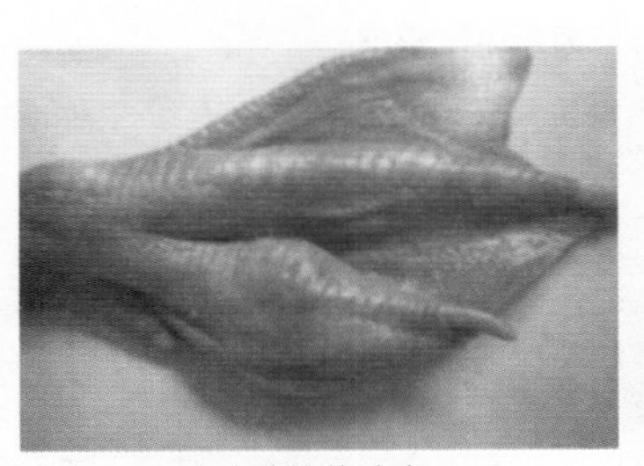
图 3-53　病鸭趾关节肿胀

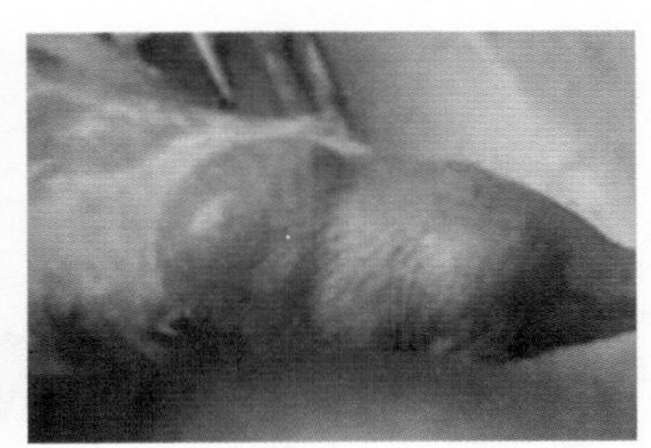
图 3-54　病鸭跗关节肿胀

（2）内脏型　多见于成年种鸭，临床上常见不到明显变化。有的鸭见有腹部下垂，俗称“水裆”。病鸭精神、食欲均不正常。死后剖检常见有腹膜炎、腹水和纤维素性渗出物。肝脏肿胀，质地发硬，呈黄绿色或有小的坏死灶（图 3-55），脾脏肿胀（图 3-56），心外膜常见有小点出血，泄殖腔黏膜有时见有坏死和溃疡。因败血症而造成死亡。

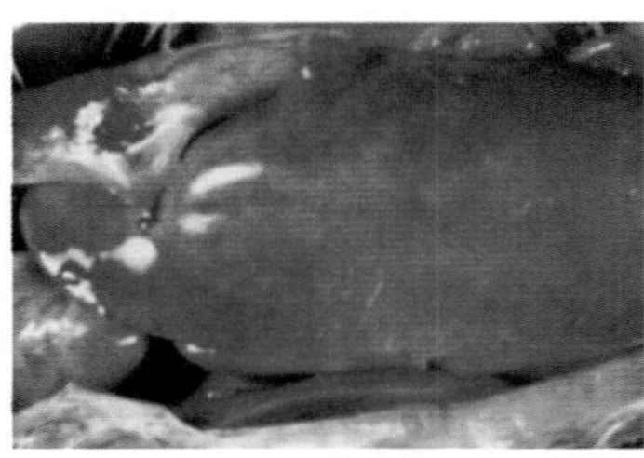
图 3-55　病鸭肝脏肿胀，质地发硬

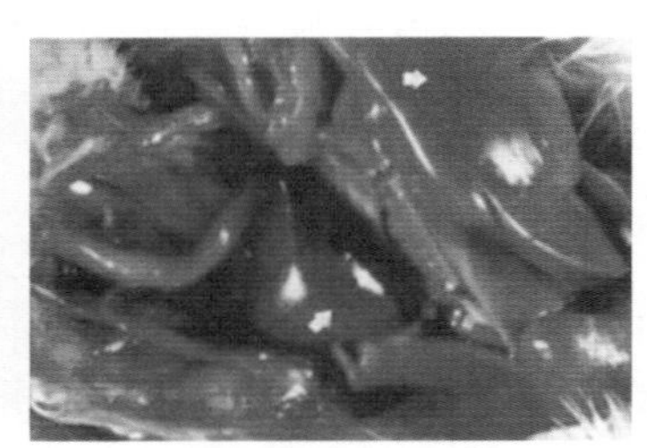
图 3-56　病鸭脾脏肿胀，肝脏肿胀

（3）脐炎型　多见于 1 周龄以内，特别是 1~3 日龄的雏鸭。病雏鸭表现弱小，怕冷，眼半闭，翅开张，腹部膨大，脐部肿胀、坏死，常于数日内因败血症死亡或由于衰弱被挤压致死。病理变化主要为脐炎和蛋黄吸收不全，且蛋黄常呈稀薄水状。

（4）皮肤型　多发生于 3~10 周龄的雏鸭和青年鸭，由于皮肤损伤而发生局部感染，常发生胸部皮下化脓病灶或发生局部坏死。种母鸭因公鸭交配时趾尖划破背部皮肤也可造成感染。

类症鉴别

病名	与鸭葡萄球菌病的相似点	与鸭葡萄球菌病的不同点
鸭维生素E、硒缺乏症	二者均表现关节肿大，跛行，不喜站立	鸭维生素 E、硒缺乏症的病因是鸭维生素 E、硒缺乏，多于 2~3 周龄发病；雏鸭渗出性素质腹部皮下水肿，针刺流蓝绿色稠液；剖检可见骨骼肌、心肌、胸肌有灰白色条纹，尿中肌酸增多，肌肉内肌酸减少
鸭维生素K缺乏症	二者均表现胸腹部皮肤呈紫色，腹泻，卷缩	鸭维生素 K 缺乏症的病因是维生素 K 缺乏；病鸭翅膀皮下出血、有紫斑，冠髯苍白，凝血时间延长，不如葡萄球菌病病变严重；病料镜检无菌
鸭痛风	二者均表现关节肿胀，不愿走动，跛行	鸭痛风的病因是日粮中蛋白质过多或氨基酸比例不当而引起的尿酸血症；病鸭排白色黏液状稀便，含有大量尿酸盐，关节出现豌豆、蚕豆大结节，破溃后流黄色干酪样物；剖检可见内脏表面和胸腹膜有石灰样尿酸盐结晶薄膜，关节有白色结晶

（续）

病名	与鸭葡萄球菌病的相似点	与鸭葡萄球菌病的不同点
鸭腹水综合征	二者均表现羽毛松乱，皮肤发紫，翅膀下垂，不愿走动；并均有皮下瘀血，肝脏肿大、微呈紫红色，心包积液等剖检病变	鸭腹水综合征的病因是缺氧、寒冷，饲料高能量；病鸭腹部膨大、皮肤变薄、有波动，穿刺腹腔后流出大量液体

预防措施

1）加强饲养管理，保持舍内清洁卫生，经常更换垫草，清除污物和一切锐利的物品，减少或防止皮肤和鸭蹼的外伤，这对本病的预防特别重要。

2）应保持种蛋的清洁，减少粪便污染，做好育雏室的保温工作。

3）发现皮肤损伤及时用5%碘酊或甲紫酒精涂擦，以防金黄色葡萄球菌感染。

4）加强消毒。饲槽、饮水器用2%氢氧化钠溶液洗刷，用清水冲洗后再用；使用0.3%过氧乙酸带鸭消毒，每天1次，连用7天

5）消灭蚊蝇和体表寄生虫。

治疗方法

（1）硫酸庆大霉素 肌内注射，3000国际单位/千克体重，每天3~4次，连用7天，效果较好。

（2）氟苯尼考 每千克饮水中添加氟苯尼考100毫克，临用前停水2小时，每天2次，连用3~5天。同时在饮水中加入电解多维和维生素C。

此外，治疗还可以选用红霉素、卡那霉素等。

六、鸭链球菌病

鸭链球菌病是由鸭链球菌感染、主要引起雏鸭急性败血症的一种细菌性传染病，成年鸭也可感染。主要临床特征是病鸭两肢软弱，步履蹒跚。主要病变特征是肝脏肿大，被膜下有局限性密集的小出血点；脾脏肿大，呈黑紫色，有时出现坏死灶；肺瘀血、水肿。

本病无明显的季节性，可见于各种日龄的鸭，但临床表现不同。一般发病率与死亡率均不太高。多发于鸭舍地面潮湿、空气污浊、卫生条件较差的鸭场，多见于舍饲的鸭群。传播途径为中雏鸭或成年鸭经皮肤创伤感染，新生雏鸭经脐带感染，或经蛋壳污染后感染鸭胚，孵化后成为带菌雏鸭。

临床症状

不同日龄，临床表现的症状也有所不同。

（1）幼雏鸭 表现体弱，缩颈合眼、精神萎靡，羽毛松乱，呆立一旁不愿走动，腹围膨胀，脐部炎肿，常因严重脱水或败血症死亡（图 3-57）。

（2）中雏鸭 多发生于 10~30 日龄的雏鸭，常呈急性败血症经过。临床表现为两肢软弱，步态蹒跚，驱赶时容易跌倒，瘫痪。食欲废绝，头颈扭转，最后因全身痉挛而死（图 3-58）。

（3）成年鸭 常见跗关节或趾关节肿胀（图 3-59），腹部肿胀下垂，不愿走动，在无其他临床症状的情况下突然死亡。

图 3-57 感染雏鸭缩颈合眼

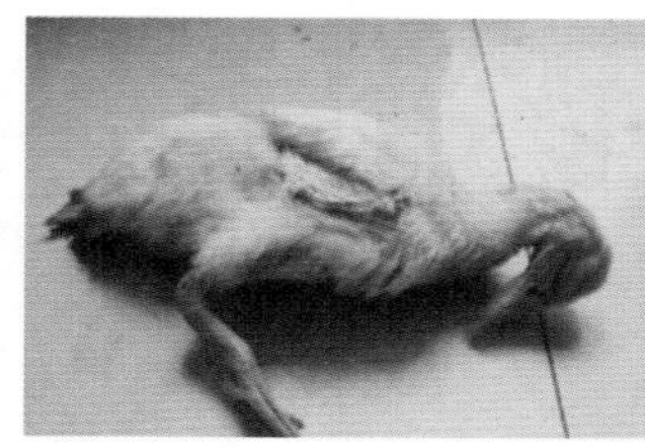
图 3-58 感染雏鸭瘫痪，头颈扭转

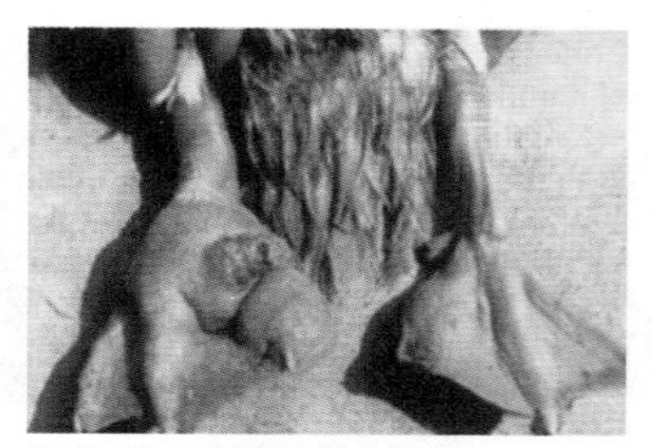
图 3-59 病鸭趾关节肿胀

病理变化

幼雏鸭卵黄吸收不良，脐口发炎肿胀，有时化脓，中雏鸭皮下、浆膜水肿，心包、腹腔浆膜有出血性纤维素渗出物。肝脏肿大，质地较软，呈浅绿色，被膜下有局限性密集的小出血点；脾脏肿胀，呈紫黑色，表面有出血斑点，偶有坏死灶（图 3-60、图 3-61）；肺瘀血、发绀，有时水肿；心包发炎，有浅黄色炎性渗出液（图 3-62）；心外膜有小点状出血；肝脏表面附着灰白色纤维素性膜状物（图 3-63）；胰腺有出血点；

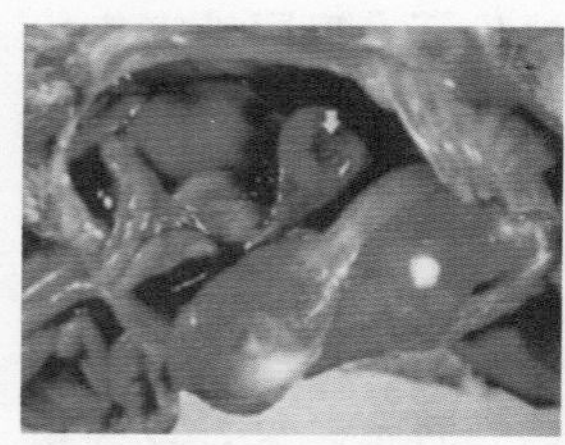
图 3-60 患病雏鸭脾脏肿胀，表面有出血斑点

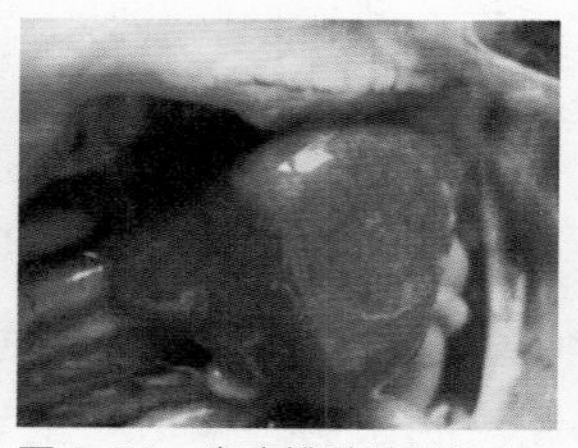
图 3-61 患病雏鸭脾脏肿胀，表面可见圆形、灰白色坏死灶

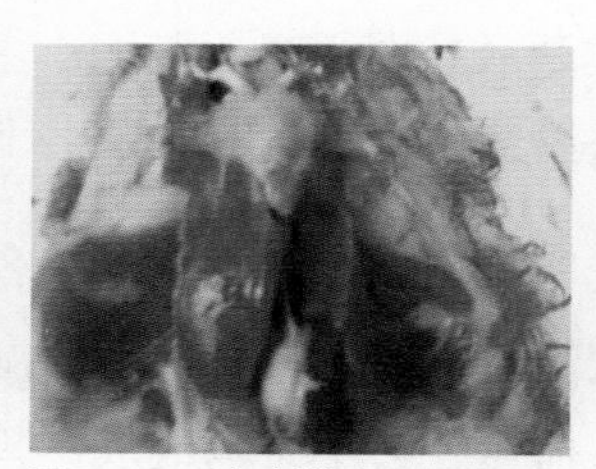
图 3-62 患病雏鸭心包增厚，呈纤维素性心包炎

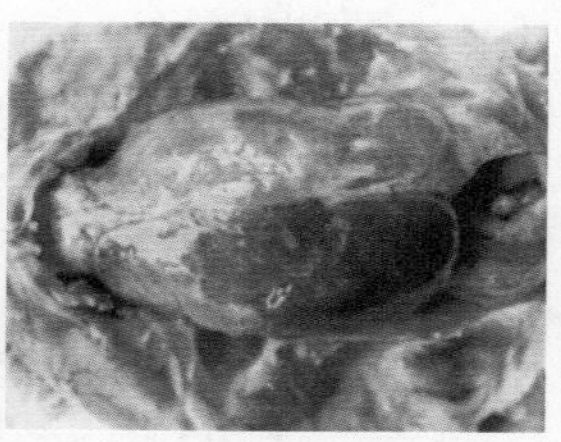
图 3-63 患病雏鸭肝脏表面附着灰白色纤维素性膜状物

肾脏瘀血、稍肿；肌胃中混有血迹，角质膜糜烂、出血、易剥离，角质下层有出血斑点。少数病例可见腺胃乳头出血；肠黏膜有卡他性炎症，偶有出血点。有的病例可见胸腺有小出血点。

成年鸭病理变化与中雏鸭相似，常有腹膜炎，腹腔内积有炎性分泌物。

类症鉴别

病名	与鸭链球菌病的相似点	与鸭链球菌病的不同点
鸭巴氏杆菌病	二者均表现精神委顿，闭目嗜睡，缩颈，羽毛松乱，腹泻；并均有肝脏肿大，心外膜有出血点，心包积液、有纤维素样物等剖检病变	鸭巴氏杆菌病病例口鼻流泡沫黏液，髯热痛；剖检可见鼻腔、皮下组织、肠系膜、浆膜、黏膜均有出血点，肠黏膜充血、出血，十二指肠最为严重，黏膜呈暗红色、弥漫性出血，肠内容物含有血液或纤维素；病料涂片镜检可见两极着色的卵圆形短杆菌
鸭大肠杆菌病	二者均表现羽毛松乱，食欲减退或废绝，腹泻，粪便呈黄白色，卵囊性腹膜炎、关节炎，跛行；并均有心包、腹腔有纤维素性渗出物，肝脏肿大、肝周炎等剖检病变	鸭大肠杆菌病病例离群呆立，稀便混有黏液或血液；剖检可见肝脏表面有纤维素渗出物，甚至被纤维素包围，除急性败血症外，还有卵囊性腹膜炎（腹腔有大量卵黄、有腥臭）、输卵管炎（输卵管充血、出血）、生殖器官病变（输卵管有出血斑、有絮状块状干酪样物，公鸭睾丸充血）；通过病原分离纯培养，进行染色镜检和生化试验即可确定大肠杆菌
鸭结核病	二者均表现精神不振，食欲减退，腹泻，患关节炎	鸭结核病病例表现渐进性消瘦，胸骨凸出，翅下垂；剖检可见肝脏、脾脏、肠道、气囊、肠系膜等均有结核结节（粟粒大、豆大、鸽蛋大），切开干酪样物，涂片后用萋－尼氏染色法染色，镜检显红色杆菌，禽结核杆菌素注于肉髯皮内呈阳性反应
鸭李氏杆菌病	二者均表现精神委顿，羽毛松乱，头颈弯曲，头后仰，腿部痉挛或两腿无力；并均有心冠脂肪出血，肝脏肿大、有紫色瘀血斑和坏死灶，肾脏肿大等剖检病变	鸭李氏杆菌病病例皮肤暗紫，翅下垂，倒地侧卧时腿划动或腿部阵发性抽搐；剖检可见肝脏呈土黄色，有的腹腔有大量血样物；病料涂片镜检可见排列“V”形的阳性小杆菌，以古巴液，1:1 稀释点眼出现脓性结膜炎，不久死亡
鸭住白细胞原虫病	二者均表现雏鸭精神委顿，食欲减退，冠苍白，下痢，粪呈绿色，成年鸭产蛋率下降	鸭住白细胞原虫病的病原为住白细胞原虫；病鸭口中流涎，粪便呈水样白色或绿色，发育受阻；剖检可见全身皮下出血，肌肉（胸肌、腿肌、心肌）有大小不等出血点，各内脏器官有灰白色或浅黄色粟粒大小结节，挑出结节内容物压片，可见裂殖子散出，采翅血管血涂片瑞氏或吉姆萨染色可见虫体

预防措施

加强雏鸭群的饲养管理，经常更换鸭舍垫草，保持舍内卫生，防止皮肤外伤。严格防疫消毒制度，保持种蛋清洁，入孵种蛋要消毒，防止经蛋传播。

治疗方法

对病鸭群进行及时治疗，青霉素是首选药物，其次是庆大霉素和新霉素，也可酌情选用四环素等。

1）青霉素G盐。用氨基比林液稀释，每千克体重2万~4万国际单位，肌内注射，每天2次，用于不能行走、食欲废绝的重症鸭。由于链球菌可通过伤口感染，注射针头每次都要用酒精棉球消毒。

2）对于尚能行走、饮水的鸭，可选用氨苄青霉素或阿莫西林或头孢噻呋钠饮水给药，连用3~5天。

七、鸭绿脓杆菌病

鸭绿脓杆菌病是由假单胞菌属绿脓杆菌引起一种局部和全身性感染疾病。

流行特点

本病主要引起10日龄以内雏鸭急性败血症和成年鸭隐性感染。绿脓杆菌在自然界中分布广泛，土壤、水、肠内容物、动物体表等处都有绿脓杆菌的存在。腐败鸭蛋在孵化器内破裂，可能是雏鸭暴发绿脓杆菌病的一个重要来源。

本病一年四季均可发生，但以春季出雏季节多发。育雏室温度过低、通风不良、注射疫苗消毒不彻底、孵化环境污染等可诱发本病。

临床症状

败血症常见于1~10日龄雏鸭，常见雏鸭精神不振，食欲废绝，腹部膨大，手压柔软，外观腹部呈暗青色（图3-64）。慢性病例常见眼炎，关节炎，局部感染，多见于成年鸭。

图3-64　病鸭腹部膨大，外观呈暗青色

病理变化

死胚表现为颈后部皮下肌肉出血，尿囊液呈灰绿色，腹腔中残留较大的尚未吸收的卵黄囊。雏鸭常见腹腔有浅黄色清亮的腹水，后期腹水呈红色，卵黄吸收不良，呈黄绿色，内容物呈豆腐渣样，严重者卵黄破裂形成卵黄性腹膜炎；肝脏、法氏囊浆膜和腺胃浆膜有大小不一的出血点；气囊混浊、增厚；局部感染常见关节肿大，关节液混浊、增多，感染部位有大量黄色胶冻样渗出物。

类症鉴别

病名	与鸭绿脓杆菌病的相似点	与鸭绿脓杆菌病的不同点
鸭缺氧症	二者均表现幼雏鸭出壳后精神不振，食欲废绝，腹部膨大，外观腹部呈暗青色，体质瘦弱	鸭缺氧多发生于寒冷的冬季，孵化室常因通风不良而缺氧；缺氧可导致雏鸭出壳困难或不能出壳，缺氧雏鸭出壳后不吃不喝，1~5 天大批死亡，死亡率可达 100%，缺氧公、母鸭出现死亡，病鸭脚爪干瘪
雏鸭脱水	二者均表现幼雏鸭出壳后精神不振，食欲废绝，体质瘦弱	雏鸭在出雏器内时间过长、长途运输及育雏环境高温低湿等原因可引起脱水；脱水鸭表现为鸭爪干瘪，体轻，羽毛发干，单侧性肾脏肿大，有尿酸盐，个别鸭内脏痛风；3~5 天可引起 2%~5% 的死亡率
雏鸭水中毒	二者均表现幼雏鸭出壳后精神不振，食欲废绝，腹部膨大，外观腹部呈暗青色，体质瘦弱	因长途运输等原因雏鸭可能发生脱水，脱水雏鸭会因脱水暴饮而致发水中毒；剖检可见皮下有胶冻样渗出物，肠道水肿，有腹水；可造成 5%~10% 的雏鸭死亡

预防措施

（1）搞好孵化的消毒卫生工作 孵化用的种蛋在孵化之前可用福尔马林熏蒸（蛋壳消毒）后再入孵。熏蒸消毒时，每立方米空间用高锰酸钾 30 克和福尔马林 60 毫升，密闭熏蒸 20 分钟，可以杀死蛋壳表面的病原体。防止孵化器内出现腐败蛋。

（2）加强饲养管理，减少应激 给雏鸭注射疫苗时，要注意注射针头的消毒。

治疗方法

挑选病雏鸭，要严格隔离饲养，对于有症状的病雏鸭，用阿米卡星注射液，按 10 毫克 / 千克体重肌内注射，1 次 / 天，连用 3~5 天。在饲料中添加适量微生态制剂能提高雏鸭的抗病能力。

八、鸭李氏杆菌病

鸭李氏杆菌病是由单核细胞李氏杆菌感染所引起的一种败血性传染病，也是一种人、畜、禽、兽共患的传染病。

流行特点

本病主要传染源是病鸭和带菌鸭或其他动物。多种家禽均可感染。受感染但临床症状不明显的鸭，其体内的病原菌常由粪便和鼻腔分泌物排出而污染饲料和饮水，易感鸭通过消化道、呼吸道，眼结膜及破损皮肤感染。营养不良、天气骤变、体内寄生虫或沙门菌感染，均可成为发病诱因。本病多呈散发，发病率不高，但死亡率高。

临床症状

本病一般无特征性症状，主要为败血症，病鸭表现精神沉郁，食欲废绝，下痢，短时间内死亡。病程较长者表现神经症状，共济失调，仰头或斜颈（图 3-65）。成年鸭两脚麻痹，雏鸭发生结膜炎。

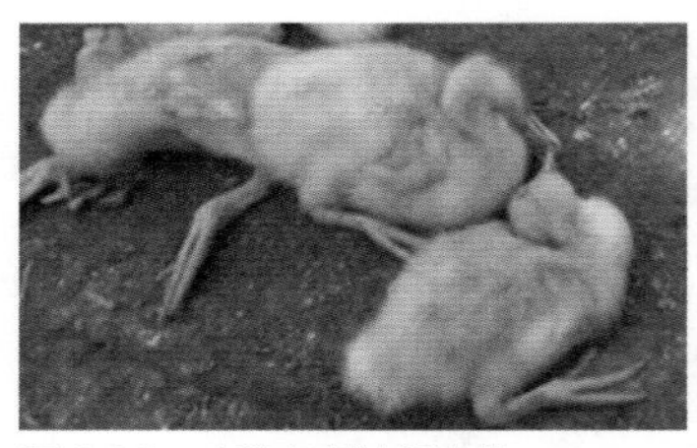
图 3-65　病鸭表现神经症状

病理变化

剖检可见心外膜有出血点，心肌变性和坏死，大多数呈急性卡他性胃肠炎。

类症鉴别

病名	与鸭李氏杆菌病的相似点	与鸭李氏杆菌病的不同点
鸭禽流感	二者均表现精神沉郁，体温升高，喜伏卧，步态不稳；并均有肠道充血等剖检病变	鸭禽流感的病原为A型流感病毒；病鸭呼吸急促，急剧咳嗽，有时会打喷嚏，口鼻流出泡沫样液体，结膜呈蓝紫色；剖检可见主要病变在呼吸道，鼻腔潮红，咽、喉、气管和支气管黏膜充血，并附有大量泡沫，有时混有血液，喉头及气管内有泡沫性黏液，肺部呈紫色病变
鸭瘟	二者均表现精神沉郁，体温升高，喜伏卧，步态不稳；并均有肠道充血等剖检病变	鸭瘟的病原为疱疹病毒，多发于成年产蛋鸭；病鸭高温流泪，眼结膜充血水肿，有的外翻，眼睑周围羽毛湿润呈湿圈，严重者上下眼睑粘连，部分病鸭头部皮下水肿导致头部肿大，故有“大头瘟”或“肿头瘟”之称，多呈急性死亡，病程较短；剖检可见肝脏表面和切面有大小不等的灰黄色或灰白色的坏死斑点，少数坏死点中间有小点出血，或外围有一环状出血带，心外膜充血、出血、呈“刷漆样”，冠状沟有出血点，脾脏略肿大、常呈暗褐色，胸腺和胰腺常见有小出血点或灰色坏死斑
鸭传染性脑脊髓炎	二者均表现食欲减退、体温升高和精神沉郁、运动失调、痉挛	鸭脑脊髓炎的病原为禽传染性脑脊髓炎病毒；病鸭两腿僵硬，常倒向一侧，肌肉、眼球震颤，受到声响或触摸的刺激时能引起强烈的角弓反张，皮肤知觉反射减少或消失，最后因呼吸麻痹死亡；剖检可见脑膜水肿、脑膜和脑血管充血；病料触片镜检无细菌，用病料制成悬液脑内接种易感鸭，出现特征性症状和中枢神经典型病变
鸭丹毒（败血性）	二者均表现精神沉郁，体温升高，食欲减退，步态不稳，皮肤发绀等临床症状；并均有肠道、肺、肾脏出血等剖检病变	鸭丹毒的病原为红斑丹毒丝菌，发病急、常呈现突然死亡；胃底部和小肠有严重的出血性炎症，脾脏肿大、呈樱红色，肾脏为出血性肾小球肾炎，淋巴结瘀血、肿大；实质脏器涂片有大量单在或成堆的革兰阳性小杆菌
鸭沙门菌病（急性）	二者均表现精神沉郁，体温升高，喜伏卧，步态不稳等临床症状；并均有肠道、心、肺膜出血等剖检病变	鸭沙门菌病的病原为沙门菌，多发于1~3周龄的雏鸭，阴雨连绵季节多发，疫情发展较鸭李氏杆菌病缓慢；剖检可见肠系膜明显肿大，肝实质内有黄色或灰白色小坏死点，脾脏肿大、呈暗紫色

（续）

病名	与鸭李氏杆菌病的相似点	与鸭李氏杆菌病的不同点
鸭链球菌病（败血型）	二者均表现精神沉郁，体温升高，皮肤发绀	鸭链球菌病的病原为链球菌；病鸭常发生多发性关节炎，运动障碍；剖检可见鼻黏膜充血、出血，喉头、气管充血，有大量泡沫，脾脏肿胀，脑和脑膜充血、出血
鸭弓形虫病	二者均表现精神沉郁，体温升高，食欲减退，黏膜发绀	鸭弓形虫病的病原为弓形虫，常发于6~8月，幼龄鸭最易感，常先零星发病，随后暴发流行；病鸭排水样稀便，呼吸困难，有咳嗽；剖检可见肺稍肿胀，间质增宽呈半透明状，表面有小出血点，胸腔内有黄色透明液体，淋巴结特别是肺门淋巴结水肿、呈灰白色，切面湿润；取肺及肺门淋巴结或胸腔渗出液涂片，吉姆萨染色可见橘瓣状或新月状速殖子或假囊

预防措施

1）加强饲养管理，特别是育雏期管理，饲喂全价饲料，增强鸭体抗病能力。

2）做好鸭舍、场地及用具的消毒，及时更换垫料，保持饲料、饮水和环境清洁卫生。

3）发病后要立即隔离，淘汰病鸭，及时消毒被污染的环境，病死鸭要集中烧毁。

治疗方法

可选用四环素、青霉素和卡那霉素，同时要加强护理，但用药前，最好先进行药敏试验。

（1）青霉素 每只2000国际单位，均匀拌料或混于饮水中饲喂，连用3~5天。

（2）四环素 按每千克体重200~800毫克均匀拌料，连用3~5天。

（3）卡那霉素 按每只鸭每天肌内注射10万国际单位，连用3~4天；或按每升饮水300~1200毫克均匀混合饲喂。

九、鸭丹毒

鸭丹毒是由红斑丹毒丝菌感染所引起的一种败血性传染病，其特征性症状是皮肤有紫色块，与猪丹毒病的传染有密切关系，严禁猪鸭共栏。

本病广泛分布于自然界，存在有红斑丹毒丝菌的土壤、饲料和吸血昆虫与本病的传染有密切关系。可经消化道、鼻、眼或皮肤损伤感染。

若把鸭饲养于患猪丹毒的猪舍，也可能发病。

临床症状

病鸭拒食饲料，羽毛松乱，下痢，粪便呈黄绿色，关节肿痛。病程为 3~4 天，最后死亡，病死率一般在 25% 左右。

病理变化

皮肤有紫色斑，脾脏、肝脏充血、肿大，心外膜出血，心脏表面有比较大的结节（图 3-66~ 图 3-68），小肠有急性卡他性炎症。

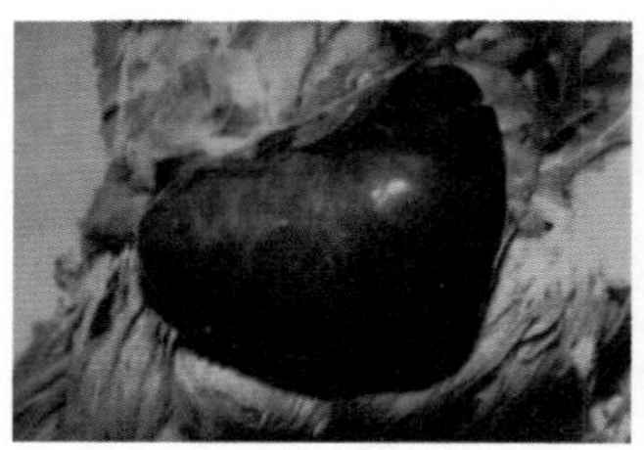
图 3-66　病鸭脾脏高度肿大，呈黑紫色

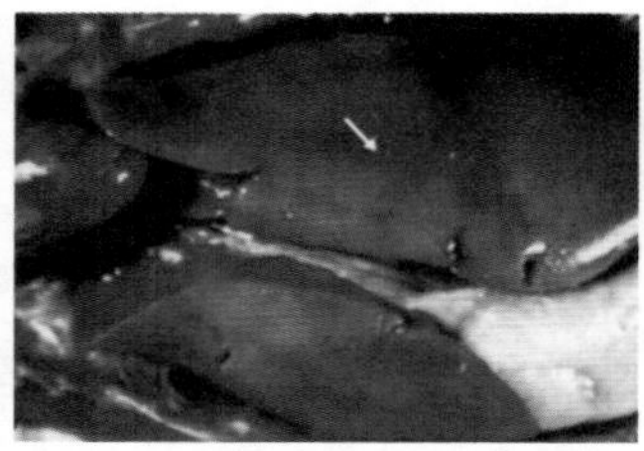
图 3-67　病鸭肝脏肿大，色发黄，质脆；心外膜有出血斑点

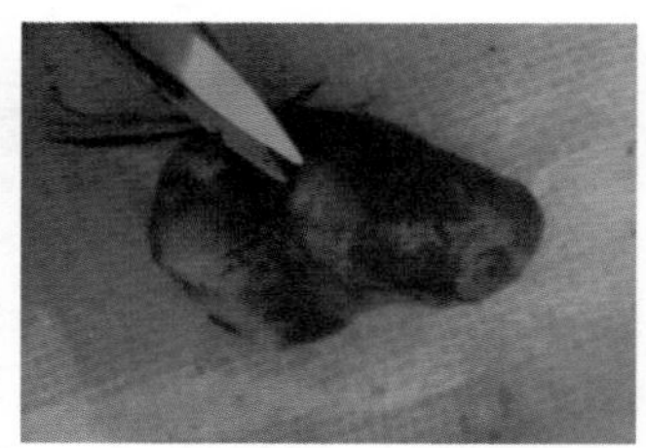
图 3-68　患病成年鸭心脏上有较大的结节

类症鉴别

病名	与鸭丹毒的相似点	与鸭丹毒的不同点
鸭瘟	二者均表现精神沉郁，体温升高，喜伏卧，步态不稳；并均有肠道充血等剖检病变	鸭瘟的病原为疱疹病毒，多发于成年产蛋鸭；病鸭高温流泪，眼结膜充血水肿，有的外翻，眼睑周围羽毛湿润呈湿圈，严重者上下眼睑粘连，部分病鸭头部皮下水肿导致头部肿大，故有“大头瘟”或“肿头瘟”之称，多呈急性死亡，病程较短；剖检可见肝脏表面和切面有大小不等的灰黄色或灰白色的坏死斑点，少数坏死点中间有小点出血，或外围有一环状出血带，心外膜充血、出血、呈“刷漆样”，冠状沟有出血点，脾脏略肿大，常呈暗褐色，胸腺和胰腺常见有小出血点或灰色坏死斑
鸭禽流感	二者均表现精神沉郁，体温升高，步态不稳；并均有肠道充血等剖检病变	鸭禽流感的病原为 A 型流感病毒；病鸭呼吸急促，急剧咳嗽，有时打喷嚏，口鼻流出泡沫样液体，结膜呈蓝紫色；剖检可见主要病变在呼吸道，鼻腔潮红，咽、喉、气管和支气管黏膜充血，并附有大量泡沫，有时混有血液，喉头及气管内有泡沫性黏液，肺部呈紫色病变
鸭链球菌病（败血型）	二者均表现精神沉郁，体温升高，皮肤发绀	鸭链球菌病的病原为链球菌；病鸭常发生多发性关节炎，运动障碍；剖检可见鼻黏膜充血、出血，喉头、气管充血，有大量泡沫，脾脏肿胀，脑和脑膜充血、出血
鸭弓形虫病	二者均表现精神沉郁，体温升高，食欲减退，步态不稳，皮肤表面有出血斑点	鸭弓形虫病的病原为弓形虫；病鸭粪便呈煤焦油样，呼吸浅快，耳郭、耳根、下肢、下腹、股内侧有紫红斑；剖检可见肺呈橙黄色或浅红色，间质增宽、水肿，支气管有泡沫，肾脏呈黄褐色，有针尖大小坏死灶，坏死灶周围有红色炎症带，胃有出血斑，片状或带状溃疡，肠壁肥厚、糜烂和溃疡；病料（肺、淋巴结、脑、肌肉）涂片或病料悬液注入小白鼠腹腔，发病后取病料涂片，可见到半月形的弓形虫

预防措施

1）本病菌在自然界分布广泛，宿主很多，应加强饲养管理和预防，可以用猪丹毒疫苗每只 0.5 毫升肌内注射进行预防。

2）鸭场与猪舍之间应保持一定距离，发现病鸭立即隔离治疗，消毒场地。

治疗方法

治疗时可选用青霉素，成年鸭每只每次肌内注射 6 万国际单位，大批治疗可将青霉素混入水中，连喂 5 天，也可以用磺胺类药物进行治疗。

十、鸭坏死性肠炎

鸭坏死性肠炎又称烂肠瘟，是由魏氏梭菌（产气荚膜杆菌）感染鸭的肠道后生长繁殖并产生毒素所引起的一种慢性传染病。临床特征是肠道黏膜坏死，排黑色稀便。

流行特点

本病一年四季均可发生，秋、冬季为高发季节，鸭群受各种应激因素（如免疫接种、恶劣天气等）刺激后尤为多见。

临床症状

鸭群发病突然，患病后，产蛋率迅速下降。病鸭精神萎靡，羽毛蓬松，闭目呆立，食欲减退或废绝，胸肌萎缩，离群独居不愿活动，强行驱赶行动明显迟缓。病鸭排红色乃至深褐色煤焦油样粪便，有的粪便混有血液和肠黏膜组织。病鸭体温下降，最后极度消瘦而死亡。病死鸭嗉囊内有积液，倒提可从口腔流出黏性液体。

病理变化

剖检病变主要体现在肠道，空肠和回肠臌气、扩张，是正常的 2~3 倍，病变肠管浆膜呈深红色或浅黄色、灰色，有出血斑点（图 3-69、图 3-70），切开变粗的肠段，内有血样液体，十二指肠黏膜出血。疾病后期可见空肠和回肠黏膜表面等覆盖一层黄

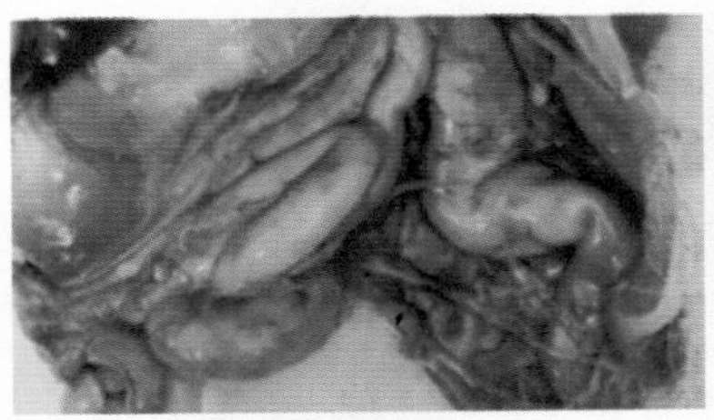

图 3-69　病鸭小肠臌气

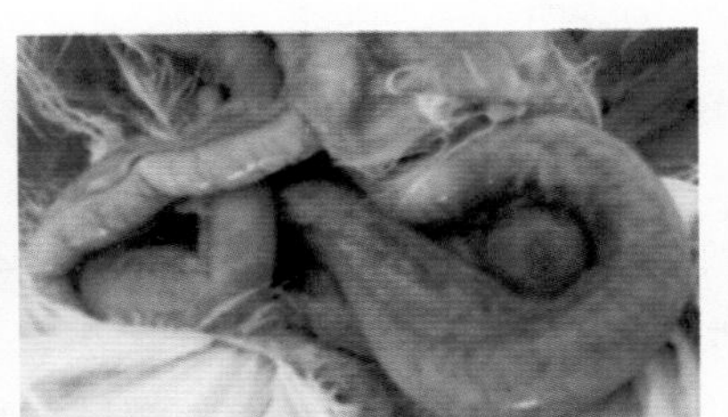

图 3-70　病鸭肠道扩张，是正常的 2~3 倍，病变肠管浆膜呈深红色或浅黄色、灰色，有出血斑点

白色恶臭的纤维素性渗出物和坏死的肠黏膜，空肠和回肠黏膜上有散在的枣核状溃疡灶，溃疡深达肌层，上覆一层假膜，空肠和回肠充满干酪样栓子（图 3-71、图 3-72）。有的病鸭输卵管中有干酪样物质堆积。

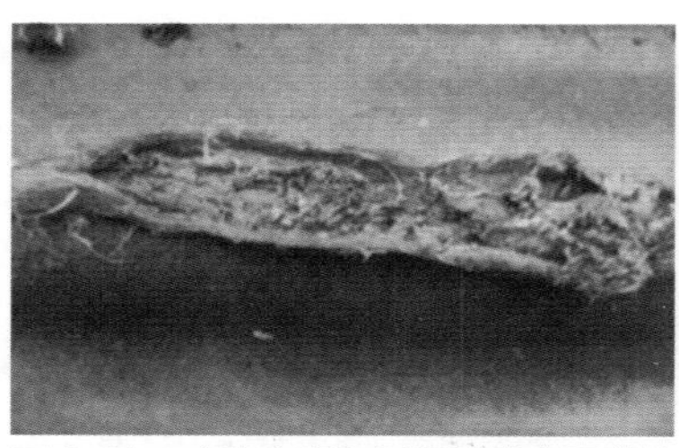
图 3-71　病鸭空肠和回肠黏膜表面附着黄色或褐色假膜

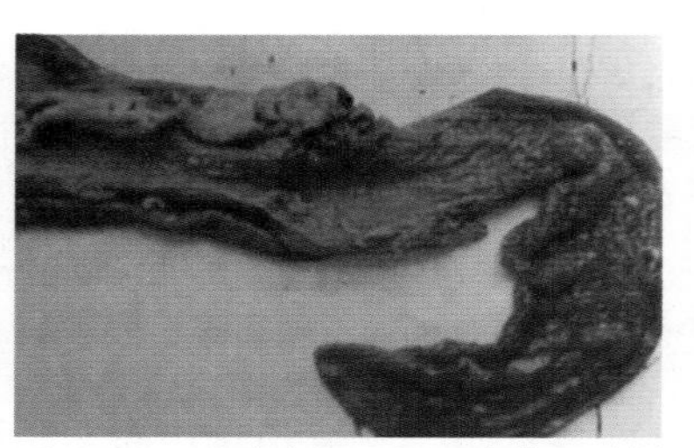
图 3-72　病鸭空肠和回肠充满干酪样栓子

类症鉴别

病名	与鸭坏死性肠炎的相似点	与鸭坏死性肠炎的不同点
鸭组织滴虫病	二者均表现精神沉郁，食欲减退或废绝，羽毛松乱，排血样粪便	鸭组织滴虫病的病原为火鸡组织滴虫；病鸭畏寒，排浅黄色或浅绿色稀便，严重时大量排血，末期头部发紫（称黑头病）；剖检可见盲肠增厚，充满浆液性出血性渗出物形成干酪样盲肠肠芯，黏膜有溃疡或穿孔，肝脏呈紫褐色、表面有黄绿色圆形凹陷，将盲肠内容物做悬滴镜检，可见火鸡组织滴虫
鸭绦虫病	二者均表现精神沉郁，食欲减退或废绝，羽毛松乱，下痢，粪中带血	鸭绦虫病的病原为绦虫；病鸭粪检可见虫卵、孕结片、卵带；剖检肠内有绦虫
鸭喹乙醇中毒	二者均表现精神沉郁，食欲减退或废绝，排黑色粪，有时粪中带血	鸭喹乙醇中毒的病因是日粮喹乙醇过量；病鸭不愿活动，后期昏迷而死；剖检可见嗉囊充满食物，腺胃增厚

预防措施

1）加强饲养管理，提高鸭的自身抵抗力。

2）采取消毒、隔离措施。加强对饲养、运输、屠宰、销售等各个环节的场地、用具、器具的全面消毒，平时做好鸭舍的清洁卫生和消毒工作。可使用百毒杀等消毒药进行消毒。

3）保证饲料和饮水的新鲜、卫生，粪便要勤清理，垫草勤换。避免拥挤、过热、过食等不良因素刺激。

4）有效地控制球虫病的发生，防止并发本病。

治疗方法

（1）泰乐菌素原粉 按每克泰乐菌素原粉兑水20千克，全群饮水。

（2）林可霉素 按每千克体重15毫克，肌内注射，每天1次。连用3~4天可迅速控制病情。

十一、鸭结核病

鸭结核病是由结核分枝杆菌引起的一种慢性病，主要发生于种鸭。本病的特征为病鸭进行性消瘦、贫血，产蛋率降低或停产（剖检特征是肝脏或脾脏有结核结节）。

流行特点

鸭结核病病程发展慢，因此常于老龄淘汰、屠宰时才发现其患病。不同年龄层次及各种品种的鸭均可感染本病，作为主要的传染源，病鸭的呼吸道带有大量结核分枝杆菌，通过分泌物排出大量病菌，肝脏、胆的结核病灶及肠道的溃疡灶，通过粪便排出大量结核分枝杆菌，污染鸭舍、土壤、垫草、环境，以及饲料、饮水等。健康鸭可由吸入带菌的尘埃经呼吸道感染，但其主要的感染方式为采食被污染的饲料及饮水，经消化道感染。健康鸭与病鸭同群混养，若个别鸭一旦感染，没有及时隔离，极易导致健康鸭感染。鸭在被污染的水体中嬉戏、栖息时，也可能被传染。鸭舍的环境卫生差、阴暗潮湿、通风不良、管理不善、消毒不严、密度过大等均可促进本病的发生。此外，人、车辆、饲养管理用具等也可促进本病的传播。

临床症状

鸭感染了结核分枝杆菌，潜伏期需2~12个月。感染初期不表现任何明显症状，随着病情的加剧，病鸭精神委顿，缩颈，脚软，不愿活动和下水，弓背，贫血，食欲减退，消瘦，产蛋率下降或停产；同群病鸭中，可见少数病鸭排白色的稀便；可听到病鸭的干咳声，晚上干咳声尤为明显，最后常因极度衰竭而死亡。

病理变化

（1）成年鸭 肝脏肿大，表面布满小米粒大至绿豆大、灰白色、不凸出表面的小结节；脾脏也出现这种小结节；心肌、心外膜上出现绿豆大至黄豆大的结节（图3-73）；肺常出现黄豆大的灰黄色结节，结节内容物呈乳白色干酪样（图3-74）；其他器官也会出现同样的结节病变（图3-75）。

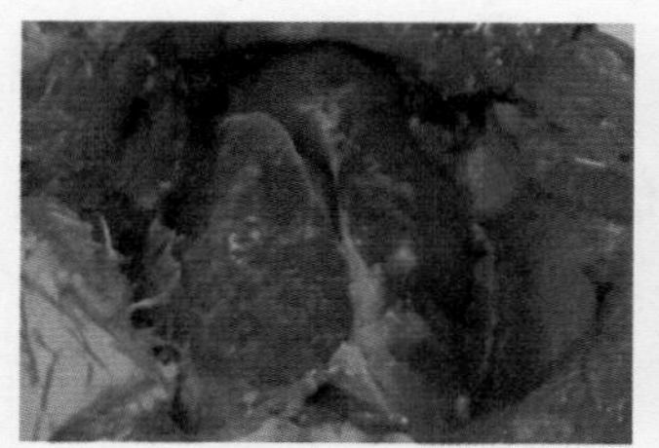

图 3-73　病鸭心肌上的结核结节

图 3-74　病鸭肺上的灰黄色结核结节

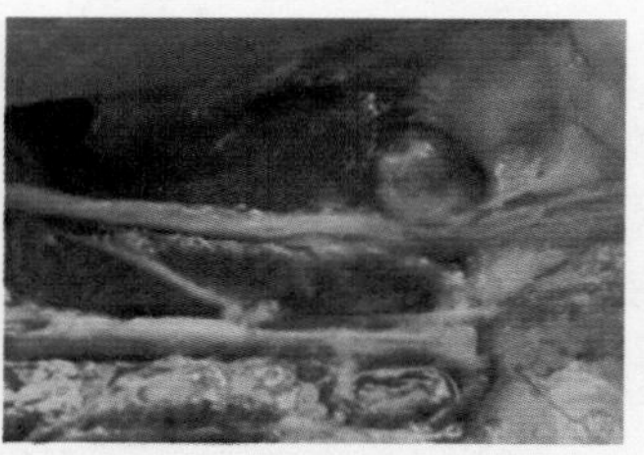

图 3-75　病鸭肾脏上的结核结节

（2）雏鸭　雏鸭的病理变化较成年鸭轻微，主要病变是支气管、气管充血，有较多的浆液性分泌物；肝脏、肺、肾脏出血、充血。偶见肝脏、肺表面有粟粒大至绿豆大坏死灶。

类症鉴别

病名	与鸭结核病的相似点	与鸭结核病的不同点
鸭沙门菌病	二者均表现精神委顿，食欲减退，下痢，消瘦，关节炎，产蛋率下降；并均有肝脏、脾脏肿大等剖检病变	鸭沙门菌病病例剖检可见出血性坏死性肠炎、心包炎、腹膜炎，输卵管坏死性增生性病变，卵巢化脓性坏死性病变；以克隆抗体和核酸探针为基础的检测沙门菌诊断药盒容易做出诊断
鸭大肠杆菌病	二者均表现精神不振，食欲减退或废绝，羽毛松乱，腹泻，关节炎；并均有肝脏、脾脏有结节块（肉芽肿）等剖检病变	鸭大肠杆菌病病例排黄白色带血稀便；剖检可见心包、肝脏、腹膜有纤维素性炎，有大量纤维素样物附着；通过分离培养、染色镜检和生化试验确诊
鸭链球菌病	二者均表现精神委顿，食欲减退或废绝，羽毛松乱，冠髯苍白，腹泻，消瘦，关节炎	鸭链球菌病病例嗜睡、昏睡，肉垂发紫，慢性轻瘫，跗趾关节炎，足底皮肤坏死；剖检可见败血型皮下、浆膜水肿，心包、腹腔浆膜有出血性纤维素渗出物，其他脏器均有出血点；病料涂片、染色镜检可见单个或短链排列的球菌
鸭曲霉菌病	二者均表现精神不振，呆立，羽毛松乱，逐渐消瘦，贫血；并均有肺、气囊有结节、切开呈干酪样等剖检病变	鸭曲霉菌病病例发病时闭目昏睡，呼吸困难，摇头甩鼻，成年鸭呼吸困难；剖检可见肺有霉菌结节（粟粒至绿豆粒大），色呈灰白、黄白、浅黄，周围有红色浸润，柔软，干酪样物有层状结构，气囊的霉菌结节呈烟绿色或深褐色，用手拨动有粉状物飞扬；霉菌结节置玻片上加生理盐水镜检，肺部可见曲霉菌的菌丝，气囊可见分生孢子柄和孢子

（续）

病名	与鸭结核病的相似点	与鸭结核病的不同点
鸭巴氏杆菌病	二者均表现精神不振，食欲减退，关节炎，腹泻	鸭巴氏杆菌病病例口鼻流泡沫性黏液，剧烈腹泻、粪便呈灰黄色或灰绿色；剖检可见皮下组织、腹腔脂肪、肠系膜、黏膜、浆膜有出血点，胸腔气囊、肠浆膜有纤维素性或干酪样渗出物；病料涂片镜检可见两极着色的短杆菌

预防措施

1）定期对鸭舍、孵化室、育雏室进行清扫，经常用没有家禽放牧过的地方的泥土来更换鸭舍地面的泥土。

2）定期对鸭舍进行消毒，并且对每天产的种蛋进行熏蒸消毒，入孵时，再进行一次消毒，逐渐达到净化。

3）将鸭舍的门窗装上纱网，以防其他鸭或禽飞入鸭舍。

4）每年 4~5 月和 9~10 月，对种鸭分别进行 1 次检疫，发现阳性鸭立即扑杀，直至无阳性鸭检出为止。

治疗方法

鸭群发生结核病即已没有药物治疗价值，因此当鸭群中一旦发现有鸭发生结核病感染时，为杜绝进一步传播，应立即淘汰全群。淘汰病鸭应处死后烧毁或深埋，严禁随便抛弃，以防疾病传播；被病鸭分泌物感染的鸭舍及一切用具应彻底清洗消毒。

十二、鸭曲霉菌病

鸭曲霉菌病又称曲霉菌性肺炎，是由真菌中的曲霉菌引起的急性传染病。主要侵害呼吸器官，以在呼吸器官组织中发生炎症并形成肉芽肿结节为特征。

本病以雏鸭多发，20 日龄以内的雏鸭多见发病，但以 4~10 日龄雏鸭易感性最高，多呈急性、群发性暴发，发病率很高，死亡率一般为 10%~50%。成年鸭多呈慢性和散发。

引起鸭曲霉菌病的主要病原为烟曲霉、黄曲霉、黑曲霉、土曲霉、灰绿曲霉等，特别是黄曲霉产生的黄曲霉毒素对人和多种动物都有较强的毒性，可使鸭群出现中毒症状。曲霉菌分布广泛，可在饲料、谷草、垫料、用具、饲槽、墙壁、麻袋、地面、孵化器以至在蛋壳表面生长。霉菌孢子可随空气传播，健康鸭通过吸入含有霉菌孢子的空气或采食染菌饲料经呼吸道或消化道感染；特别在春夏之交的阴雨连绵天气，育雏室内阴暗潮湿、通风不良、鸭群拥挤等，更易暴发本病。此外，孵化器或蛋被霉菌孢子污染后，可引起胚胎死亡或感染新生雏鸭。

临床症状

雏鸭呈急性经过，初期精神沉郁，翅下垂，食欲减退或废绝，精神不振，双翅下垂，羽毛松乱，缩颈呆立，两眼半闭，嗜睡，随后出现呼吸困难，喘气，头颈伸直，张口呼吸，不爱活动，毛发焦，有的鸭排黄色稀便，爱喝水，闭目昏睡，急剧消瘦和窒息性死亡（图 3-76）。成年鸭多见生长障碍，发育不良，羽毛松乱。产蛋鸭则表现为产蛋减少或停产，病程为数周或数月。

病理变化

病死鸭僵硬。血液呈乌黑色，不易凝固；气囊混浊，气囊上散在许多黄色、粟粒大小的结节；有的肺、心包、肠系膜上有大小不等的肉芽结节，稍小的结节被暗红色浸润带所包围，呈灰黄色或黄色，或融合形成大片水煮样的肉芽组织（图 3-77）。肺组织硬变，弹性消失，纤维化坏死，几乎覆盖整个肺。结节内容物呈豆腐渣样或黄白色液体。有的病鸭腹腔浆膜下有蚕豆大小的结节（曲霉菌结节），切开有蛋黄样浓稠的液体，消化道后段充满水样稀薄液体（图 3-78、图 3-79）。

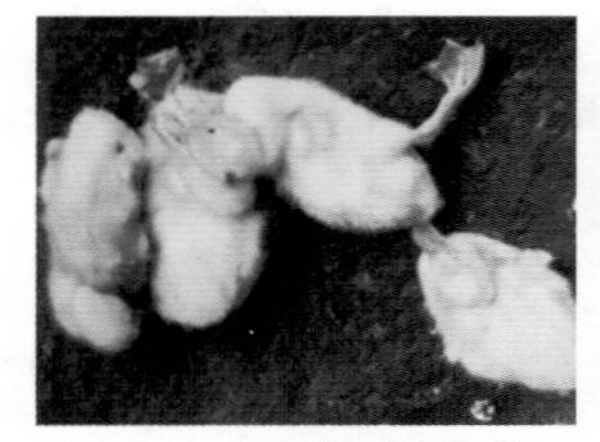
图 3-76　患病雏鸭精神不振，缩头闭眼

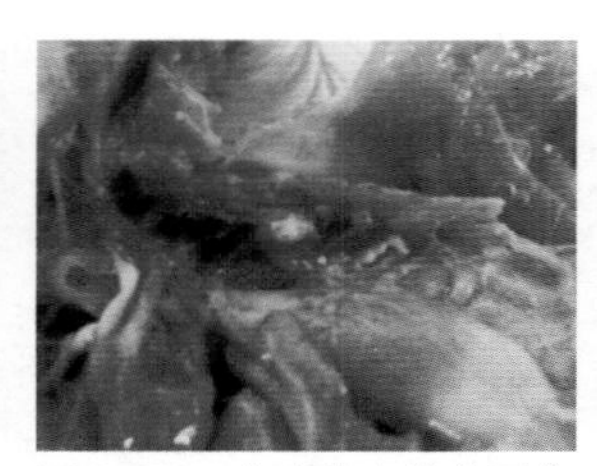
图 3-77　病鸭肺上的曲霉菌结节

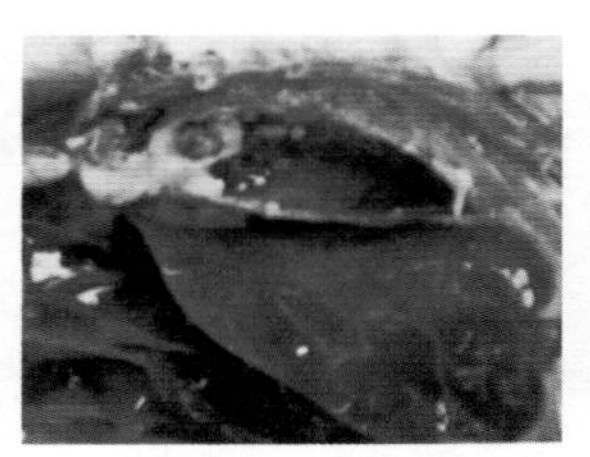
图 3-78　病鸭腹腔浆膜上的黄绿色曲霉菌结节 1

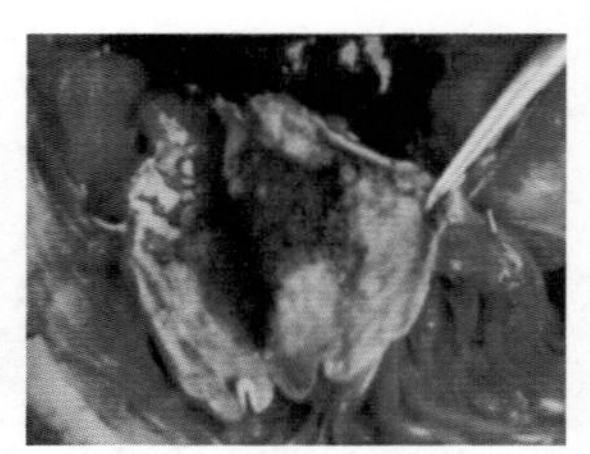
图 3-79　病鸭腹腔浆膜上的黄绿色曲霉菌结节 2

类症鉴别

病名	与鸭曲霉菌病的相似点	与鸭曲霉菌病的不同点
鸭白痢	二者均表现精神萎靡，闭目缩颈，翅膀下垂，食欲减退或废绝，下痢，气喘，呼吸困难；成年鸭贫血、产蛋率下降	鸭白痢的病原为白痢沙门菌；鸭白痢除呼吸道症状外，还可见到排出石灰样白色粪便，同时肝脏、心脏、消化道也都受侵害，但不形成曲霉菌病特征性同心圆肉芽肿结节，这些均可区别于曲霉菌病；用普通肉汤琼脂平板直接分离，根据菌落形态特征即可鉴定，血清检查有阳性鸭；此外，磺胺类药物、土霉素等药物治疗鸭白痢有效，而对鸭曲霉菌病无效

（续）

病名	与鸭曲霉菌病的相似点	与鸭曲霉菌病的不同点
鸭沙门菌病	二者均表现精神不振，羽毛松乱，嗜睡、呆立，翅膀下垂，下痢，结膜炎	鸭沙门菌病的病原为沙门菌；病鸭饮水增加，呈水样下痢，近热源拥挤；剖检可见肝脏、脾脏充血，有出血条纹和出血点、坏死点，心包粘连；用克隆抗体和核酸探针为基础的检测沙门菌诊断药盒容易做出诊断
鸭隐孢子虫病	二者均表现精神不振，打喷嚏，闭目嗜睡，翅膀下垂，食欲减退或废绝，伸颈张口呼吸，呼吸困难	鸭隐孢子虫病的病原为贝氏隐孢子虫；病鸭咳嗽；剖检可见喉气管水肿、有较多泡沫性液体和干酪样物，肺腹侧严重充血、有灰白色硬斑，切面多渗出液；生前取呼吸道黏液用饱和白糖溶液将卵囊浮集、镜检可见包裹内含 4 个裸露的香蕉形子孢子和 1 个大残体
鸭胃线虫病	二者均表现精神不振，食欲减退或废绝，伸颈张口呼吸，摇头甩鼻，呼吸困难	鸭胃线虫病的病原为胃线虫；病鸭缩头垂翅，消瘦，贫血，下痢；剖检可见胃黏膜发炎、肥厚，出现瘤状物和溃疡，有的肌胃角质下肌肉有软小瘤

预防措施

加强饲养管理。保持饲料新鲜，不使用过期、发霉的饲料；保持合理的饲养密度，保持圈舍通风、干燥，勤换垫料，保持室内外环境的干燥、清洁，饲槽、饮水器经常清洗。

治疗方法

本病目前尚无特效药物治疗，可试用制霉菌素治疗，按 80 只雏鸭 1 次用 50 万国际单位，每天 2 次，连用 3 天；或用 0.5% 硫酸铜溶液掺入水中给病鸭饮服，连饮 3~5 天，也有一定疗效。

十三、鸭支原体病

鸭支原体病又称鸭传染性窦炎，是由鸭支原体引起的一种呼吸道传染病。本病主要危害雏鸭，成年鸭也可感染，多呈隐性感染。本病的特征是眶下窦肿胀，充满浆液、黏液或干酪样物。

流行特点

本病一年四季均可发生，尤其以冬、春寒冷季节多发，发病率可高达 80%。传染源为病鸭和带菌鸭，当空气被污染后，常经呼吸道传染，也可经污染的种蛋垂直传染。雏鸭孵出后带菌，如遇育雏舍温度过低、空气混浊、饲养密度过大及应激等很容易导致本病的发生。1~15 日龄雏鸭易感性高，30 日龄以上的青年鸭和成年鸭发病较少。

临床症状

雏鸭病初打喷嚏，从鼻孔流出浆液性渗出物，以后变成黏性，在鼻孔周围形成结痂。病久则成干酪样变化。病鸭用脚踢抓鼻额部，露出红色的皮。部分病鸭呼吸困难，频频摇头，患病后期，眶下窦积液，一侧或两侧肿胀，按压无痛感，一般保持 10~20 天不散。严重的病例眼结膜潮红，流泪，并排出脓性分泌物，有的甚至失明（图 3-80）。

大龄鸭病初可见一侧或两侧眶下窦部位肿胀（图 3-81），形成隆起的鼓包，触之有波动感；随着病程的发展，肿胀部位变硬，鼻腔发炎，从鼻孔内流出浆液或黏液性分泌物，病鸭常甩头；有些病鸭眼内蓄积浆液或黏液性分泌物，病程较长者，双眼失明；关节肿胀，跛行；病鸭死亡较少，常能自愈，但生长发育缓慢，肉品质量下降，蛋鸭产蛋率下降。

病理变化

本病的病理变化随病情轻重和病程的长短而异。剖检可见鼻孔、眶下窦、气管、肺浆膜黏性分泌物增多，明显的病变是眶下窦积有大量浆液性渗出液或脓性干酪样渗出物（图 3-82）。上呼吸道或整个呼吸道黏膜出血，眶下窦内积有大量黏性渗出液或大量干酪样凝块，喉头、气管黏膜充血、水肿，并有浆液性或黏液性分泌物附着；气囊壁混浊、肿胀、增厚，有泡沫样或干酪样分泌物（图 3-83）；结膜囊和鼻腔内有黏性分泌物；关节液黏稠如豆油。严重病例，气管出血，肺水肿、出血。其他脏器一般无肉眼可见病变。

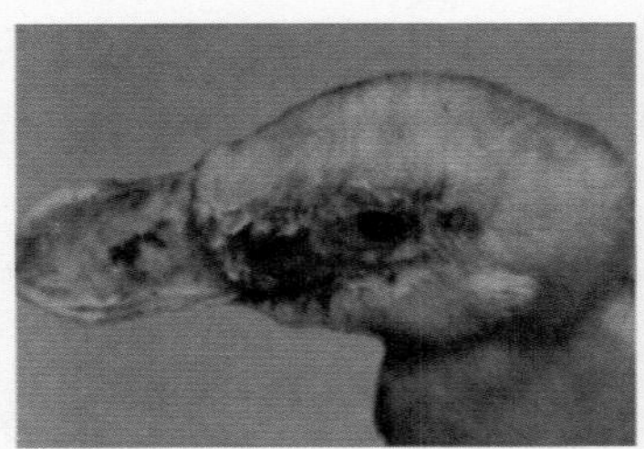
图 3-80　病鸭眼、鼻中流浆液性或黏液性渗出物

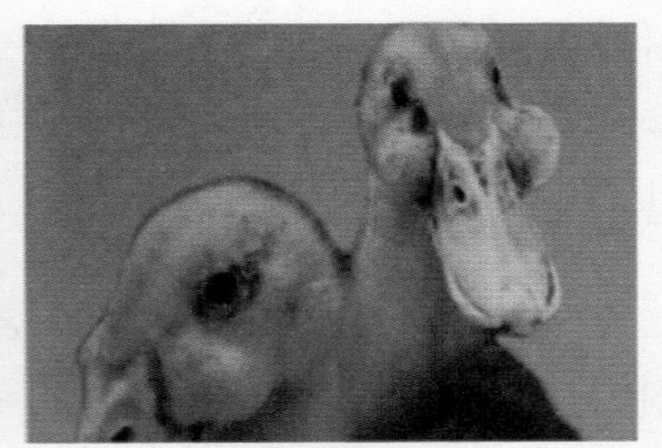
图 3-81　病鸭眶下窦出现肿胀

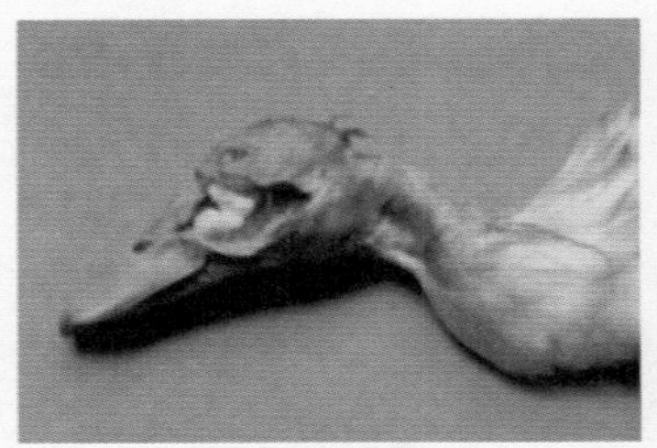
图 3-82　病鸭眶下窦内有干酪样的渗出物，窦黏膜充血、水肿、增厚

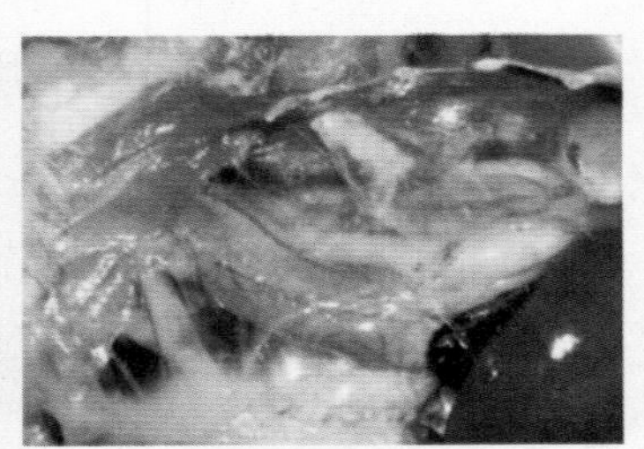
图 3-83　病鸭气囊壁混浊，内有泡沫样分泌物

类症鉴别

病名	与鸭支原体病的相似点	与鸭支原体病的不同点
鸭传染性鼻炎	二者均表现精神萎靡，流鼻液，打喷嚏，甩头，结膜炎，产蛋率下降；并均有鼻腔、眶下窦有分泌物等剖检病变	鸭传染性鼻炎的病原为嗜血杆菌；病鸭一侧或两侧颜面肿胀，仅鼻腔、眶下窦充血、出血和有分泌物，肺及气囊无变化，通常无明显的气囊病变及呼吸啰音；在血液琼脂平板上与金黄色葡萄球菌交叉接种，菌落周围有卫星现象
鸭禽流感	二者均表现呼吸困难，咳嗽，打喷嚏，流鼻液，流泪	鸭禽流感的病原为A型流感病毒；病鸭头颈部肿胀，神经症状明显，其头颈部皮下出血或胶冻样浸润，内脏器官、黏膜和法氏囊出血，腺胃乳头、腺胃肌胃交界处及肌胃角质膜下有出血点或瘀斑状出血
鸭曲霉菌病	二者均表现呼吸困难，打喷嚏，摇头甩鼻，眼睑肿大，结膜炎，产蛋率下降	鸭曲霉菌病的病原为曲霉菌；病鸭对外界反应淡漠，头颈伸直，张口呼吸；剖检可见肺有霉菌结节，周围红色浸润，切开干酪样物有层状结构，气囊也有霉菌结节，有时形成霉斑；镜检肺部结节压片可见曲霉菌的菌丝，气囊结节可见分生孢子柄和孢子

预防措施

1）加强舍饲期鸭群的饲养管理，做好舍内外卫生清洁、干燥。做好防寒保暖及通风换气工作，防止地面过度潮湿及饲养密度过大等。

2）鸭场实行全进全出制度，空舍后用5%氢氧化钠或1：100的菌毒灭等严格消毒。日常严格检疫，及时淘汰病鸭或隔离育肥。

3）药物预防。

①泰乐菌素：按每升饮水500毫克，混饮，连用3~5天。

②恩诺沙星：按每升饮水25~75毫克，混饮，连用3~5天。

③复方氟苯尼考可溶性粉：按每升饮水100~200毫克，混饮，连用3~5天。

④盐酸环丙沙星可溶性粉：按每升饮水500毫克，混饮，或按每100千克饲料100克，混饲，连用3~5天。

治疗方法

（1）强力霉素　按50~100毫克/升混饮，连用3~5天。

（2）阿奇霉素　按50~100毫克/升混饮，连用3~5天。

（3）链霉素　病鸭肌内注射链霉素，连用3~5天。

（4）酒石酸泰乐菌素　应用酒石酸泰乐菌素注射液，每千克体重40毫克，皮下注射1次后，接着每升水中加入0.5克酒石酸泰乐菌素，连饮5天。

十四、鸭衣原体病

鸭衣原体病又称鹦鹉热或鸟疫，是由鹦鹉热衣原体感染所引起的各种畜、禽和人类共患的一种传染病。本病的主要特征是结膜炎、鼻炎及腹泻。

流行特点

自然条件下，野鸟特别是鹦鹉对本病最为敏感，故衣原体病又称为鹦鹉热。据报道，鹦鹉衣原体可感染 17 种哺乳动物和 130 多种禽类。本病原传播不依赖节肢动物为媒介，而是随患病动物分泌物、排泄物等排出体外，污染饲料、饮水等，经消化道、呼吸道感染。主要发生于未成年鸭，雏鸭最易感。

临床症状

病鸭病初眼结膜潮红、流泪，眼周围羽毛潮湿。步态不稳，震颤，食欲废绝，腹泻，排绿色水样稀便、气味恶臭。随着病程的发展，病鸭出现眼睑肿胀，泪由水样转变为黏稠状及脓性分泌物，有的病鸭鼻孔有脓性分泌物，眼周围有结痂。病鸭消瘦、肌肉萎缩，最后惊厥死亡。

病理变化

剖检可见病鸭鼻孔和眼流出浆液性或脓性分泌物，气囊增厚、结膜炎、眶下窦炎及眼球炎；胸肌萎缩，胸腔、腹腔和心包腔中有浆液性或纤维素性渗出物，全身性多发性浆膜炎；心肌、心冠脂肪有出血点（图 3-84）；肝脏、脾脏肿大，有灰色或黄色小坏死灶。

图 3-84　病鸭心冠脂肪有出血点

类症鉴别

病名	与鸭衣原体病的相似点	与鸭衣原体病的不同点
鸭疫里默氏杆菌病	二者均表现精神不振，昏睡，眼和鼻分泌物增多，眼眶周围的羽毛粘连，腹泻；并均有心包炎、肝周炎和气囊炎等剖检病变	鸭疫里默氏杆菌病的病原为鸭疫里默氏杆菌；鸭衣原体感染的病鸭粪便呈黄绿色水样，气味恶臭，而鸭疫里默氏杆菌感染的病鸭经常排白色黏稠的粪便；鸭疫里默氏杆菌病患病鸭表现头颈震颤、斜颈等神经症状，而鸭衣原体病不表现神经症状；用肝脏接种巧克力琼脂，鸭衣原体不能生长，而鸭疫里默氏杆菌能生长
鸭大肠杆菌病（败血症）	二者均表现精神不振，萎靡，腹泻；并均有心包炎、肝周炎和气囊炎等剖检病变	鸭大肠杆菌病的病原为大肠杆菌；大肠杆菌病鸭排白色泡沫样稀便，而衣原体病鸭排黄绿色水样稀便，且气味恶臭；大肠杆菌病鸭心脏和肝脏表面附着较厚的渗出物，而衣原体病鸭肝脏肿大，有一层纤维素性膜，有灰色或黄色小坏死灶；衣原体病鸭可见眼结膜发生严重的炎性水肿，眼球被浅灰色的分泌物所覆盖，病鸭常因失明而无法觅食，而大肠杆菌病鸭则无此症状；用患病鸭肝脏接种麦康凯平板，大肠杆菌能长出亮红色菌落，而鹦鹉热衣原体不能长出

（续）

病名	与鸭衣原体病的相似点	与鸭衣原体病的不同点
鸭沙门菌病	二者均表现精神萎靡，水样腹泻，眼部和鼻部有分泌物；并均有肝脏、脾脏肿胀等剖检病变	鸭沙门菌病的病原为沙门菌；沙门菌病鸭可见神经症状，而衣原体病鸭无神经症状；沙门菌病慢性病例常出现关节肿胀、跛行，而衣原体病鸭无此症状；用肝脏接种麦康凯平板，鸭沙门菌能长出白色菌落，而鹦鹉热衣原体不能长出

预防措施

搞好鸭舍和运动场环境卫生，保持清洁干燥。定期进行消毒。

（1）消毒 应用菌毒速灭（聚维酮碘）按1∶（800~1200）倍水稀释，对鸭舍和运动场每周进行1次喷洒消毒；按1∶（2000~4000）倍水稀释用于鸭饮水消毒。以降低和消灭病原微生物在鸭场的存活量。

（2）切断传播途径 因鸟类是鹦鹉热衣原体携带者，因此鸭场内杜绝饲养各种鸟类。

治疗方法

（1）四环素 按每千克饲料添加0.2~0.4克，连喂5~7天。

（2）土霉素 按0.2%浓度拌料，全群喂服，每天2次，连续喂药5~7天。

（3）氟苯尼考粉 5克兑水20升（或饲料10千克）供鸭自由饮用（采食），连用3~5天。

（4）恩诺沙星粉剂 按0.005%浓度配制，供鸭自由饮用，连饮3~5天。

十五、鸭念珠菌病

鸭念珠菌病又名鹅口疮、霉菌性口炎或酸嗉囊，是由白色念珠菌所引起的一种霉菌性传染病。鸭念珠菌病的临床特征是病鸭上消化道黏膜发生白色的假膜和溃疡。

流行特点

白色念珠菌在自然界广泛存在，在禽的口腔、上消化道和呼吸道等处寄居。不良的卫生条件和使机体致弱的因素，都可诱发本病，或发生继发感染。过多地使用抗菌药物，也可诱发本病。

图3-85 病鸭食道膨大

鸭群精神萎靡，闭目，被毛松乱，食道膨大、柔软（图3-85），呼吸困难，不愿活动，食欲减退或废绝，多

表现突然死亡。

剖检可见腺胃稍肿，有数个大小不等的白色、圆形隆起的溃疡，易脱落，肠道黏膜出血。

类症鉴别

病名	与鸭念珠菌病的相似点	与鸭念珠菌病的不同点
鸭瘟	二者均可见到口腔或食道黏膜有坏死性假膜和溃疡	鸭瘟是由疱疹病毒引起的一种高死亡率、急性败血性传染病；自然流行时多见于成年鸭，头颈肿大、高热、流泪、下痢、粪便呈灰绿色，两腿麻痹无力，俗称“大头瘟”；还可见泄殖腔黏膜出血或坏死，肝脏有不规则的大小不等的坏死点和出血点。鸭念珠菌病多发生于雏鸭，伴有气囊的炎性变化
禽线虫病	二者均有传染性，雏鸭多发，呼吸困难，叫声嘶哑	禽线虫病的病原为线虫，直接在水中感染或吃了中间宿主剑水蚤而感染；颌下、腿部皮下有结节或瘤状物，皮肤破裂后幼虫逸出，挑破结节即可见到线虫

预防措施

1）注重环境管理，鸭舍要保持干燥、卫生，通风良好，防止潮湿。

2）加强饲料管理，减少应激影响和提高鸭体的抵抗力。

3）避免过多地使用抗菌药物，以免影响消化道正常细菌区系。

4）预防其他疾病的发生，避免产生继发感染。

治疗方法

一旦发病，病鸭应立即隔离、消毒。病鸭群治疗可选用制霉菌素，按每千克饲料均匀添加 50~100 毫克药饲喂，连用 1~3 周。此外，也可用两性霉素 B 等控制霉菌药物治疗本病。

第四章

鸭寄生虫病的鉴别诊断与防治

一、鸭球虫病

鸭球虫病主要是由鸭球虫寄生于鸭小肠上皮细胞内引起的一种原虫病，主要引起出血性肠炎，尤其对雏鸭危害严重，常引起急性死亡。本病病程短、发病快，给养殖户造成的损失比较大。

鸭球虫的种类较多，分属于艾美耳科的艾美耳属、泰泽属、温扬属和等孢属，多寄生于肠道，少数艾美耳属球虫寄生于肾脏。据报道，鸭球虫中以毁灭泰泽球虫致病力最强，暴发性鸭球虫病多由毁灭泰泽球虫和菲莱氏温扬球虫混合感染所致，后者的致病力较弱。

球虫属原生动物，虫体小，肉眼看不见，只能借助显微镜观察。毁灭泰泽球虫卵囊呈短椭圆形、浅绿色，卵囊外层薄而透明，内层较厚，无微孔。初排出的卵囊内充满含粗颗粒的合子，孢子化后不形成孢子囊，8 个香蕉形的子孢子游离于卵囊内，无极粒，含 1 个由大小不同的颗粒组成的大的卵囊残体。随粪排出的卵囊在 0℃和 40℃时停止发育，孢子化所需适宜温度为 20~28℃，最适宜温度为 26℃，孢子化时间为 19 小时。寄生于小肠上皮细胞内，严重感染时，盲肠和直肠也见有虫体。有两代裂殖增殖。从感染到随粪排出卵囊的最早时间为 118 小时。

菲莱氏温扬球虫卵囊较大，呈卵圆形、浅蓝绿色。卵囊壁外层薄而透明，中层为黄褐色，内层为浅蓝色。新排出的卵囊内充满含粗颗粒的合子，有微孔，孢子化卵囊内含 4 个瓜子形孢子囊，狭端有斯氏体，每个孢子囊内含 4 个子孢子和 1 个圆形孢子囊残体，有 1~3 个极粒，无卵囊残体。随粪排出的卵囊在 9℃和 40℃时停止发育，24~26℃的适宜温度下完成孢子化需 30 小时。寄生于卵黄蒂前后肠段、回肠、盲肠和直肠绒毛的上皮细胞内及固有层中，有三代裂殖增殖。潜伏期为 95 小时。

流行特点

鸭球虫具有明显的宿主特异性，只能感染鸭。同样，其他禽类的球虫也不能感染鸭。各种年龄的鸭均可发生感染。2~5 周龄的雏鸭对鸭球虫易感性最高，发生感染后通常引起急性暴发，死亡率一般为 20%~70%，最高可达 80% 以上。随着日龄的增大，发病率和死亡率逐渐降低。病鸭或带虫鸭是主要传染源，随粪便排出卵囊，卵囊在外界环境中发育为孢子化卵囊，鸭吃了饲料或饮水中的孢子化卵囊而被感染。本病的发生与气温、雨量的关系密切，如北方地区流行季节为 4~11 月，以 7~10 月发病率最高。

临床症状

急性感染多发生于 2~3 周龄的雏鸭，尤其是由网上转为地面饲养时，感染率比较高。病鸭表现精神萎靡，缩颈垂翅，不食，喜卧，饮欲增加等。病初腹泻，随后排鲜红色、深红色或巧克力色血便（图 4-1~ 图 4-4），常在发病后 2~3 天死亡，多数于第 4~5 天死亡。耐过的病鸭逐渐恢复食欲，死亡停止，但生长受阻，增重缓慢。慢性感染一般不显症状，偶见有腹泻，常成为球虫携带者和传染源。

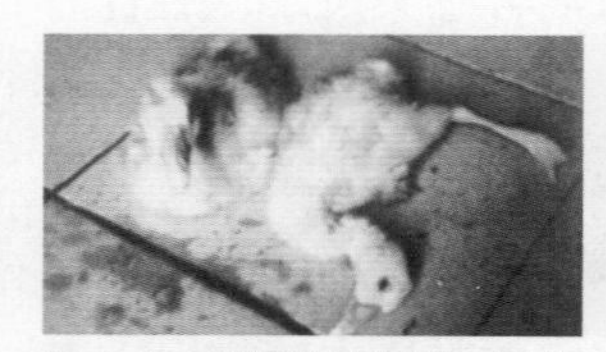
图 4-1　病鸭精神沉郁，呆立不动，摇晃或卧地不起

图 4-2　病鸭精神不振，缩颈，呆立，排出深红色或巧克力色血便

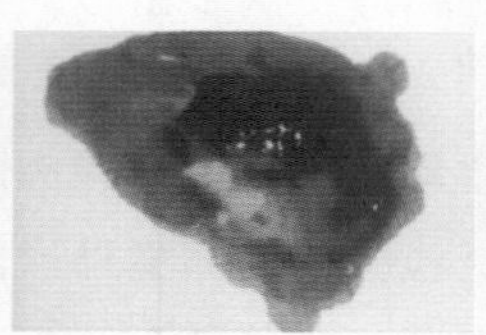
图 4-3　病鸭排出的血便

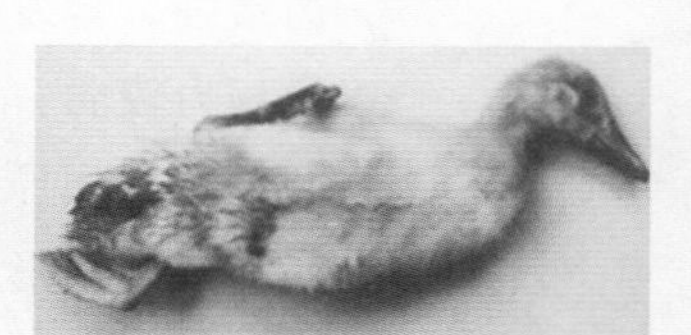
图 4-4　病鸭血便黏附于肛周羽毛

病理变化

尸体消瘦。整个小肠呈弥漫性出血性肠炎，尤以卵黄蒂前后范围的病变严重；十二指肠到回盲瓣处的肠管扩张，腔内充满血液和脱落的黏膜碎片；肠壁肿胀、出血（图 4-5、图 4-6）；肠黏膜上有出血斑或密布针尖大小的出血点，有的见有红白相间的小点，黏膜面粗糙不平（图 4-7）；有的黏膜上覆盖一层糠麸样或干酪样黏液，或有浅红色或深红色胶冻状出血性黏液，肠管内充满大量血凝块，但不形成肠芯（图 4-8、图 4-9）；肝脏、肾脏瘀血；心肌色浅，心房扩张，血液充盈。

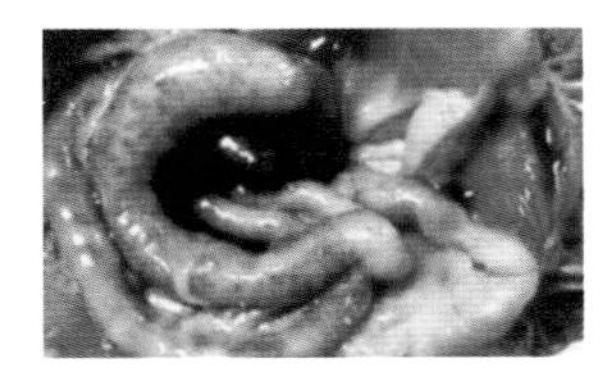
图 4-5　病鸭肠壁肿胀、出血

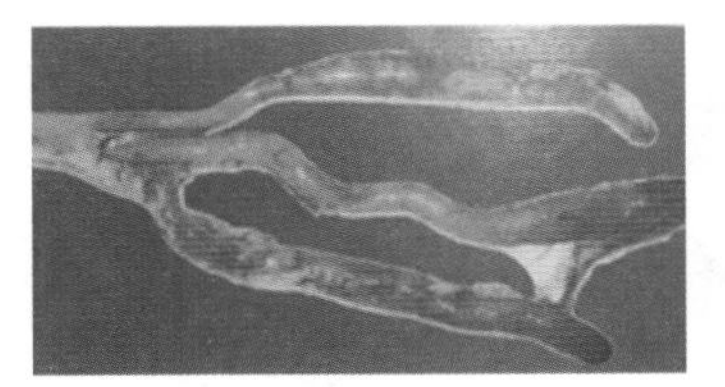
图 4-6　病鸭盲肠膨胀

图 4-7　病鸭小肠黏膜肿胀、充血、出血

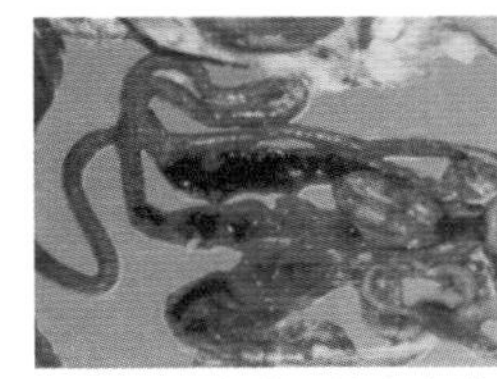
图 4-8　病鸭肠管内充满大量血凝块

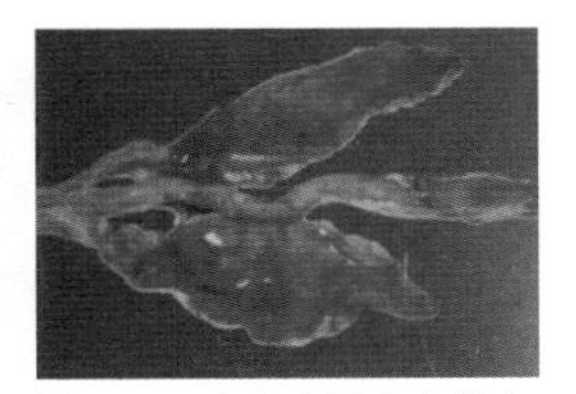
图 4-9　病鸭盲肠内充满血性内容物

类症鉴别

病名	与鸭球虫病的相似点	与鸭球虫病的不同点
鸭瘟	二者均有精神沉郁、呆立，羽毛松乱，食欲减退、饮欲增加，腹泻，肠道充血、出血等临床症状和剖检病变，并均有传染性	鸭瘟是疱疹病毒引起的一种高病死率的急性传染病，常发生于5~7 日龄的雏鸭，多流行于春夏和秋季的购销旺季，病鸭两腿麻痹，行动迟缓，眼结膜充血，流泪，鼻流浆性、黏性分泌物，倒提从口流出褐色液体，头部、下颌、眼睑肿大（大头瘟），稀便初灰白色后灰绿色、绿色或褐色，有特异臭味，呼吸困难，叫声嘶哑，拔去羽毛时可见皮肤出血；而鸭球虫病多发生于高温、高湿季节，病初腹泻，随后排暗红色或深紫色血便，有时见黄色腥臭黏液。鸭瘟剖检病鸭，皮下胶冻样浸润，肝脏呈棕黄色、有出血坏死点，胆囊黏膜有溃疡，口腔、食道、腺胃、肌胃角质层下、整个肠黏膜、肾脏、卵巢、法氏囊均充血、出血，食道黏膜和泄殖腔黏膜有黄褐色坏死假膜或溃疡，鸭球虫病则没有这一变化；鸭球虫病剖检可见小肠肿胀，有出血斑、出血点或红白相间，有的有糠麸样或干酪样黏液，肠内容物有浅红色、鲜红色的黏液或呈胶冻样，不形成肠芯，而鸭瘟无这一变化。鸭瘟用微量固相放射免疫试验，检出率为80%~100%

（续）

病名	与鸭球虫病的相似点	与鸭球虫病的不同点
鸭坏死性肠炎	二者均有精神沉郁，呆立，羽毛松乱，肠道出血等临床症状和剖检病变，并均有传染性	鸭坏死性肠炎是由魏氏梭菌引起的一种消化道传染病，主要发生于种鸭，采取肠道粪便涂片检查不见虫体；鸭球虫病各种年龄的鸭均对鸭球虫有易感性，雏鸭发病严重，成年鸭的感染率较低，通过采取肠道粪便涂片检查可见有大量的裂殖体、裂殖子、大小配子、合子或卵囊
鸭细小病毒感染	二者均有精神委顿，羽毛松乱，离群呆立，厌食，腹泻，肠黏膜尤其是十二指肠充血、出血等临床症状和剖检病变，并均有传染性	鸭细小病毒感染的病原为细小病毒；多见于3周龄以内的番鸭，翅下垂，尾向下弯，稀便呈灰白色或浅绿色；剖检可见心壁松弛、外形变圆，胰腺肿大、表面有针尖大的坏死灶
鸭疫里默氏杆菌病	二者均为2~3周龄的鸭易感，1周龄内很少发病，均有嗜睡，不愿走动，食欲减退或废绝，腹泻等临床症状，并均有传染性	鸭疫里默氏杆菌病的病原为鸭疫里默氏杆菌；病鸭软弱，共济失调，眼、鼻有黏性、浆性分泌物，稀便呈黄绿色或绿色，跌倒仰卧不能翻转，腹部膨胀，死前抽搐；剖检可见心包、气囊、肝脏、脾脏表面有纤维素渗出物；病料涂片镜检，可见两极浓染的小杆菌
鸭巴氏杆菌病	二者均有精神委顿、闭目打盹，食欲减退或废绝，饮水增加，不愿随群活动，下痢、粪腥臭，肠道充血、出血，肠内容物呈红色等临床症状和剖检病变，并均有传染性	鸭巴氏杆菌病的病原为多杀性巴氏杆菌；病鸭口鼻流黏液、不时甩头，呼吸困难，粪呈灰白色或绿色，有时有关节炎，两腿无力以至瘫痪；剖检可见心冠脂肪、心肌膜、心肌充血、出血，肝脂肪变性、有出血点和坏死点，关节有干酪样物；病料涂片镜检可见两极着色的卵圆形短杆菌
鸭曲霉菌病	二者均表现精神沉郁，食欲减退或废绝，缩颈呆立、两眼半闭，羽毛松乱，并均有传染性	鸭曲霉菌病的病原为曲霉菌，4~6日龄最多，至2~3周龄停止；病鸭气喘，头颈伸直，呼吸困难，粪糊状、呈绿色或黄色；剖检可见肺、气囊、腹腔浆膜有霉菌性结节，气囊霉斑如碟状、呈烟绿色或深褐色，用手拨有粉状物飞扬；镜检肺部霉状结节可见到曲霉菌丝，镜检气囊、支气管霉状结节可见到分隔菌丝特征性的分生孢子柄和孢子
鸭棘口吸虫病	二者均表现精神不振，食欲减退，下痢，并均有传染性	鸭棘口吸虫病的病原为棘口吸虫；剖检可见肠黏膜上附有大量的虫体

1）保持鸭舍清洁、干燥，粪便应每天清除，防止饲料和饮水被鸭粪污染。粪便应堆贮发酵，杀灭球虫卵。

2）栏圈、食槽、饮水器及用具等要经常清洗、消毒。运动场勤换新土。

3）不同年龄的鸭要分开饲养管理。

4）药物预防。

①复方磺胺甲噁唑（复方新诺明），按 0.02% 配比混于饲料中饲喂，连用 4~5 天。

②氯苯胍，每千克饲料中加入 120~150 毫克，均匀混料饲喂，或在每升饮水中加入 80~120 毫克饮服，连用 4~6 天。

③氯羟吡啶（克球多、可爱丹），每千克饲料中加入 100~125 毫克，均匀混料饲喂，连用 3~7 天。

④二硝托胺（球痢灵），每千克饲料中加入 125 毫克，均匀混料饲喂，连用 3~5 天。

⑤磺胺间甲氧嘧啶，按 0.05%~0.1% 配比混于饲料中饲喂，连用 3~5 天。

⑥尼卡巴嗪（球虫净），每千克饲料中加入 125 毫克，均匀混料饲喂，连用 3~5 天。

所有药物在屠宰前 7 天应停止添加。

治疗方法

治疗鸭球虫病的药物较多，应早诊断早用药。宜采取两种以上的药物交替使用，否则易产生抗药性。

（1）氯苯胍　每千克饲料中加入 100 毫克，均匀混料饲喂，连用 7~10 天，屠宰前 7~10 天停止投药。

（2）氨丙啉　每千克饲料中加入 150~200 毫克，均匀混料饲喂，或在每升饮水中加入 80~120 毫克饮服，连用 7 天。用药期间应停止饲喂维生素 B_1。

（3）二硝托胺　按 0.025% 浓度均匀混料饲喂，连用 3~5 天。

（4）氯羟吡啶　每千克饲料中加 250 毫克，均匀混料饲喂，连用 3~5 天。

（5）磺胺喹噁啉　按 0.0125% 浓度均匀混料饲喂，连用 3~4 天。

（6）磺胺间甲氧嘧啶　按 0.05%~0.2% 浓度均匀混料饲喂，连用 3~5 天。

（7）盐霉素　每千克饲料中加 60 毫克，均匀混料饲喂，连用 3~5 天。

二、鸭毛滴虫病

鸭毛滴虫病是由有鞭毛的埃氏毛滴虫引起的一种原虫病。特征是多数病例的咽喉蓄积着干酪样物质，一般伴有体重减轻。

虫体及生活史

埃氏毛滴虫寄生于鸭盲肠内。虫体呈圆形或梨形，大小为（13~27）微米 ×（8~18）微米，由膜和细胞质构成。在虫体上可见到 5 根鞭毛，其中 1 根围绕虫体形成波动膜，终止于虫体后端，呈游离状态（图 4-10）。虫体用鞭毛和波动膜运动。此虫以纵分裂方式繁殖而成为 2 个新虫体。当发生肠炎时，虫体便乘机侵袭。虫体对外界环境的抵抗力较弱，在阳光直射下几个小时就会死亡。在病料和粪便中 48 小时内死亡。一般消毒药如氢氧化钠、氯胺等几分钟就可杀死虫体。但虫体对低温的耐受力较强。

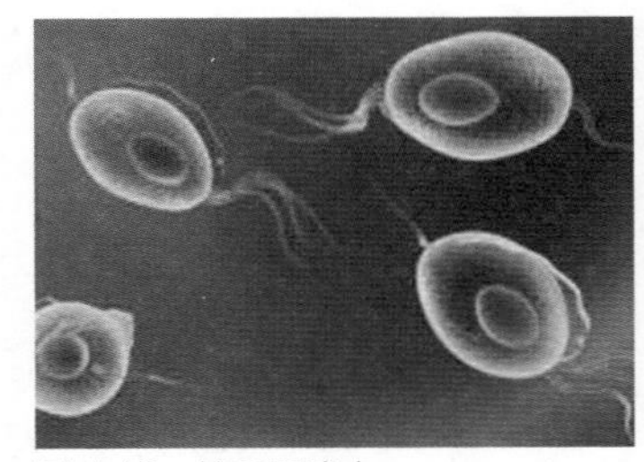

图 4-10　埃氏毛滴虫

流行特点

5~6 月龄雏鸭多发，成年鸭在通常条件下往往呈带虫状态。病鸭和带虫鸭是本病的主要传染源，它们排到外界环境中的粪便含有大量虫体，鸭常因吞食被虫体污染的饲料和饮水而感染。当饲养管理不善或因其他疾病造成消化道前段黏膜受损时（即使是肉眼看不见的损伤），则极易感染本病。

本病多于春、夏季节暴发，不但在接近水源的鸭场发生，而在远离水源，特别是在啮齿类动物多的鸭场也常流行本病。

临床症状

潜伏期为 5~15 天，雏鸭发病多呈急性。急性期病鸭体温升高，精神委顿，食欲减退或废绝，呼吸急促，腹泻，排出浅黄色带气泡的恶臭稀便。接着呈现跛行，蜷缩伏卧，头向下弯，食道膨大部体积增大。少数眼受侵害发生结膜炎，流水样眼泪，严重的眼周围有大量渗出物，最后导致失明。口腔和喉头黏膜充血，常有干酪样物质，初期较小，后渐增大，往往阻塞食道，甚至影响病鸭口的开闭、采食困难。

成年鸭发病多呈慢性，慢性病鸭体重显著下降，并表现衰弱和倦怠，绒毛脱落，头、颈、腹的绒毛脱落尤为明显。有时慢性感染的成年鸭外观健康，但自咽喉黏膜刮取物中可检出虫体。

病理变化

剖检可见肠黏膜卡他性或假膜性炎症，盲肠黏膜肿胀、充血，并有凝乳状物，有时由于食道溃疡而引起穿孔（图 4-11）。濒死病例可见到坏死性肠炎。肝脏充血、肿大，呈褐色或黄色，髓质松软，3~9 日龄雏鸭肝脏表面有小的黄白色坏死灶；胆囊肿大。经常出现心包炎、腹膜炎、胸膜炎，有时能见到上呼吸道溃疡和肺、气囊的损害。患病母鸭发生输卵管炎、输卵管黏膜坏死；输卵管腔积液呈粥状暗灰色（有时呈脓水样），并可见卵滞留、卵泡全部变形。

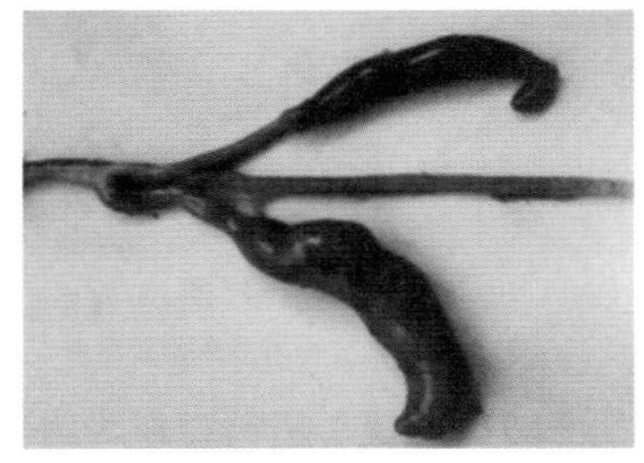
图 4-11　病鸭盲肠肿胀

类症鉴别

病名	与鸭毛滴虫病的相似点	与鸭毛滴虫病的不同点
鸭瘟	二者均有精神沉郁，呆立，羽毛松乱，食欲减退，腹泻，肠道充血、出血等临床症状和剖检病变，并均有传染性	鸭瘟是疱疹病毒引起的一种高病死率的急性传染病，常发生于 5~7 日龄的雏鸭，多流行于春夏和秋季的购销旺季，病鸭两腿麻痹，行动迟缓，鼻流浆性、黏性分泌物，倒提从口流出褐色液体，头部、下颌、眼睑肿大（大头瘟），稀便初灰白色后灰绿色、绿色或褐色，有特异臭味，呼吸困难，叫声嘶哑，拔去羽毛时可见皮肤出血；鸭毛滴虫病多发生于高温、高湿季节，病鸭腹泻，排出浅黄色带气泡的恶臭稀便，身体蜷缩伏卧，头向下弯，食道膨大部体积增大，口腔和喉头黏膜充血，常有干酪样物质阻塞食道，甚至影响病鸭口的开闭、采食困难。剖检病鸭，鸭瘟病例皮下胶冻样浸润，口腔、食道、腺胃、肌胃角质层下、整个肠黏膜、肾脏、卵巢、法氏囊均充血、出血，食道黏膜和泄殖腔黏膜有黄褐色坏死假膜或溃疡
鸭细小病毒感染	二者均有精神委顿，羽毛松乱，离群呆立，厌食，腹泻，肠黏膜尤其是十二指肠充血、出血等临床症状和剖检病变，并均有传染性	鸭细小病毒感染的病原为细小病毒；多见于 3 周龄以内的番鸭，翅下垂，尾向下弯，稀便呈灰白色或浅绿色；剖检可见心壁松弛、外形变圆，胰腺肿大、表面有针尖大的坏死灶；用胶观凝集反应出凝集块
鸭曲霉菌病	二者均表现精神沉郁，食欲减退或废绝，缩颈呆立、两眼半闭，羽毛松乱，并均有传染性	鸭曲霉菌病的病原为曲霉菌，4~6 日龄最多，至 2~3 周龄停止；病鸭气喘，头颈伸直，呼吸困难，粪糊状、呈绿色或黄色；剖检可见肺、气囊、腹腔浆膜有霉菌性结节，气囊霉斑如碟状、呈烟绿色或深褐色，用手拨有粉状物飞扬；镜检肺部霉状结节可见到曲霉菌菌丝，镜检气囊、支气管霉状结节可见到分隔菌丝特征性的分生孢子柄和孢子

（续）

病名	与鸭毛滴虫病的相似点	与鸭毛滴虫病的不同点
鸭棘口吸虫病	二者均表现精神不振，食欲减退，下痢，并均有传染性	鸭棘口吸虫病的病原为棘口吸虫；剖检可见肠黏膜上附有大量的虫体
鸭球虫病	二者均表现精神不振，食欲减退，下痢，并均有传染性	鸭球虫病的病原为鸭球虫；病鸭病初腹泻，随后排暗红色或深红色血便；剖检可见整个小肠呈弥漫性出血性肠炎，肠黏膜上有出血斑或密布针尖大小的出血点，有的见有红白相间的小点，有的黏膜上覆盖一层糠麸样或干酪样黏液，或有浅红色或深红色胶冻样出血性黏液

预防措施

1）雏鸭应与成年鸭分开饲养。

2）注意及时清理鸭舍粪便并堆积发酵，保证饲料、饮水不被埃氏毛滴虫污染。

3）雏鸭尽可能采取网上饲养；改善饲养管理，避免消化道前段黏膜受损。

4）注意消灭啮齿类动物（尤其是大型鼠类），以减少感染的机会。

治疗方法

（1）甲硝唑（灭滴灵） 每千克体重口服 130 毫克，可预防死亡。

（2）地美硝唑 用片剂治疗时，体重在 0.5~4.5 千克的每只用 125 毫克，超过 4.5 千克的每只用 250 毫克。用可溶性粉剂溶于水中饮用时，预防浓度为 0.01%，治疗浓度为 0.02%~0.04%，连用 5~6 天。

三、鸭组织滴虫病

鸭组织滴虫病又叫盲肠肝炎或黑头病，是火鸡和鸡的一种常见急性传染病，对其他禽类如野鸡、孔雀、珍珠鸡和鹌鹑等有时也能感染。近年来在我国也发现家鸭发生组织滴虫病，病原是动鞭毛纲单鞭毛科的火鸡组织滴虫。本病主要特征是盲肠发炎、溃疡和肝脏表面具有特征性的坏死病灶。

火鸡组织滴虫为多形性虫体，大小不一，近圆形或变形虫形，伪足钝圆。盲肠腔中虫体的直径为 5~16 微米，常见一根鞭毛；虫体内有一小盾和一个短的轴柱。在肠和肝脏组织中的虫体无鞭毛，初侵入虫体长 8~17 微米，生长后可达 12~21 微米，陈旧病变中的虫体仅为 4~11 微米，存在于吞噬细胞中。

火鸡组织滴虫以二分裂繁殖。寄生于盲肠内的火鸡组织滴虫，被盲肠内寄生的异刺线虫吞食，进入其卵巢中，转入其虫卵内；当异刺线虫排卵时，火鸡组织滴虫即存在卵中，并受卵壳的保护。当异刺线虫卵被鸭吞入后，孵出幼虫，火鸡组织滴虫也随幼虫排出，侵袭禽类。

流行特点

本病通过消化道感染，病鸭是重要的传染源。在急性暴发流行时，病鸭粪中含有大量病原，污染饲料、饮水、用具及土壤，健康鸭食后便可感染。火鸡组织滴虫对外界环境的抵抗力不强，不能长期存活，但当患有本病的禽类同时有异刺线虫寄生时，此种原虫可侵入异刺线虫体内，并转入其卵内随异刺线虫卵被排到外界环境，由于得到虫卵的保护，能生存较长时间，成为本病的感染源。此外，当蚯蚓吞食土壤中的异刺线虫虫卵时，组织滴虫可随虫卵生存于蚯蚓体内，当鸭吞食了这种蚯蚓后便被感染。因此，蚯蚓在传播本病方面也具有重要作用。

雏鸭对本病易感性最强，患病后死亡率也最高。成年鸭感染本病后症状不明显，成为散布病原的带虫者。

临床症状

病鸭精神委顿，食欲减退，以致废绝，羽毛粗乱、无光泽，身体蜷缩，怕冷，嗜睡，排黄白色或黄绿色稀便，甚至粪便中带血。

病理变化

本病的病变主要局限在盲肠和肝脏。急性病例，可见盲肠肿大数倍；肠壁肥厚、坚实，如香肠样；肠壁上有较多的圆形溃疡灶；肠内容物干燥坚实，变成一段干酪样的凝固栓子，堵塞肠腔（图 4-12）；把栓子横断切开，可见切面呈同心层状，中心是黑红色的凝固血块，外面包裹着灰白色或浅黄色的渗出物和坏死物质。肝脏肿大并出现特征性的坏死灶（图 4-13）；这种病灶在肝脏表面呈圆形或不规则形，中央稍凹陷，边缘微隆起；病灶颜色为浅黄色或浅绿色；病灶的大小和多少不定，由针尖大、豆大到指头大，散在或密布于整个肝脏表面。

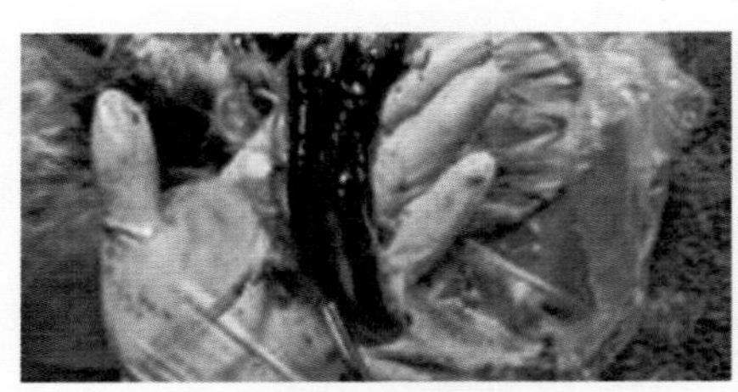
图 4-12　病鸭盲肠肿胀，肠内容物干燥坚实，变成一段干酪样的凝固栓子，堵塞肠腔

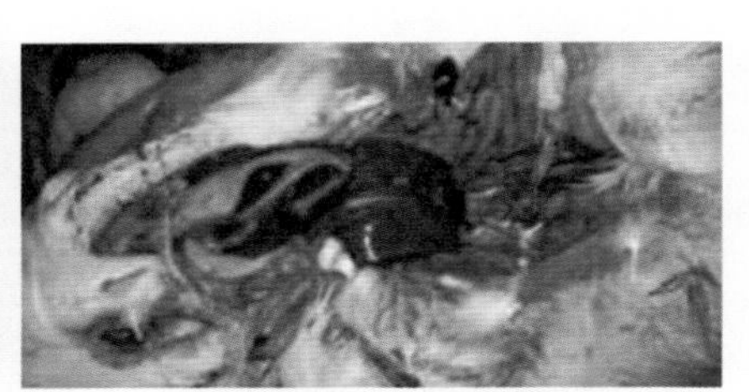
图 4-13　病鸭肝脏肿大，有多处坏死灶

类症鉴别

病名	与鸭组织滴虫病的相似点	与鸭组织滴虫病的不同点
鸭大肠杆菌病（败血症）	二者均表现精神不振，食欲减退，畏寒，羽毛松乱，腹泻，粪呈浅黄色有时带血，并均有传染性	鸭大肠杆菌病的病原为大肠杆菌；病鸭腹泻剧烈，口渴；剖检可见心包、肝脏表面、腹腔流满纤维素渗出物；分离病原接种于伊红亚甲蓝培养基上，大多数菌落呈特征性黑色
鸭亚利桑那菌病	二者均有精神沉郁，食欲减退，羽毛松乱，翅膀下垂，下痢、粪呈黄绿色有时带血，腹膜炎（盲肠穿孔时），盲肠有干酪样肠芯等临床症状和剖检病变，并均有传染性	鸭亚利桑那菌病的病原为亚利桑那菌；病鸭头低向一侧旋转如观星状，步样失调，一侧或两侧结膜炎、角膜混浊；剖检可见腹膜炎，肝脏肿大 2~3 倍、发炎、有浅黄色斑点，胆囊肿大 1~5 倍，分离培养亚利桑那菌有其特性
鸭坏死性肠炎	二者均表现精神沉郁，食欲减退或废绝，羽毛粗乱，排含血粪便等临床症状，并均有传染性	鸭坏死性肠炎的病原为魏氏梭菌；病鸭粪便有时发黑；剖开尸体即有尸腐臭味，小肠后段扩张 2~3 倍，表面污黑或污黑绿色，肠内容物呈液状、有泡沫血样或黑绿色，其他内脏无特异变化；将肠黏膜刮取物或肝脏触片革兰染色镜检，可见到革兰阳性、两极钝圆的大杆菌，着色均匀、有荚膜
鸭沙门菌病	二者均有精神不振，羽毛松乱，翅膀下垂，闭目畏寒，厌食，下痢，肠有炎症，盲肠有栓子等临床症状和剖检病变，并均有传染性	鸭沙门菌病的病原为沙门菌；病鸭水样下痢，肛周被粪便污染；剖检可见心包有粘连，十二指肠出血性坏死性肠炎，卵巢化脓性坏死性炎症（特征）；以克隆抗体和核酸探针为基础的检测沙门菌诊断盒容易做出诊断
鸭球虫病	二者均有精神委顿，食欲减退，翅膀下垂，羽毛松乱，闭目畏寒，下痢，排含血或全血稀便，消瘦，盲肠扩大、壁增厚，内容物混有血液样干酪样物等临床症状和剖检病变，并均有传染性	鸭球虫病的病原为鸭球虫；病鸭冠、髯苍白；剖检可见盲肠内容物主要是凝血块、血液，小肠壁发炎、增厚，浆膜可见白色小斑点，黏膜发炎、肿胀，覆盖一层黏液分泌物且混有小血块；刮取黏膜镜检可观察到卵囊和大配子

预防措施

做好鸭场卫生措施，及时清理粪便并进行发酵消毒，杀灭虫卵。

鸭群中发生了本病，应立即将病鸭隔离治疗。鸭舍地面用 3% 氢氧化钠溶液消毒。治疗可用下列药物：

（1）甲硝唑（灭滴灵） 按 250 毫克 / 千克混料饲喂，并结合人工灌服 1.25% 悬浮液，1 毫升 / 只，每天 3 次，3 天为 1 个疗程，连用 5 个疗程。

（2）地美硝唑 每天每千克体重 40~50 毫克，如为片剂、胶囊剂可直接投喂；如为粉剂可混料，连喂 3~5 天，之后剂量改为 25~30 毫克，连喂 2 周。

四、鸭隐孢子虫病

鸭隐孢子虫病是由隐孢子虫科的贝氏隐孢子虫寄生于家鸭的呼吸系统、法氏囊腔内所引起的一种原虫病。隐孢子虫病能引起鸭及其他禽类剧烈的呼吸道症状，并发生死亡。

对鸭等禽类产生危害的是贝氏隐孢子虫。其卵囊呈圆形或椭圆形，直径为 4~6 微米，成熟卵囊内含 4 个裸露的子孢子和残留体。子孢子呈月牙形，残留体由颗粒状物和一空泡组成。

隐孢子虫完成整个生活史只需 1 个宿主，可分为裂殖生殖、配子生殖和孢子生殖 3 个阶段。虫体在宿主体内的发育时期称为内生阶段，随宿主粪便排出的成熟卵囊为感染阶段。

人和许多动物都是本虫的易感宿主，当宿主吞食成熟卵囊后，在消化液的作用下，子孢子在小肠脱囊而出，先附着于肠上皮细胞，再侵入其中，在被侵入的胞膜下与细胞质之间形成带虫空泡，虫体在空泡内开始无性繁殖，先发育为滋养体，经 3 次核分裂发育为Ⅰ型裂殖体。成熟的Ⅰ型裂殖体含有 8 个裂殖子。裂殖子被释出后侵入其他上皮细胞，发育为第二代滋养体。第二代滋养体经 2 次核分裂发育为Ⅱ型裂殖体。成熟的Ⅱ型裂殖体含 4 个裂殖子。此裂殖子释出后侵入肠上皮发育为雌、雄配子体，进入有性生殖阶段，雌配子体进一步发育为雌配子，雄配子体产生 16 个雄配子，雌雄配子结合形成合子，进入孢子生殖阶段。合子发育为卵囊。卵囊有薄壁和厚壁两种类型，薄壁卵囊约占 20%，仅有一层单位膜，其子孢子逸出后直接侵入宿主肠上皮细胞，继续无性繁殖，形成宿主自身体内重复感染；厚壁卵囊约占 80%，在宿主细胞内或肠腔内孢子化（形成子孢子）。孢子化的卵囊随宿主粪便排出体外，即具感染性。完成生活史需 5~11 天。

流行特点

贝氏隐孢子虫主要寄生于鸭和其他禽类的腔上囊、泄殖腔和呼吸道。其流行非常广泛，国内各地均有发生，饲养管理不善、环境卫生差的养禽场，隐孢子虫的感染率明显增高。一年四季均可发生感染，但以温暖多雨的季节感染率最高。传染源是病禽和带虫禽类随粪便排出的卵囊，而这种卵囊对外界环境抵抗力很强，在潮湿的环境下能存活数月，因此鸭等家禽很容易引起感染，感染途径是呼吸道和消化道。

图 4-14　病鸭食欲减退，呼吸困难，咳嗽

临床症状

潜伏期为 3~5 天，发生感染的病鸭出现咳嗽，打喷嚏，呼吸困难并有呼吸啰音。饮、食欲减退或废绝，体重减轻，病重鸭发生死亡（图 4-14）。

病理变化

剖检可见病鸭喉头和气管黏膜水肿，有大量浆液性渗出物，肺充血、发炎，气囊混浊。腔上囊和泄殖腔黏膜肿胀，呈灰白色。

类症鉴别

病名	与鸭隐孢子虫病的相似点	与鸭隐孢子虫病的不同点
鸭巴氏杆菌病	二者均表现精神不振，缩颈闭目，翅下垂，呼吸急促，饮食废绝，并均有传染性	鸭巴氏杆菌病的病原为多杀性巴氏杆菌；病鸭口鼻有泡沫黏液，常有剧烈腹泻，冠髯呈紫黑色、水肿；剖检可见皮下组织、肠系膜、黏膜、浆膜均有出血点，胸腹腔、气囊、肠系膜有纤维素性或干酪样渗出物；病料涂片、染色镜检可见两极着色的卵圆形短杆菌
鸭曲霉菌病	二者均表现精神不振，闭目，翅下垂，打喷嚏，食欲减退或废绝，伸颈张口呼吸，并均有传染性	鸭曲霉菌病的病原为曲霉菌；病鸭喘气，用耳倾听呼吸有“沙沙”声，眼睑肿胀；剖检肺气囊有黄白色或灰白色霉菌结节；用针刺破结节取内容物涂片，加氢氧化钾后镜检可见曲霉菌的菌丝，气囊、支气管的病变镜检可见到分隔菌丝特征性的分生孢子柄和孢子
鸭比翼线虫病	二者均有伸颈张口呼吸，气管有较多的泡沫体等临床症状和剖检病变，并均有传染性	鸭比翼线虫病的病原为斯氏比翼线虫；病鸭口内充满泡沫液体，头颈不断甩动；剖检喉头可见杈子形虫体

防治措施

目前尚无有效的药物防治本病，主要加强饲养管理，注意环境卫生，提高机体的免疫力，以控制本病的发生。

五、鸭住白细胞原虫病

鸭住白细胞原虫病又称住白虫病、白细胞孢子病或嗜白细胞体病，是由住白细胞原虫所引起的一种急性和高度致死性的原虫病，鸡、鸭、鹅和火鸡均可发生，幼禽易感性高。它侵袭家禽的血液组织使白细胞受到严重破坏，给养禽业造成很大损失。

鸡、鸭、鹅和火鸡的住白细胞原虫病是由不同种的住白细胞原虫感染引起的，其中引起鸭和鹅发病的为西蒙德住白细胞原虫。

住白细胞原虫感染家禽需要蚋、库蠓等吸血昆虫作为感染媒介。这些带有侵袭性虫体的吸血昆虫叮咬健康禽，可经唾液将虫体传入禽体内。虫体寄生在内脏器官（心脏、肺、肝脏、脾脏等）的细胞和血细胞内（主要是白细胞），并进行裂体生殖，最后侵入循环血液中的白细胞内，形成配子体。被寄生的白细胞严重变形，呈纺锤形。配子体大小为（14~15）微米 ×（4.5~5.5）微米，如蚋、库螺等叮咬病禽吸血时，吸进配子体。配子体在上述昆虫体内配种后，又可发育为侵袭性虫体（图 4-15）。

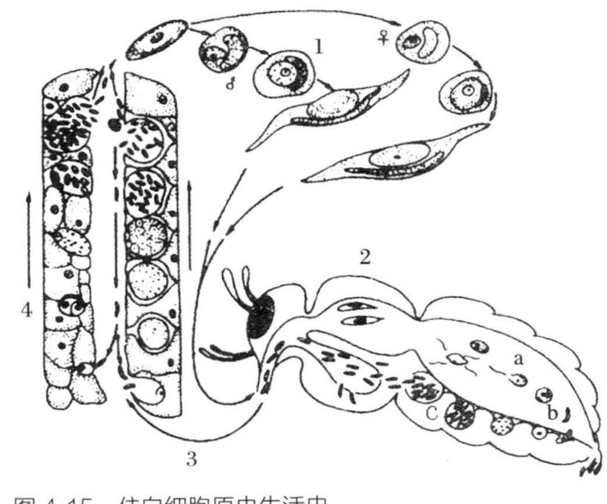

1— 大配子体与小配子体在禽红细胞内的发育过程

2— 在蚋体内的配子生殖：a. 小配子与大配子结合；b. 动合子；c. 卵囊与子孢子

3— 在肝细胞进行裂子生殖

4— 在肝巨噬细胞内的裂殖生殖过程：大裂殖体及其裂殖子

图 4-15　住白细胞原虫生活史

本病潜伏期为 6~10 天，突然发病。病鸭精神委顿，高热，流涎，食欲废绝，饮欲增加，呼吸急促，严重贫血，下痢，粪便呈浅黄色，两肢轻瘫，走路不稳，共济失调。表现迟钝，全身衰弱，常伏卧地上，眼鼻黏膜卡他性炎，流泪，眼睑粘连，流鼻液。病程为1~3天及以上，慢性经过的病程为1~3周。病鸭愈后长期带虫，生长受阻，产蛋减少。

病理变化

剖检尸体消瘦，贫血，胸肌苍白，有出血点（图4-16）。肝脏、脾脏肿大、充血，消化道黏膜充血，有时有肠炎变化。心包积液。食道扩大部、腺胃、肌胃、肺、肾脏一般有轻度充血。

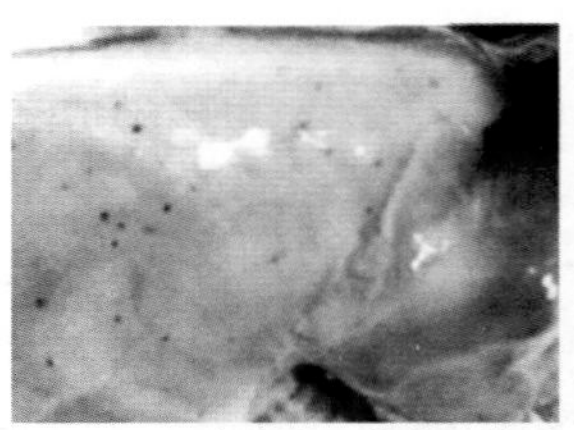
图4-16　病鸭胸肌苍白，有出血点

类症鉴别

病名	与鸭住白细胞原虫病的相似点	与鸭住白细胞原虫病的不同点
鸭链球菌病	二者均表现精神委顿，食欲减退，冠苍白，下痢、粪呈绿色，成年鸭产蛋率下降，并均有传染性	鸭链球菌病的病原为链球菌；病鸭嗜睡，冠有时呈紫色，髯水肿，腹泻、粪呈灰黄色或灰绿色，亚急性部分轻瘫跛行、脚底组织坏死；剖检可见皮下浆膜水肿，心包、腹腔有出血性浆液性纤维素性渗出物，心冠状沟、心外膜有出血点，肝脏、脾脏有出血、坏死点，肺瘀血或水肿，慢性有关节炎、腱鞘炎；将肝脏、脾脏、血液、皮下渗出液涂片，用亚甲蓝、瑞氏或革兰染色镜检，可见蓝色、紫色或革兰阳性的单个或短链排列的球菌
鸭衣原体病	二者均表现精神委顿，食欲减退，冠苍白，下痢、粪呈绿色，成年鸭产蛋率下降，并均有传染性	鸭衣原体病的病原为鹦鹉热衣原体；病鸭缩颈，头掩于翅下，鼻、眼有分泌物，呼吸困难，眼睑、下颌水肿；剖检可见头肿处皮下黄色胶冻样浸润，眶下窦有干酪样物，气囊壁厚、内有纤维素性液；将肝脏、脾脏、心包压片，用吉姆萨染色，鹦鹉热衣原体呈紫色

预防措施

1）消灭中间宿主蚋类吸血昆虫，可用0.2%敌百虫或0.5%~1%有机磷杀虫剂在鸭舍内喷洒，每隔6~10天喷洒1次，以驱杀蚋类吸血昆虫。

2）淘汰带虫鸭，雏鸭和成年鸭应根据年龄分群饲养。

3）药物预防。可用磺胺喹噁啉，每千克饲料中均匀加入50毫克，有预防作用。

治疗方法

（1）盐酸氯苯胍（百乐君） 按每千克体重用0.15克，每天口服1次，连用3天。

（2）复方磺胺甲噁唑（复方新诺明） 每天口服1次，第1天每只用药0.125克，第2天起减半，连用3~5天。

六、鸭胃线虫病

鸭胃线虫病是由四棱科、华首科、裂口科、膨结科线虫寄生于鸭的腺胃和肌胃而引起的寄生虫病。

（1）裂刺四棱线虫 虫体呈椭圆形，大小为（2.5~6.0）毫米 ×（1.0~3.2）毫米。雌虫虫体中部特别发达，使整个虫体呈卵形或球形外观，内含大量的子宫环，子宫内充满虫卵。

裂刺四棱线虫中间宿主为端足类的水蚤和钩虾，或昆虫类的蚱蜢、蟑螂等。虫卵被中间宿主吞食后，在其体内孵出幼虫，移行至体腔发育为感染性幼虫。当鸭吞食这些中间宿主后被感染，幼虫从被消化的中间宿主体内逸出，经 18 天左右发育为成虫。其生活史见图 4-17。

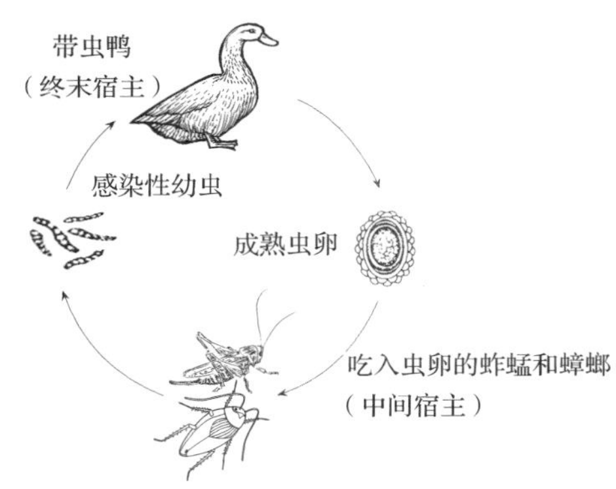

图 4-17　鸭裂刺四棱线虫生活史

（2）裂口线虫 虫体细长线状，体表微红，具有纤细横纹。口囊短而宽，底部有 3 个三角形的尖齿。雄虫体长 14~17 毫米，雌虫长 12~24 毫米。虫体两端逐渐变细，虫卵呈卵圆形，大小为（60~73）微米 ×（44~48）微米。

虫卵随病鸭的粪便排出，在 28~30℃条件下，经 2 天在虫卵内形成幼虫，再经过 5~6 天幼虫从卵内孵出，并经 2 次蜕皮发育为感染性幼虫。感染性幼虫在水中浮游，爬到水草上，鸭吞食被感染性幼虫污染的水草、食物及水而遭受感染。在牧场上感染性幼虫也可以通过鸭的皮肤引起感染（感染性幼虫可以在草场存活 3 周）。皮肤感染时，幼虫经肺移行。幼虫在鸭体内经 3 周发育为成虫，成虫的寿命为 3 个月左右。

临床症状

病鸭出现消瘦、沉郁、贫血、食欲减退或废绝，缩头垂翅，下痢，严重感染时可引起成批死亡。

病理变化

病鸭的腺胃有胃线虫寄生，黏膜发炎、肥厚，出现瘤状物和溃疡，有的肌胃角质下肌肉有软小瘤（图 4-18~ 图 4-20）。

图 4-18　雌性胃线虫寄生于鸭腺胃腺窝内

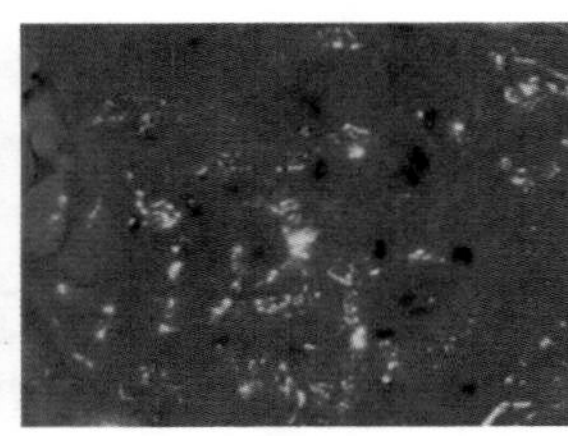

图 4-19　雌性胃线虫较小，呈红色

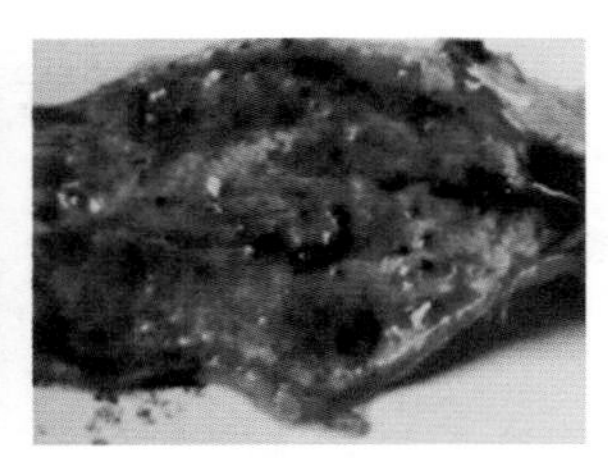

图 4-20　胃线虫寄生于腺胃壁，黏膜颜色不均

类症鉴别

病名	与鸭胃线虫病的相似点	与鸭胃线虫病的不同点
鸭链球菌病	二者均表现精神委顿，食欲减退，冠苍白，下痢，并均有传染性	鸭链球菌病的病原为链球菌；病鸭嗜睡，冠有时呈紫色，髯水肿，腹泻、粪呈灰黄色或灰绿色，亚急性部分轻瘫跛行、脚底组织坏死；剖检可见皮下浆膜水肿，心包、腹腔有出血性浆液性纤维素性渗出物，心冠状沟、心外膜有出血点，肝脏、脾脏有出血、坏死点，肺瘀血或水肿，慢性有关节炎、腱鞘炎；将肝脏、脾脏、血液、皮下渗出液涂片，用亚甲蓝、瑞氏或革兰染色镜检，可见蓝色、紫色或革兰阳性的单个或短链排列的球菌
鸭大肠杆菌病（败血症）	二者均表现精神不振，食欲减退，畏寒，羽毛松乱，腹泻，并均有传染性	鸭大肠杆菌病的病原为大肠杆菌；病鸭腹泻剧烈，口渴；剖检可见心包、肝脏表面、腹腔流满纤维素渗出物；分离病原接种于伊红亚甲蓝培养基上，大多数菌落呈特征性黑色
鸭亚利桑那菌病	二者均表现精神沉郁，食欲减退，羽毛松乱，翅膀下垂，下痢，并均有传染性	鸭亚利桑那菌病的病原为亚利桑那菌；病鸭头低向一侧旋转如观星状，步样失调，一侧或两侧结膜炎、角膜混浊；剖检可见腹膜炎，肝脏肿大 2~3 倍、发炎、有浅黄色斑点，胆囊肿大 1~5 倍；分离培养亚利桑那菌有其特性
鸭球虫病	二者均表现精神委顿，食欲减退，翅膀下垂，羽毛松乱，下痢，消瘦，并均有传染性	鸭球虫病的病原为鸭球虫。病鸭冠、髯苍白；剖检可见盲肠内容物主要是凝血块、血液，小肠壁发炎、增厚，浆膜可见白色小斑点，黏膜发炎、肿胀，覆盖一层黏液分泌物且混有小血块；刮取黏膜镜检可观察到卵囊和大配子

预防措施

1）防止鸭吞食各种类型的中间宿主，用五氯酚钠消灭中间宿主。到安全水域放牧。

2）对成年鸭每年进行 2 次预防性驱虫，第 1 次在春季放牧前，第 2 次在秋季放牧后。在驱虫后 24 小时加强粪便管理，及时清扫粪便，以免病原体散播。对雏鸭驱虫应在放牧前进行，以免感染性幼虫成熟后排卵污染水源。

（1）阿苯达唑 按每千克体重用 10~25 毫克，均匀混料饲喂，1 次喂服。

（2）左旋咪唑 按每千克体重用 10 毫克，均匀混料饲喂，1 次喂服。

七、鸭异刺线虫病

鸭异刺线虫病又称盲肠虫病，是由异刺科异刺属的异刺线虫寄生于鸭的盲肠内引起的一种线虫病。

虫体及生活史

异刺线虫虫体小、呈白色，具有侧翼，体表有横纹。雄虫长 7~13 毫米，雌虫长 10~15 毫米。虫卵呈椭圆形、浅灰色，卵壳厚，成熟的卵具有褐色颗粒，大小为（63~75）微米 ×（36~50）微米（图 4-21）。它的虫卵还能携带组织滴虫，该虫的发育不需中间宿主。成虫寄生在鸭盲肠内。虫卵随粪便排出体外，在环境条件适宜时，经过 7~10 天即变成感染性虫卵。此时被鸭吞食后，幼虫在肠管内破壳而出，进入盲肠并钻进黏膜中，2~5 天后重新回到盲肠腔内继续发育，24 天就变成成虫（图 4-22）。

图 4-21　异刺线虫

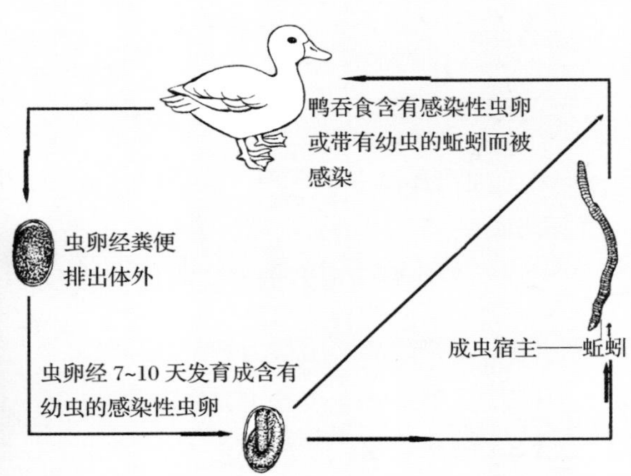

图 4-22　异刺线虫生活史

临床症状

病鸭表现精神沉郁，行走迟缓，食欲减退或废绝，脚软伏地，羽毛逆乱，排黄色稀便，贫血，雏鸭发育停滞，消瘦甚至死亡，成年鸭产蛋率下降或停止。

病理变化

剖检可见尸体消瘦，盲肠肿大数倍（图 4-23），盲肠壁散布有大量直径为 2~3 毫米的圆形溃疡病灶，并出血，许多溃疡灶相互连结形成大的溃疡斑，溃疡面附有较厚的黄白色坏死物（结节），肠管内充满稀薄粪便，但在盲肠末端处则充有干燥、棕红色内容物（图 4-24）。盲肠内可见虫体，尤以盲肠尖部虫体最多。

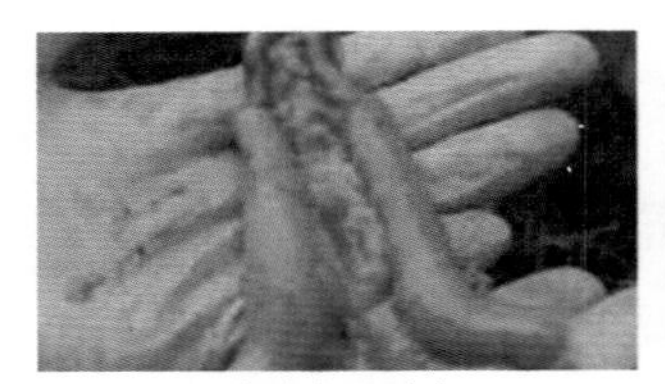
图 4-23　病鸭盲肠肿大

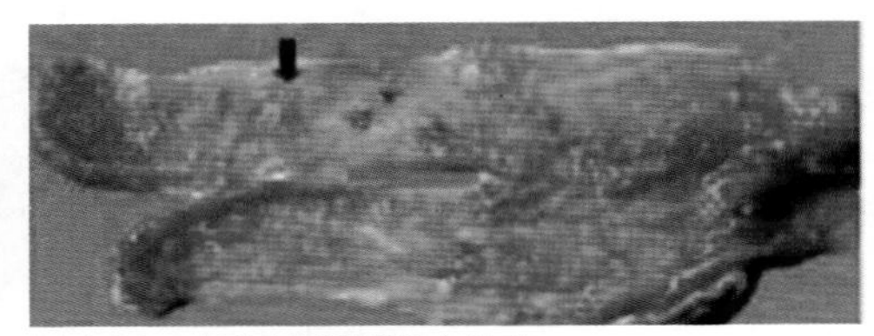
图 4-24　病鸭盲肠黏膜散布结节

类症鉴别

病名	与鸭异刺线虫病的相似点	与鸭异刺线虫病的不同点
鸭绦虫病	二者均表现食欲减退，贫血，消瘦，并均有传染性	鸭绦虫病的病原为绦虫；有的病鸭腹泻，粪中含有孕节、卵袋、卵子；剖检可在肠道（大部分在小肠）见到绦虫
鸭吸虫病	二者均表现食欲减退，贫血，消瘦，并均有传染性	鸭吸虫病的病原为吸虫，中间宿主多为水生螺；严重感染时下痢；剖检可在寄生部位（大部分在肠道）见到虫体
鸭疟原虫病	二者均表现食欲减退，并均有传染性	鸭疟原虫病的病原为疟原虫，中间宿主为禽类，终宿主为蚊；病鸭体温高，呼吸困难；采血涂片、染色镜检，可见到进入红细胞的滋养体

预防措施

1）加强环境卫生管理，保持鸭舍清洁卫生，及时清除粪便，尤其在驱虫后，要将粪便堆积发酵，以消灭虫卵。

2）大、小鸭应分开饲养，防止交叉感染。同时定期进行预防性驱虫。

治疗方法

（1）噻苯达唑　用量为每千克体重 0.5 克，混料 1 次喂服。

（2）氟苯达唑　按每千克体重 50 毫克，混料 1 次喂服。

（3）阿苯达唑　按每千克体重 25 毫克，混料 1 次喂服。

（4）左旋咪唑 按每千克体重用 35 毫克，混料 1 次喂服。

（5）青霉素、链霉素 成年鸭每只分别混合肌内注射青霉素、链霉素各 2 万国际单位，每天 2 次，连用 3 天。

八、鸭比翼线虫病

鸭比翼线虫病是由斯氏比翼线虫寄生于鸭的气管和肺所引起的一种寄生虫病，因病鸭张口呼吸，又名开口虫病。因其寄生状态总是雌、雄虫交合在一起，故名比翼线虫病。

斯氏比翼线虫虫体呈鲜红色，雌、雄虫一生成双配对。雄虫长 3~5 毫米，雌虫长 12~22 毫米。雄虫经过 1 次交配后就永远固着于雌虫阴门处，两者交合在一起形成长“Y”形。虫卵呈椭圆形，大小为 0.078~0.087 毫米，两端均具有卵盖（图 4-25）。虫卵随痰液或粪便排出体外。遇到适宜的温、湿度时，经 8~14 天发育成感染性虫卵，部分孵出幼虫进入土壤中，鸭吃了感染性虫卵或幼虫而感染，另一方式是蚯蚓吞食了感染性虫卵或幼虫后，在蚯蚓体内长期保存其活力，可达 3 年之久，鸭吃到这种体内含有幼虫的蚯蚓就发生感染，此外，蜗牛和蜻蜓也能以蚯蚓同样方式传代斯氏比翼线虫。幼虫进入肠道后，钻入肠壁血管，随着血液循环钻进肺而到达气管和支气管中，并吸食血液，继续生长，经过 7~10 天后变成成虫。

病鸭食欲减退，生长不良，消瘦，严重者食欲废绝，腹泻，粪便呈红色带黏液。特征性症状是呼吸困难，常伸颈张口呼吸（图 4-26），并常伴发咳嗽和打喷嚏，时常摇头，欲排出气管内黏液和虫体，最后因窒息、衰竭而死。

图 4-25 斯氏比翼线虫

图 4-26 病鸭呼吸困难，张口呼吸

病理变化

剖检可见肺瘀血、水肿和大叶性肺炎，气管有卡他性、黏液性炎症，有被带血黏液所包围的虫体。

类症鉴别

病名	与鸭比翼线虫病的相似点	与鸭比翼线虫病的不同点
鸭传染性支气管炎病	二者均表现伸颈张口呼吸，甩头，并均有传染性	鸭传染性支气管炎的病原为鸭传染性支气管炎病毒；病鸭咳嗽，打喷嚏，眶下窦肿胀，流鼻液，眼泪多，翅下垂，常挤在一起；剖检可见气管、肺有肺炎症状和水肿，有点状或条状干酪样物附着，肝脏稍肿大、呈土黄色，肾脏肿大、苍白；用间接血凝试验即可判定
鸭曲霉菌病	二者均表现头颈伸直，张口呼吸，摇头甩鼻，并均有传染性	鸭曲霉菌病的病原为曲霉菌；倾听呼吸有“沙沙”的水泡音，后期下痢；剖检可见肺有典型的霉菌结节（粟粒大、米粒大、绿豆大且呈黄白色），周围有红色浸润，切开有干酪样物，似有层状结构；挑出内容物加生理盐水滴镜镜检可见曲霉菌的菌丝
鸭隐孢子虫病	二者均有伸颈张口呼吸，喉气管内有较多的泡沫状渗出物等临床症状和剖检病变，并均有传染性	鸭隐孢子虫病的病原为贝氏隐孢子虫；病鸭咳嗽，打喷嚏，气管有时可见干酪样物，肺腹侧严重充血，表面湿润，常有灰白色硬斑；生前收集气管黏液用饱和白糖溶液浮集卵囊，在1000倍显微镜下镜检，可见卵囊内含4个香蕉状的子孢子
鸭舟形嗜气管吸虫病	二者均表现伸颈张口呼吸，可因窒息死亡，并均有传染性	鸭舟形嗜气管吸虫病的病原为舟形嗜气管吸虫，吞食有包囊的中间宿主螺而发病；支气管大量寄生时咳嗽、气喘；剖检时气管可见到卵圆形的舟形嗜气管吸虫

预防措施

加强环境卫生管理，保持鸭舍的清洁卫生，及时清除粪便，尤其在驱虫后，要将粪便进行生物发酵处理，消灭蚯蚓等贮藏宿主。大、小鸭应分开饲养，防止交叉感染，同时定期进行预防性驱虫。在常发鸭场及地区，应用药物预防。

治疗方法

（1）**甲苯咪唑**　按0.0125%浓度均匀拌料饲喂，连用3天。

（2）**5%水杨酸钠**　雏鸭每只0.5~3毫升，气管注射。

（3）**噻苯达唑**　按0.1%浓度均匀拌料饲喂，连用1周。

（4）**阿苯达唑**　按每千克体重50~100毫克内服。

九、鸭鸟蛇线虫病

鸭鸟蛇线虫病又称鸭丝虫病、鸭腮丝虫病、鸭龙线虫病等，是由鸟蛇线虫寄生于鸭的皮下组织所引起的一种寄生虫病。本病主要侵害雏鸭，在流行地区发病率高，严重感染时常造成死亡，对养鸭业危害极大。

虫体及生活史

鸭鸟蛇线虫病的病原体主要有台湾鸟蛇线虫和四川鸟蛇线虫 2 种，其中台湾鸟蛇线虫较为常见。台湾鸟蛇线虫属胎生型线虫，虫体细长、呈白色，稍透明。表皮光滑，有细横纹，头端钝圆，口周围有角质环，有 2 个头感器和 14 个头乳突（图 4-27）。雄虫长 6 毫米，尾部弯向腹面；雌虫长 100~240 毫米，尾部逐渐变为尖细，并向腹面弯曲，末端有一个小圆锤状凸起。充满幼虫的子宫占据了虫体的大部分空间。幼虫纤细，呈白色，长 0.39~0.42 毫米，幼虫脱离雌虫的身体后，迅速变为被囊幼虫，被囊幼虫长 0.51 毫米。

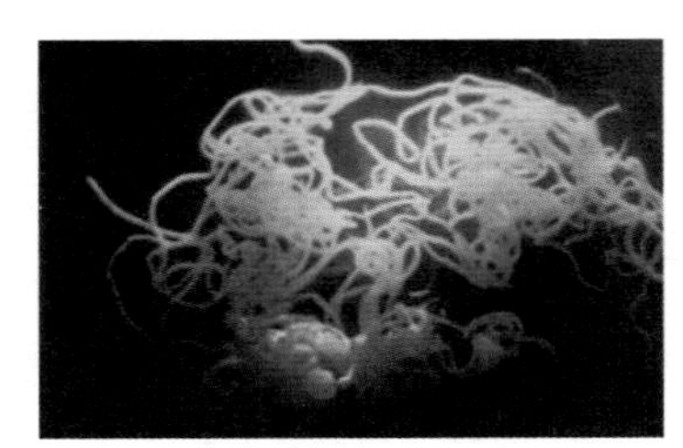

图 4-27　台湾鸟蛇线虫

台湾鸟蛇线虫成虫寄生于鸭的皮下结缔组织中，缠绕成团，形成大小如小指头大的结节。当虫体穿破患部皮肤，充满其体内的满含胎虫的子宫便与表皮一起破溃，大量活跃的幼虫随乳白色液体流出体外，进入水中。进入水中的幼虫，被中间宿主剑水蚤吞食后，在其体腔内进一步发育成感染性阶段的幼虫。当含有这种幼虫的剑水蚤被鸭吞咽后，幼虫即从蚤体内逸出，进入肠腔。最后经移行而抵达鸭的腮、咽喉部、眼周围和腿部等处的皮下，逐渐发育为成虫。

四川鸟蛇线虫寄生于家鸭的皮下结缔组织（腭下及后肢等处）。雌虫呈长形线状、乳白色，大小为（32.6~63.5）毫米 ×（0.635~0.803）毫米。幼虫为胎生，寄生于中间宿主剑水蚤的体腔中。

本病主要侵害 3~8 周龄的雏鸭，成年鸭未见发病，不侵害其他家禽。本病有明显的季节性，通常在 6~10 月水温高、剑水蚤大量繁殖的季节发病率高。

临床症状

在鸭的眼睑、下颌、颊、颈部、腿、胸、腹、泄殖腔等虫体寄生处，可见大小如指头的圆形结节，且结节会逐渐长大，压迫器官，引发呼吸困难、行走障碍、失明、营养不良等症状（图 4-28、图 4-29）。病雏鸭多在出现症状后 10~20 天死亡。

图 4-28　患四川鸟蛇线虫病的病鸭下颌寄生性赘瘤病灶呈球状

图 4-29　患台湾鸟蛇线虫病的病鸭下颌寄生性赘瘤病灶呈半球状

病理变化

剖开患病结节，流出有大量幼虫的白色液体，在结节中的结缔组织中可见缠绕成团的虫体。

类症鉴别

病名	与鸭鸟蛇线虫病的相似点	与鸭鸟蛇线虫病的不同点
鸭绦虫病	二者均表现食欲减退，贫血，消瘦，并均有传染性	鸭绦虫病的病原为绦虫；有的病鸭腹泻，粪中含有孕节、卵袋、卵子；剖检可在肠道（大部分在小肠）见到绦虫
鸭吸虫病	二者均表现食欲减退，贫血，消瘦，并均有传染性	鸭吸虫病的病原为吸虫，中间宿主多为水生螺；严重感染时下痢；剖检可在寄生部位（大部分在肠道）见到虫体
鸭疟原虫病	二者均表现食欲减退，并均有传染性	鸭疟原虫病的病原为疟原虫，中间宿主为禽类，终宿主为蚊；病鸭体温高，呼吸困难；采血涂片、染色镜检，可见到进入红细胞的滋养体

预防措施

1）加强管理，鸭舍和活动场所要定期清扫消毒，及时清理鸭粪，堆积发酵。

2）鸭子的活动水域要定期消毒，可用生石灰杀灭中间宿主剑水蚤。不要到有病原体存在的稻田和沟渠等处放牧。

治疗方法

1）对于台湾鸟蛇线虫病，病鸭可用 0.5% 高锰酸钾溶液 0.5~2 毫升，注入患处。

2）对于四川鸟蛇线虫病，病鸭可用 1% 左旋咪唑 0.25~0.5 毫升，注入患处。对于患肢结节用大号针在火焰上烧红后，迅速穿入结节中间，停留数秒钟，较大的结节一般需穿刺 3~5 针。也可用补鞋用的钩针穿入结节，稍做转动，慢慢地将虫体拉出。对于较大结节可在不同部位穿刺 2~3 次。

十、鸭蛔虫病

鸭蛔虫病是由于鸡蛔虫寄生在肠道内引起的一种寄生虫病。虽然鸭发生蛔虫病较少，但根据国内的报告，确实说明鸭也可以感染鸡蛔虫，但其感染率和感染强度不是很高。鸭与鸡混养的地方，感染率较高。本病主要表现为生长不良，贫血，消瘦等。

鸭蛔虫病是由鸡蛔虫所引起。鸡蛔虫为浅黄白色像豆芽样的线虫，雄虫长 26~70 毫米，雌虫长 65~110 毫米，虫卵为椭圆形。鸡蛔虫成虫主要寄生在小肠内。雌虫产的卵随粪便一起排到外界。刚排出的虫卵，因还未发育成熟，是没有感染力的。如果外界的湿度和温度适宜，虫卵就能继续发育，经 10~16 天后就变成感染性虫卵（卵内幼虫已形成一条盘曲的幼虫）。感染性幼虫在土壤中一般能生存 6 个月，鸭吃到这种感染性虫卵后就会发生感染。幼虫在腺胃内脱壳而出，到小肠内生长发育，约经 9 天后，幼虫又钻进肠壁黏膜中进一步发育，此时，常引起肠黏膜出血，到 17~18 天时，幼虫重新回到肠腔发育成熟。幼虫的整个发育期需要 35~60 天，才能完全成熟，这时鸭粪中就有鸡蛔虫虫卵排出。鸡蛔虫虫卵对寒冷的抵抗力很强，而 50℃以上的高温、干燥和直射阳光，则很容易使虫卵死亡。鸡蛔虫生活史见图 4-30。

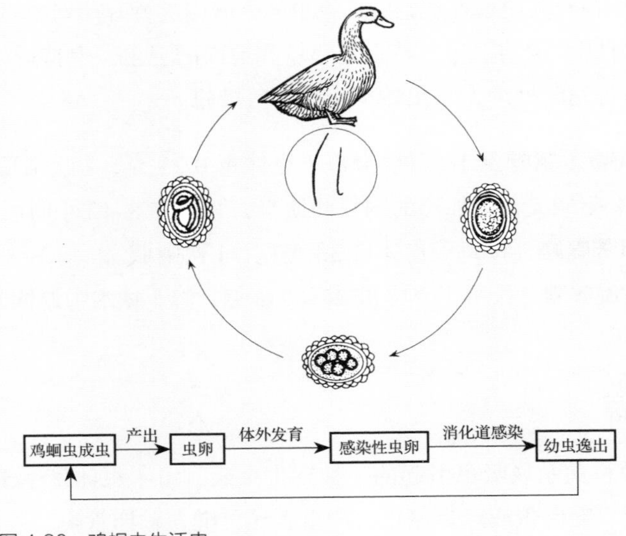

图 4-30　鸡蛔虫生活史

临床症状

病鸭的症状与感染虫体的数量、本身营养状况有关。轻度感染或成年鸭感染后，一般症状不明显。雏鸭发生蛔虫病后，常生长不良，精神不佳，行动迟缓，羽毛松乱，贫血，食欲减退或异常，腹泻，逐渐消瘦。

病理变化

剖检可见病鸭小肠肠腔内有大量虫体，肠道黏膜水肿或出血，严重的病例肠管穿孔或破裂（图4-31）。

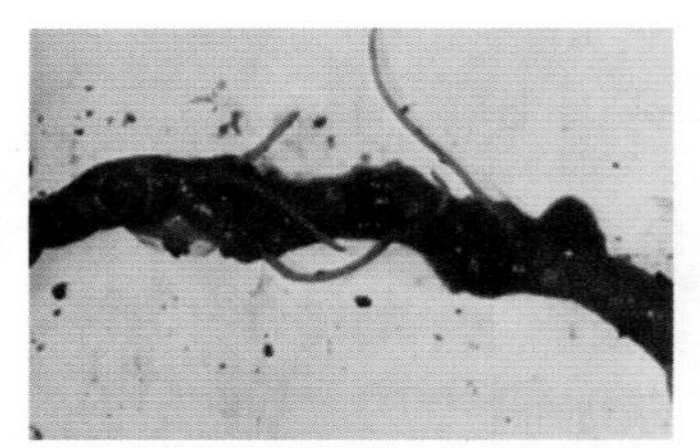
图4-31　病鸭的小肠内有鸡蛔虫虫体聚集，肠黏膜发炎、出血

类症鉴别

病名	与鸭蛔虫病的相似点	与鸭蛔虫病的不同点
鸭绦虫病	二者均表现食欲减退，贫血，消瘦，并均有传染性	鸭绦虫病的病原为绦虫；有的病鸭腹泻，粪中含有孕节、卵袋、卵子；剖检可在肠道（大部分在小肠）见到绦虫
鸭吸虫病	二者均表现食欲减退，贫血，消瘦，并均有传染性	鸭吸虫病的病原为吸虫，中间宿主多为水生螺；严重感染时下痢；剖检可在寄生部位（大部分在肠道）见到虫体
鸭疟原虫病	二者均表现食欲减退，并均有传染性	鸭疟原虫病的病原为疟原虫，中间宿主为禽类，终宿主为蚊；病鸭体温高，呼吸困难；采血涂片、染色镜检，可见到进入红细胞的滋养体

预防措施

1）雏鸭和成年鸭分开饲养和放养。

2）定期检查粪便；发现感染鸡蛔虫的鸭群应进行有计划的驱虫，以防止散播病原。

3）搞好鸭舍清洁卫生，特别是垫草和地面的卫生。保持运动场地的干燥，及时清除鸭粪并进行发酵处理，是预防本病的有效措施。

治疗方法

（1）哌嗪（驱蛔灵） 用量为每千克体重0.25克，1次喂服，或在饮水或饲料中添加0.025%驱蛔灵，但加药的饲料和饮水，必须在8~12小时服完。

（2）甲苯咪唑 按每千克体重30毫克，1次喂服。

（3）左旋咪唑 按每千克体重25~30毫克，溶于饮水中混饮，在12小时内饮完。

十一、鸭前殖吸虫病

鸭前殖吸虫病是由殖科前殖属吸虫引起的一种寄生虫病。由于虫体寄生于输卵管、法氏囊和泄殖腔，可导致鸭产软壳蛋、畸形蛋或产蛋停止，严重者还可继发输卵管炎、腹膜炎，造成病鸭死亡，从而给养鸭业带来严重的经济损失。

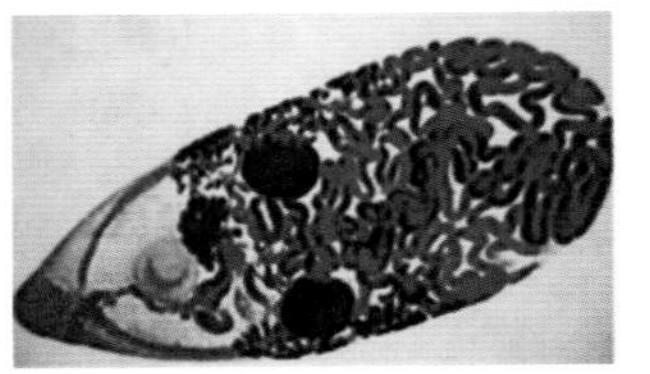
图 4-32 前殖吸虫的虫体染色形态

虫体及生活史

前殖吸虫虫体扁平，呈梨形，长 3~8 毫米、宽 1~4 毫米（图 4-32）。其生活过程中需要两个以上的中间宿主，第一中间宿主为多种淡水螺蛳，第二中间宿主为蜻蜓的幼虫或稚虫。成虫在鸭的输卵管和腔上囊内产卵，虫卵随粪便或排泄物排出体外，进入水中被淡水螺蛳吞食，即在其肠内孵出毛蚴，再钻入螺蛳的肝脏内发育成胞蚴和尾蚴（无雷蚴期），成熟的尾蚴离开螺体，进入水中，遇到第二中间宿主蜻蜓幼虫或稚虫钻入其腹肌内发育为囊蚴。鸭啄食蜻蜓或其幼虫即被感染，囊蚴进入鸭消化道后，囊壳被消化，游离的童虫经肠道下行移至泄殖腔，然后进入腔上囊或输卵管内，经 1~2 周发育为成虫。

本病呈地方流行性，其流行季节与蜻蜓或其幼虫出现的季节一致，主要是每年的 5~6 月，幼虫聚集到水岸边，并爬上岸变为成虫时，极易被鸭捕食。此外，在夏、秋雷雨季节，蜻蜓不能飞翔，也易被鸭吞食而受到感染。我国农村饲养鸭多为放牧式，这也给鸭增加了感染机会，从而造成本病普遍流行。

临床症状

鸭在发病初期没有明显的临床症状，当虫体破坏输卵管的黏膜和分泌蛋清及蛋壳的腺体时，就使形成蛋的正常机能发生障碍，鸭则产出无壳蛋、软壳蛋或无卵黄蛋等，一旦卵子破裂患卵黄性腹膜炎时，则精神委顿，食欲减退，消瘦，并排出蛋壳的碎片，流出大量黏稠的蛋清，泄殖腔充血，严重者泄殖腔脱出，继而发生死亡。

病理变化

剖检可见泄殖腔炎，卵子变性、变形，卵膜充血、出血，严重者腹腔见有大量卵黄碎片和大量黄色混浊的液体，肠环间发生粘连。

类症鉴别

病名	与鸭前殖吸虫病的相似点	与鸭前殖吸虫病的不同点
鸭钙、磷缺乏症或比例失调	二者均表现产蛋率下降，产薄壳蛋、软壳蛋	鸭钙、磷缺乏症或比例失调出现肋骨、胸骨变形，关节肿大，跛行；剖检可见骨质变薄、易折断

预防措施

1）防止鸭吞食蜻蜓或其幼虫，在蜻蜓出现季节，不在清晨或雨后到池塘、水田内放牧。

2）在每年春末、夏初经常检查鸭群，发现病鸭及时驱虫治疗。

（1）**阿苯达唑**　按每千克体重 100 毫克，1 次口服。

（2）**吡喹酮**　按每千克体重 60 毫克，口服，每天 1 次，连用 2 天。

十二、鸭嗜眼吸虫病

鸭嗜眼吸虫病俗称眼吸虫病，是由多种嗜眼吸虫寄生于鸭及其他家禽的眼结膜而引起的寄生虫病。临床上常见于成年鸭，主要特征是眼结膜、瞬膜水肿、发炎、流泪，严重者可引起失明而导致采食困难，逐渐消瘦死亡。

新鲜虫体呈微黄色，外形呈叶形、半透明。虫体长 3~8. 4 毫米，宽 0.7~2.1 毫米，腹吸盘大于口吸盘，生殖孔开口于腹吸盘和口吸盘之间，雄精囊细长，睾丸呈前后排列，卵巢位于睾丸之前，卵黄腺呈管状，位于虫体中央两侧，腹吸盘后至睾丸前充满被盘曲的子宫，子宫内虫卵都含有发育完全的毛蚴。虫卵呈不对称的长椭圆形，长 155~173 微米，宽 70~81 微米。卵壳透明，可清楚观察到其内的毛蚴结构（图 4-33）。

虫体寄生于禽类眼结膜囊内，虫卵随眼分泌物排出，遇水立即孵化出毛蚴，毛蚴进入适宜的螺蛳体内，经发育后形成尾蚴，从毛蚴发育为尾蚴约需 3 个月的时间。尾蚴主动的从螺蛳体内逸出，可在螺蛳外壳的体表或任何一种固体物的表面形成囊蚴，当含有囊蚴的螺蛳被禽类吞食后即被感染，囊蚴在口腔和食道内脱囊逸出童虫，在 5 天内经鼻泪管移行到结膜囊内，约经 1 个月发育成熟（图 4-34）。

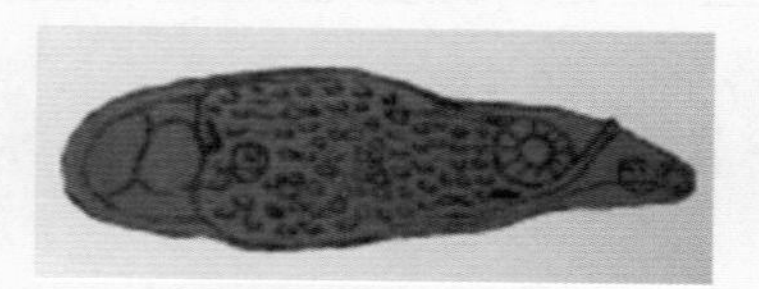

图 4-33　嗜眼吸虫

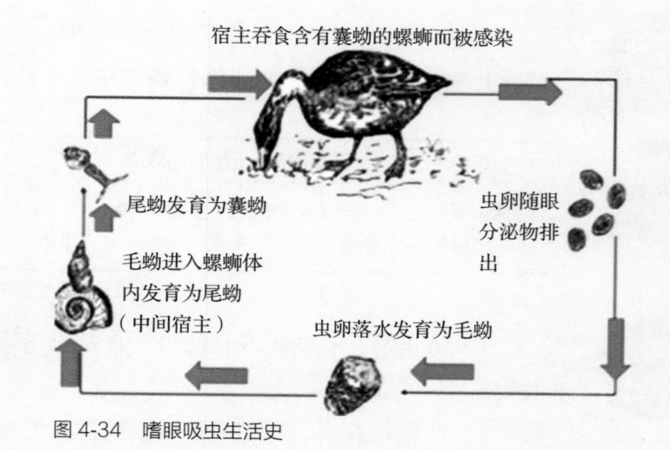

图 4-34　嗜眼吸虫生活史

嗜眼吸虫可寄生于各种不同种类的禽类，鸭、鹅、鸡、火鸡、孔雀等是本虫常见的宿主。但临床上主要见于鸭、鹅，以散养的成年鸭、鹅多见。

临床症状

虫体寄生于鸭瞬膜和结膜囊内，大多数病鸭单侧眼有虫体，只有少数病例双侧眼患病，由于虫体机械性刺激并分泌毒素，病鸭病初流泪，眼结膜充血、潮红，泪水在眼中形成许多泡沫，眼结膜和瞬膜水肿，虫体的刺激致使病鸭用脚蹼不停地搔眼或头颈回顾翅下或背部将患眼揩擦搔痒，部分病例眼结膜炎状出血，常有黏性或脓性分泌物。病鸭常双目紧闭，少数病例角膜点状混浊，或角膜表面形成溃疡，严重时双目失明，不能觅食，行走无力，离群，逐渐消瘦、瘫痪、衰竭死亡。

病理变化

剖检病变与上述的临床症状描述的眼部变化相同，另外可在眼角内的瞬膜处发现虫体，而内脏器官未见明显病变。

类症鉴别

病名	与鸭嗜眼吸虫病的相似点	与鸭嗜眼吸虫病的不同点
鸭衣原体病	二者均有精神沉郁，食欲减退等临床症状和眼部病变，并均有传染性	鸭衣原体病的病原是鹦鹉热衣原体；病鸭排绿色水样稀便，眼和鼻中流出浆液性或脓性分泌物，眼睛周围羽毛上有分泌物干燥凝结成的痂块；剖检可见肝脏和脾脏有灰色或黄色的小坏死灶
鸭维生素 A 缺乏症	二者均表现眼流泪	维生素 A 缺乏症的病因是维生素 A 的缺乏；病鸭生长发育停滞，消瘦，羽毛松乱、无光泽，运动无力，两脚瘫痪，眼流泪，上下眼睑粘连，眼发干，形成一干眼圈，角膜混浊不清，眼球凹陷，双目失明；眼结膜囊内有大量干酪样渗出物，眼球萎缩凹陷，口腔和食道黏膜发炎，有散在的白色坏死灶，肾小管内蓄积大量尿酸盐，此外，在心脏、心包、肝脏和脾脏表面也可见尿酸盐的沉积

预防措施

散养鸭尽量不要在流行地段的水域中放养。若将水草（或螺蛳）作为饲料饲喂时，应事先进行灭虫（囊蚴）处理。

治疗方法

病鸭可用 75% 酒精滴眼，每只患眼滴 4~6 滴，可获得满意疗效。其次，还可用人工的方法摘除虫体，但必须去除干净，否则效果不佳。

十三、鸭舟形嗜气管吸虫病

鸭舟形嗜气管吸虫病是由舟形嗜气管吸虫寄生在鸭的气管、支气管、咽部和气囊内所引起的一种寄生虫病。

虫体及生活史

虫体扁平，呈长卵圆形、棕红色，大小为（6~12）毫米 ×3 毫米，口在前端，无口吸盘和腹吸盘，有咽及极短的食道，肠管发达，在后面汇合（图 4-35）。卵巢和睾丸位于虫体后部，睾丸呈圆形，子宫高度盘曲于虫体的中部。虫卵呈椭圆形，一端有卵盖。成虫在气管内产卵，卵内含毛蚴；卵随食物进入消化道，并随粪便排出体外。毛蚴在水中从卵中逸出，进入中间宿主——椎实螺、扁卷螺体内，发育成尾蚴，经雷蚴阶段变为囊蚴。鸭吃了有囊蚴的螺蛳而被感染。囊蚴在鸭体内脱囊后，经过肠壁，随同血液流入肺，再进入气管寄生，经 2~3 个月发育为成虫（图 4-36）。

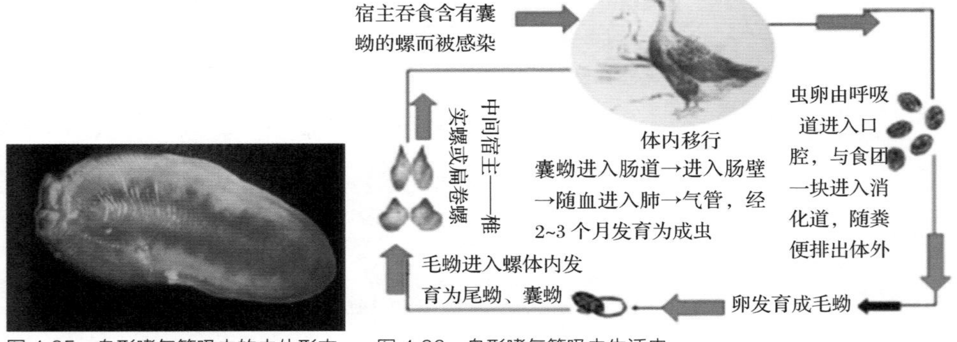

图 4-35　舟形嗜气管吸虫的虫体形态　　图 4-36　舟形嗜气管吸虫生活史

临床症状

轻度感染的病鸭症状不明显，严重的突然发病，呼吸困难，气喘，咳嗽，不断伸颈、张口、摇头。感染的鸭群精神沉郁，食欲减退或废绝，普遍消瘦，羽毛松乱、无光泽。蛋鸭产蛋明显减少。个别颈部气肿。由于呼吸道分泌物增多，呼吸时可听到“咯咯”声。当虫体移行到气管上端阻塞呼吸道时，呼吸极度困难，可窒息死亡。

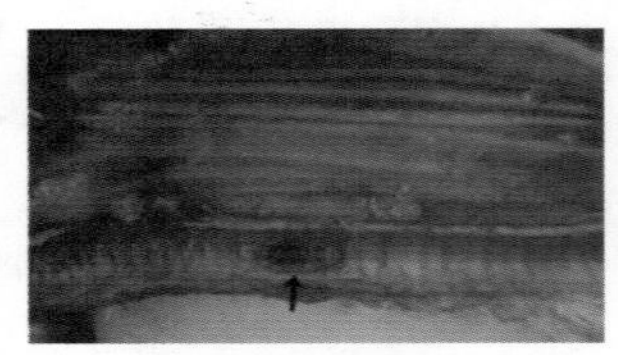

图 4-37　病鸭气管充血、出血，管壁见有寄生的舟形嗜气管吸虫

病理变化

剖检可见呼吸道炎性渗出物增多、咽喉至肺细支气管黏膜充血、出血（图 4-37）。在气管可发现虫体，虫体附着

的气管黏膜可见出血性炎症。发生皮下气肿的病鸭，皮肤易剥离，气囊及皮下充满气体。重症病例可见不同程度的肺炎变化。

类症鉴别

病名	与鸭舟形嗜气管吸虫病的相似点	与鸭舟形嗜气管吸虫病的不同点
鸭曲霉菌病	二者均表现喘气，伸颈张口呼吸，并均有传染性	鸭曲霉菌病的病原为曲霉菌，吃了有曲霉菌的饲料而发病；呼吸有“沙沙”声，闭目昏睡，约有5%发生曲霉菌眼炎，眼结膜潮红，眼睑肿大；剖检可见肺有灰白色、黄白色、粟粒大至豆大的霉菌性结节，挑出内容物加盖玻片可见霉菌的菌丝
鸭线虫（支气管杯口线虫、气管比翼线虫）病	二者均表现伸颈张口呼吸，可因窒息而死亡，并均有传染性	鸭线虫（支气管杯口线虫、气管比翼线虫）病的病原为线虫；病鸭不咳嗽，不因吃螺而发病；剖检气管可见虫体

预防措施

流行地区应对放牧水域进行灭螺，并避免在不安全水域放牧鸭群。经常打扫鸭粪，并堆积发酵灭卵。

治疗方法

（1）0.1%~0.2% 碘溶液 雏鸭 0.5~1 毫升，成年鸭 1.5~2 毫升，由声门裂处注入。一般注射 1 次即可，必要时隔 2 天再注射 1 次。

（2）5% 水杨酸 剂量和用法同碘溶液。

十四、鸭棘口吸虫病

鸭棘口吸虫病是由多种棘口吸虫寄生于鸭的肠道所引起的一种寄生虫病。虫体寄生于小肠、盲肠、直肠和泄殖腔内，对雏鸭造成很大危害。本病临床特征为消化机能紊乱和出血性肠炎。

虫体及生活史

寄生于家禽的棘口吸虫有 30 多种，我国家禽的棘口吸虫主要有棘口属的卷棘口吸虫（图 4-38）、宫川棘口吸虫（图 4-39），以卷棘口吸虫多见。

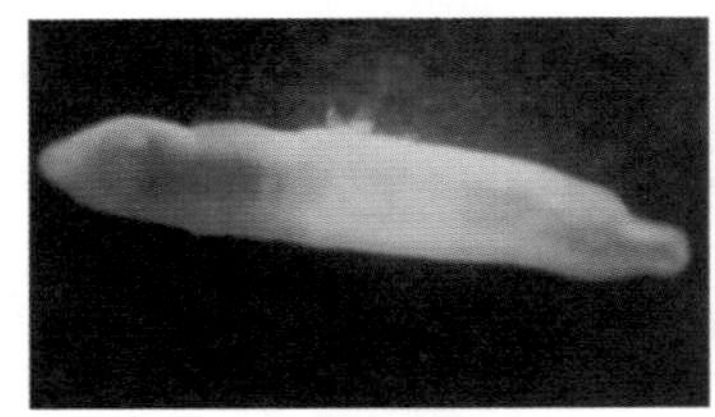

图 4-38　卷棘口吸虫的虫体形态

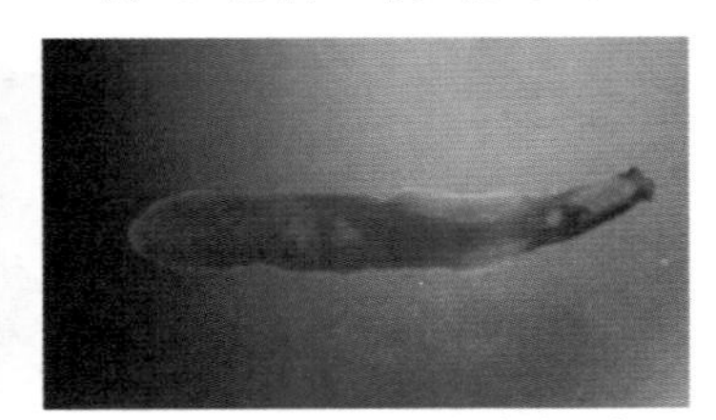

图 4-39　宫川棘口吸虫的虫体形态

卷棘口吸虫呈细长叶形、红色，体表有小棘，虫体大小为（7.6~12.6）毫米 ×（1.26~1.60）毫米。其特点是虫体前端有头棘 35~37 个，在口棘两侧各具角刺 5 枚。口吸盘小于腹吸盘。虫卵呈浅黄色、椭圆形，卵前端有卵盖。

成虫寄生在鸡、鸭、鹅等家禽肠管内，虫卵随禽粪排于水中，在适宜环境条件下经 10~20 天孵化成毛蚴。毛蚴钻入某些淡水螺（第一中间宿主）体内进行无性繁殖，先后发育为胞蚴、雷蚴和尾蚴。尾蚴成熟后离开螺体，在水中游动，又钻入某些淡水螺、鱼类或蝌蚪（第二中间宿主）的体内变为囊蚴。鸭或其他终末宿主吞食了这些含有囊蚴的第二中间宿主或从死的淡水螺中逸出的囊蚴，就会被感染。囊蚴的囊壁被家禽消化，幼虫脱囊而出，附着于直肠和盲肠壁上，经 16~22 天发育为成虫。

临床症状

轻症仅见腹泻，重症食欲减退，下痢，消瘦，贫血，雏鸭发育停滞，生长受阻，严重的会造成死亡。

病理变化

剖检可见出血性肠炎等病理变化，小肠、直肠、盲肠黏膜损伤、胀长、充血、出血，并附有大量虫体（图 4-40、图 4-41）。

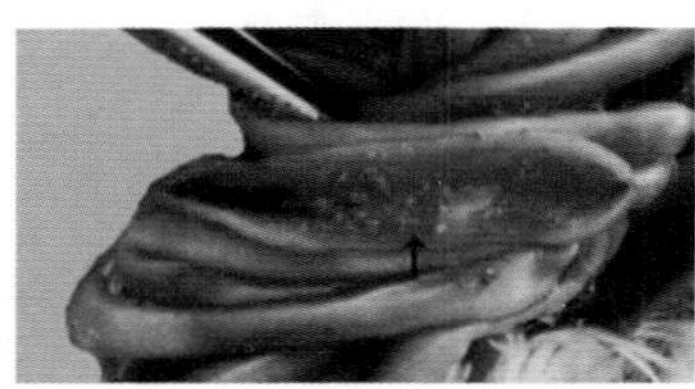

图 4-40　小肠黏膜肿胀、充血、出血，见有虫体寄生

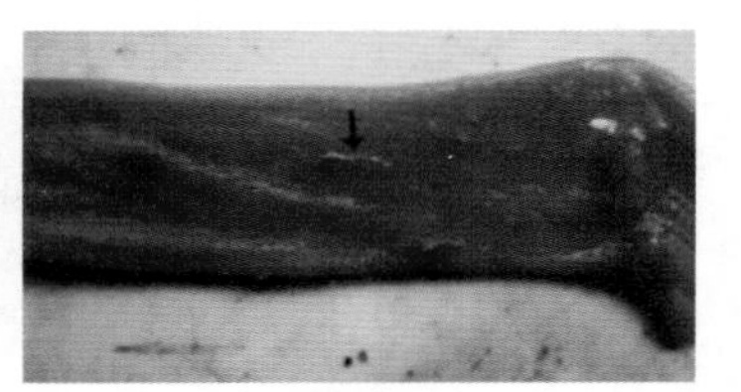

图 4-41　直肠黏膜肿胀、充血、出血，见有虫体寄生

类症鉴别

病名	与鸭棘口吸虫病的相似点	与鸭棘口吸虫病的不同点
鸭绦虫病	二者均表现食欲减退，贫血，消瘦，生长发育受阻，下痢，并均有传染性	鸭绦虫病的病原为绦虫；粪检含有孕节片；剖检肠内有虫体
鸭球虫病	二者均表现食欲减退，精神不振，下痢，并均有传染性	鸭球虫病的病原为鸭球虫；病鸭喝水增加，排桃红色或暗红色粪便，有时带有黄色黏液，腥臭；剖检可见小肠肿胀、有出血点或出血斑，肠内容物为浅红色或鲜红色的黏液或胶冻样，但不形成肠芯；洗去病变肠部血液和黏液，刮取少量黏膜加 1~2 滴生理盐水充分调匀，镜检可见大量球形的像刮了皮的橘子似的裂殖体、香蕉形的裂殖子和卵囊

（续）

病名	与鸭棘口吸虫病的相似点	与鸭棘口吸虫病的不同点
鸭线虫病	二者均表现食欲减退，贫血，消瘦，粪检有虫卵，并均有传染性	鸭线虫病的病原为线虫；病鸭一般不下痢（环形、膨尾线虫，严重时有肠炎）；剖检可在嗉囊、食道、腺胃黏膜、肌胃角质层下见到虫体
鸭疟原虫病	二者均表现食欲减退，贫血，消瘦，并均有传染性	鸭疟原虫病的病原为疟原虫，鸭是中间宿主而不是终宿主；粪检无虫卵；血液涂片用罗曼诺夫斯基染色，进入红细胞的滋养体呈环状，其细胞质呈天蓝色，细胞核呈红色，虫体中间为不着色的空泡

预防措施

1）经常打扫鸭粪并堆积发酵，以杀灭虫卵。

2）对不安全水域可在冬季将水抽干，挖出淤泥做肥料，或用化学药物消灭中间宿主。

治疗方法

（1）氯硝柳胺 按每千克体重 50~100 毫克，混于饲料中 1 次喂服，疗效很好。

（2）阿苯达唑 按每千克体重 10~25 毫克，1 次投服。

（3）吡喹酮 按每千克体重 15 毫克，1 次投服。

十五、鸭绦虫病

寄生在鸭肠道的绦虫有很多种，其中以矛形剑带绦虫最常见，危害最严重。主要危害数周龄至 5 月龄雏鸭，成年鸭也可感染。

虫体及生活史

矛形剑带绦虫的成虫寄生在鸭小肠内，孕卵节片随粪便排出体外崩解，虫卵散出。此种虫卵如落入水中被剑水蚤吞食后，里面的幼虫逸出并钻入剑水蚤体内，在适宜温度条件下，约经 30 天逐渐发育成似囊尾蚴。鸭在水中吃到体内含有似囊尾蚴的剑水蚤后，似囊尾蚴在鸭的消化道逸出，吸盘附着在小肠黏膜上，约经 3 周发育为成虫，并开始排出孕节。

临床症状

病程为 1~5 天，严重的有明显的全身性症状，往往导致衰竭和死亡。首先出现消化障碍，腹泻，排出恶臭稀便，混有黄白色的绦虫节片，食欲初减退后废绝，消瘦，贫血，生长发育迟缓，离群呆立。有的可见神经症状，运动失调，腿软无力，步态踉跄。有时伸颈、张口、摇头，后期站立困难，饮欲增加，仰卧做划水动作。成年鸭症状通常较轻。

病理变化

剖检肠腔可见大量虫体（图 4-42），甚至阻塞肠道，或引起肠扭转、肠破裂。头节固着的肠黏膜可见卡他性炎症、出血，其他浆膜和黏膜可组织也常见有大小不一的出血点，心外膜上更为明显。

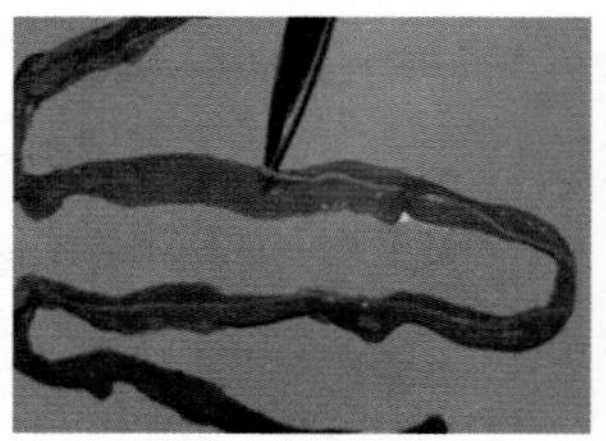
图 4-42　肠道中的绦虫

类症鉴别

病名	与鸭绦虫病的相似点	与鸭绦虫病的不同点
鸭吸虫病	二者均有贫血，消瘦，下痢，出血性肠炎等临床症状和剖检病变，并均有传染性	鸭吸虫病的病原为吸虫（柳叶状、球形等），中间宿主为淡水螺；粪检可见虫卵；虫体有吸盘，无头节、节片
鸭坏死性肠炎	二者均表现精神沉郁，食欲减退或废绝，粪中有血，并均有传染性	鸭坏死性肠炎的病原为魏氏梭菌；排黑色粪，有时粪中带血；剖检时有尸腐臭味，小肠扩张充气，肠呈污黑绿色，肠内容物混有出血呈黑绿色，黏膜有坏死灶、伪膜；取肠黏膜镜检可见革兰阳性、粗短、两端钝圆的魏氏梭菌
鸭线虫病	二者均表现食欲减退，贫血，消瘦，并均有传染性	鸭线虫病的病原为线虫；粪检可见虫卵，除环膨尾线虫严重感染时有肠炎外，其他不表现肠炎，仅在剖检时可见嗉囊、食道、肌胃受到损伤并发现虫体

预防措施

1）带病成年鸭是本病的主要传染源，因此雏鸭与成年鸭应分开饲养和放牧；鸭场应建在水深而流动的水域附近，因本病的中间宿主（剑水蚤）在这样的水域数量较少，利于放牧。

2）每年春季鸭群开始放牧前与秋季停止放牧后各进行 1 次预防性驱虫。

3）鸭粪便，特别是投药后 24 小时内的粪便，应及时清扫并堆积发酵，杀灭虫卵后才能利用，以防病原散播。

治疗方法

治疗个别病鸭投药，可将药物加水稀释，用胶头滴管逐只灌服；大群病鸭投药，可与精料拌匀喂给。以下药物可供选用。

吡喹酮　每千克体重 5~10 毫克，1 次口服，疗效极佳，且非常安全，大部分虫体于投药 12 小时内排出。

十六、鸭棘头虫病

鸭棘头虫病是由多形棘头虫（包括大多形棘头虫和小多形棘头虫）寄生于鸭的肠道而引起的一种寄生虫病。多形棘头虫除感染鸭、鹅外，多种水禽也可感染；夏季 1~3 月龄雏鸭在水塘放牧最易感染。本病呈地方流行性，常引起鸭大批死亡。

大多形棘头虫虫体呈橘红色。雄虫长 9.2~11 毫米，雌虫长 12.4~14.7 毫米。前方吻突上具有吻钩。虫卵呈纺锤形。

小多形棘头虫虫体呈鲜明橙黄色。雄虫长 3 毫米，雌虫长 10 毫米。虫体前方有刺区，在刺区以后虫体显著缩小。虫卵呈纺锤形，有 3 层膜，内含黄红色棘头蚴（图 4-43）。

大多形棘头虫和小多形棘头虫的中间宿主是钩虾和河虾。成虫在小肠内产卵。卵随粪便排出进入水中。虫卵被中间宿主吞食，卵膜消化，棘头蚴从卵内逸出，14~15 天后变为前棘头体，30~35 天变为棘头体，54~60 天具有感染性。

中间宿主被水禽吞食后，经 27~30 天成熟产卵（图 4-44）。

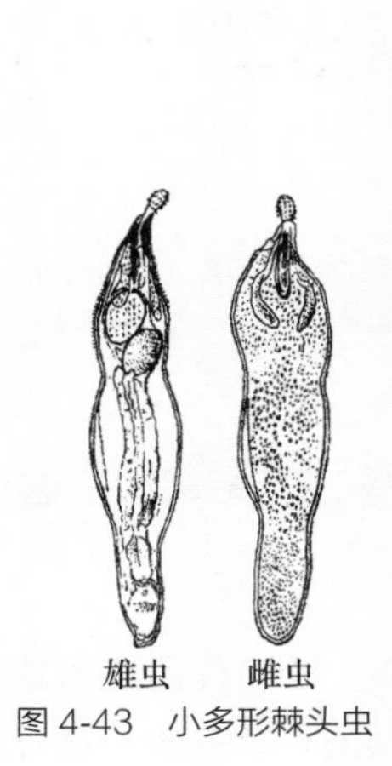

图 4-43　小多形棘头虫

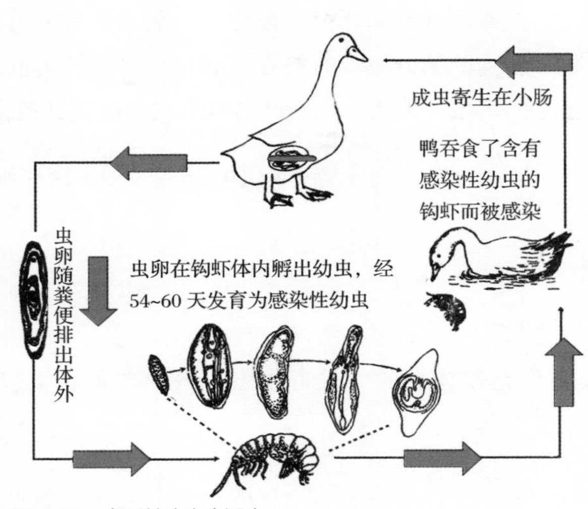

图 4-44　多形棘头虫生活史

临床症状

病鸭精神委顿，食欲减退或废绝，生长迟缓，贫血，下痢，粪便带血，最后极度瘦弱而死。但有时虫体很多却不见严重症状。

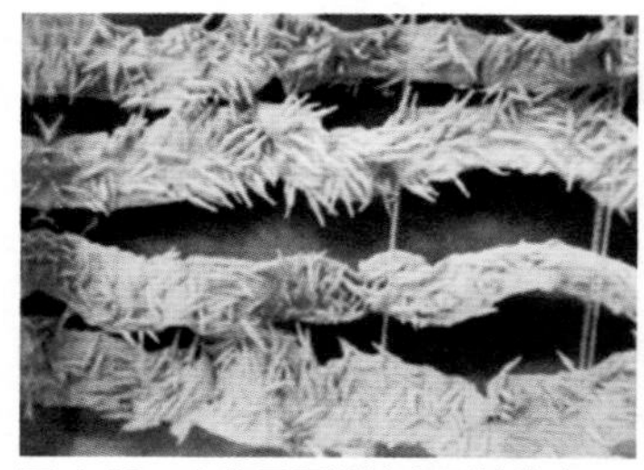

图 4-45　寄生于肠道的多形棘头虫

病理变化

剖检小肠可见虫体前端吻突和吻钩深入肠壁肌层引起黏膜严重损伤（图 4-45），有时引起肠穿孔，有时局部组织损伤感染，见有化脓灶或结节形成。

类症鉴别

病名	与鸭棘头虫病的相似点	与鸭棘头虫病的不同点
鸭绦虫病	二者均表现食欲减退，贫血，消瘦，并均有传染性	鸭绦虫病的病原为绦虫；有的病鸭腹泻，粪中含有孕节、卵袋、卵子；剖检可在肠道（大部分在小肠）见到绦虫
鸭吸虫病	二者均表现食欲减退，贫血，消瘦，并均有传染性	鸭吸虫病的病原为吸虫，中间宿主多为水生螺；严重感染时下痢；剖检可在寄生部位（大部分在肠道）见到虫体
鸭疟原虫病	二者均表现食欲减退，并均有传染性	鸭疟原虫病的病原为疟原虫，中间宿主为禽类，终宿主为蚊；病鸭体温高，呼吸困难；采血涂片、染色镜检，可见到进入红细胞的滋养体

预防措施

成年鸭和雏鸭需分群放牧。若无安全水域可放牧，雏鸭应喂至 3 月龄后再下水放牧。新购的鸭群应及时检查，如发现多形棘头虫，应先驱虫，再入水中放牧。有中间宿主的水域，可用 1∶5000 的硫酸铜溶液或其他化学药品消灭中间宿主。

治疗方法

阿苯达唑，每千克体重 10~25 毫克，1 次灌服。

十七、鸭羽虱病

鸭羽虱是寄生在鸭体表的一种寄生虫。寄生严重时引起鸭奇痒，产蛋减少，甚至衰弱消瘦死亡。

虫体及生活史

鸭羽虱体形很小，体长仅 1~2 毫米，大的 5~6 毫米，呈浅黄色或灰色（图 4-46）。分头、胸、腹 3 部分。有 3 对足，无翅。体背腹扁平，有 1 对短的触角，由 3~5 节组成，头部一般比胸部宽。

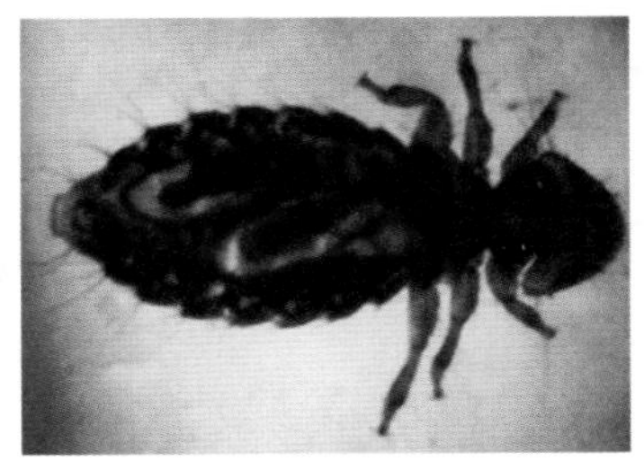
图 4-46　鸭羽虱

鸭羽虱是一种永久性寄生虫，它的一生包括卵子期都在宿主身上生活，卵通常成簇地附着在羽毛上，4~7 天孵化为稚虫，稚虫蜕皮变为成虫。正常寿命只有几个月，离开宿主无法独立生活，只能活几天。它通常吃羽毛产物和皮肤鳞屑为生，一般不吸血，但刺激神经末梢，扰乱宿主的生活。

临床症状

由于鸭羽虱的刺激，鸭的皮肤有痒感，神经紧张，烦躁不安，不能入睡，食欲减退或废绝，下痢，体质衰弱。病鸭常在鸭羽虱寄生处乱啄，造成皮肤损伤，羽毛蓬乱、脱落和色泽变暗，羽毛上可见爬动的鸭羽虱（图 4-47）。病鸭产蛋率下降 10%~20%，抗病能力降低。

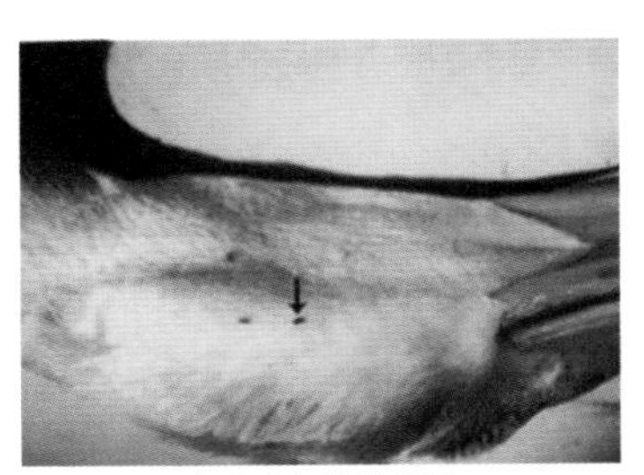
图 4-47　鸭羽毛上的鸭羽虱

病理变化

大量寄生时皮肤表面可见到损伤，有时皮下可见到出血块，其他无变化。

类症鉴别

病名	与鸭羽虱病的相似点	与鸭羽虱病的不同点
鸭蚤病	二者均表现瘙痒不安，不断用喙啄羽毛皮肤，消瘦，产蛋率下降	鸭蚤病的病原为蚤；若鸭体有蚤寄生，拨开鸭体羽毛可见蚤迅速逃跑
鸭蜱病	二者均表现瘙痒不安，不断用喙啄羽毛皮肤，消瘦，产蛋率下降	鸭蜱病的病原为蜱；在蜱吸血时可找到蜱，而吸血后即离开鸭体，在墙缝中可找到蜱
鸭螨病	二者均表现瘙痒不安，不断用喙啄羽毛皮肤，消瘦，产蛋率下降	鸭螨病的病原为螨；可在木柱、屋顶、支架缝隙中找到红色或黑色的小圆点（鸭刺皮螨）

预防措施

1）在鸭羽虱流行的养鸭场，栏舍、饲槽、饮水槽等用具应彻底消毒。可用 0.03% 除虫菊酯和 0.3% 敌敌畏合剂，或用 0.5% 杀螟松和 0.2% 敌敌畏合剂进行喷洒。

2）对新引进的种鸭要加强检疫，如发现有鸭羽虱寄生，应先隔离治疗，愈后才能混群饲养。

（1）喷涂法

①用 0.2% 敌百虫于夜间喷洒鸭体表羽毛，夜间羽虱出来活动粘上药物后中毒死亡。同时对鸭舍墙壁、地面及一切用具用药物喷洒，使羽虱无藏身之地。

②用 3%~5% 硫黄粉喷涂羽毛效果也比较好。

③烟草 1 份、水 20 份，煎煮 1 小时，晾温后于暖日涂洗鸭身。同时，对鸭舍各处也要做 1 次彻底的杀虫工作，方可根治。

（2）药浴法

①取 2.5% 溴氰菊酯（敌杀死）20 毫升加水 10 升，配成药液，将此药液喷洒在鸭体表羽毛上，或将鸭浸入药液即可杀灭羽虱，但鸭头要露出水面，浸 1~2 秒钟即出。

②取氟化钠 1 份、清水 99 份，配成 1% 氟化钠溶液，将鸭浸入药液几秒钟即提出，以羽毛浸湿为宜。

③取精制敌百虫 0.5 份、温水 99.5 份，将鸭浸入药液内几秒钟，取出沥干多余药液。

以上几种药浴法杀羽虱效果好，但对羽虱卵无效，需 10 天后再重复 1 次，以杀死孵出的幼羽虱。

十八、鸭螨病

螨是一种体外寄生虫，常见的有刺皮螨和新勋恙螨。它们除主要寄生在鸡体外，鸭、鹅，火鸡及许多野禽也能感染螨病。螨寄生在鸭体，能引起病鸭奇痒，贫血，产蛋减少，对鸭群危害性较大。

（1）刺皮螨　又称红螨，虫体呈长椭圆形，后部略宽，呈浅红色或棕灰色，视吸血的多少而异（图 4-48）。雌虫体长 0.7~0.75 毫米，宽 0.4 毫米（吸饱血后可达 1.5 毫米）；雄虫体长 0.6 毫米，宽 0.32 毫米。假头长，螯肢 1 对，呈细长的针状，以此刺破皮肤吸取血液；足很长，有吸盘。雌虫肛板较小，雄虫的肛板较大。刺皮螨属不完全变态的节肢动物，其生活史包括卵期、幼虫期、2 个若虫期和成虫期。雌虫吸饱血后，回到鸭舍的墇缝内或碎屑中产卵，每次产十几个。在 20~25℃环境中，卵经 2~3 天孵化成幼虫。经几次蜕皮后，由若虫

图 4-48　刺皮螨

变成成虫。刺皮螨通常在夜间爬到鸭体上吸血，白天隐匿在鸭巢中。

（2）新勋恙螨 又称鸡奇棒恙螨，成虫呈乳白色，体长约1毫米。其幼虫很小，用肉眼不易看见，饱食呈橘黄色，大小为0.421毫米 ×0.321毫米，分头胸部和腹部，有3对足；背板上有5根刚毛（图4-49）。成虫生活在潮湿的草地上，只有幼虫营寄生生活。雌虫受精产卵于泥土上，约经两周时间孵出幼虫。幼虫遇鸭（主要寄生在鸡体）便爬至鸭体上，刺吸体液和血液。饱食时间快者1天，慢者30余天，在鸭体上寄生5周以上，幼虫饱食后落地，发育数日，经若虫至成虫。

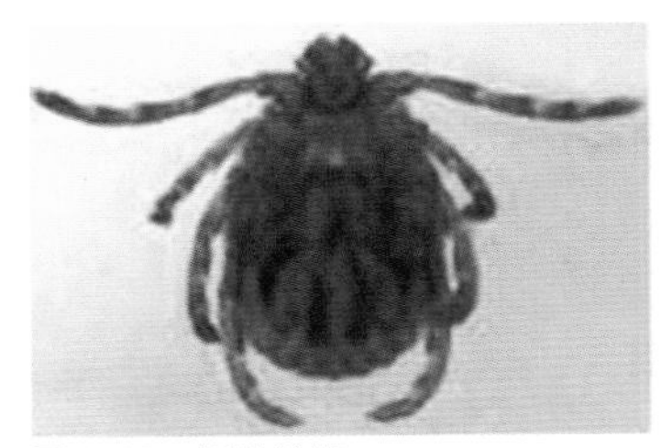

图4-49 新勋恙螨

临床症状

当虫体大量寄生时，受刺皮螨严重侵袭的鸭，日渐衰弱，贫血，产蛋率下降，雏鸭因失血过多，可导致死亡，此虫还可传播霍乱等病；受新勋恙螨侵袭的鸭，其患部奇痒，出现痘疹状病灶，周围隆起，中间凹陷呈痘脐形，中央可见一个小红点，即螨虫幼虫，鸭腹部和翅下布满此种痘疹状病灶，病鸭贫血，消瘦，垂头，不食，严重者可死亡。

类症鉴别

病名	与鸭螨病的相似点	与鸭螨病的不同点
鸭羽虱病	二者均表现瘙痒不安，不断用喙啄羽毛皮肤，消瘦，产蛋率下降	鸭羽虱病的病原为羽虱；拨开羽毛可见羽虱缓慢爬动
鸭蚤病	二者均表现瘙痒不安，不断用喙啄羽毛皮肤，消瘦，产蛋率下降	鸭蚤病的病原为蚤；若鸭体有蚤寄生，拨开鸭体羽毛可见蚤迅速逃跑
鸭蜱病	二者均表现瘙痒不安，不断用喙啄羽毛皮肤，消瘦，产蛋率下降	鸭蜱病的病原为蜱；在蜱吸血时可找到蜱，而吸血后即离开鸭体，在墙缝中可找到蜱

预防措施

平时搞好环境卫生；鸭舍内部及一切饲养用具，必须定期彻底清洗消毒。

1）伊维菌素，按每千克体重 0.2 毫克，1 次皮下注射。

2）用 0.1 乐杀螨溶液，70% 的酒精，2%~5% 碘酊或 5% 硫黄软膏涂擦患部，1 周后重复 1 次。

3）用 0.25% 敌敌畏乳剂、0.5% 敌百虫溶液、0.3% 杀灭菊酯等药物喷洒或涂刷栖架、墙壁等一切可能藏有虫体的地方。

4）污染的垫草可烧掉，其他一切饲养用具用沸水烫，再在阳光下暴晒，彻底杀死虫体。

05

第五章

鸭营养代谢病的鉴别诊断与防治

一、鸭维生素 A 缺乏症

鸭维生素 A 缺乏症主要是由于饲料中缺乏维生素 A 引起的一种营养代谢疾病。主要特征为病鸭生长发育不良，黏膜损害，上皮角化不全，视觉障碍，种鸭的产蛋率、孵化率下降，胚胎畸形等。不同品种和日龄的鸭均可发生，但临床上以 1 周龄左右雏鸭多见，主要发生在冬季和早春季节。

1）饲料单一，长期使用谷物、油饼、糠麸、糟渣、马铃薯等胡萝卜素含量低的饲料。

2）饲料中维生素 A 添加剂的添加量不足或质量低劣。

3）饲料中维生素 A 和胡萝卜素被破坏。饲料长期存放、发热、霉败、酸败、日光暴晒及饲料中缺乏抗氧化剂（如维生素 E）等都能引起维生素 A 和胡萝卜素的破坏、分解。

4）长期患病，如慢性消化道疾病、消化道有寄生虫寄生及肝脏的疾病，可引起维生素 A 吸收不足。胃肠道的疾病可阻碍维生素 A 的吸收。

5）饲料中蛋白质水平过低，维生素 A 在鸭体内不能正常移送，即使供给充足也不能很好发挥作用。

6）饲料中存在维生素 A 的拮抗物（如氯化萘等），影响维生素 A 的吸收和利用。

7）种鸭缺乏维生素 A，其所产的种蛋及勉强孵出的雏鸭也都缺乏维生素 A。这是雏鸭易患维生素 A 缺乏症的主要原因。当产蛋母鸭饲养低含量维生素 A 的日粮，而其后代又用缺乏维生素 A 的日粮饲喂时，则雏鸭可于 1 周左右出现症状。

临床症状

病雏鸭生长发育严重受阻，增重缓慢甚至停止。精神倦怠，衰弱，消瘦，羽毛蓬乱，鼻孔流出黏稠的鼻液，常因干酪样物堵塞鼻腔而张口呼吸（图 5-1）。病雏鸭运动无力，行走蹒跚，出现两腿不能配合的步态，继而发生轻瘫甚至完全瘫痪；喙部和小腿部的黄色褪色变浅。典型症状是眼睛流出牛乳状的渗出物，上下眼睑被渗出物粘住，眼结膜混浊不透明（图 5-2）。病情严重时，病鸭眼内蓄积大块白色的干酪样物质，眼角膜甚至发生软化和穿孔，最后造成病鸭失明。一般情况下，病鸭生长停滞，精神委顿，身体瘦弱，走路不稳，羽毛松乱，喙和小腿部皮肤黄色消失，运动无力，如果不及时治疗，死亡率较高。种鸭维生素 A 缺乏时，除出现上述眼睛的病变外，产蛋率显著下降，蛋黄颜色变浅，出雏率下降，死胚率增加，脚蹼、喙部的黄色变浅，甚至完全消失而呈苍白色。此外，种公鸭机能衰退。

病理变化

剖检可见鼻道、口腔、咽、食管以至嗉囊的黏膜表面见有一种白色的小疱状结节，肉眼不易发现，数量很多，结节不易剥落，随着病情的发展，结节病灶增大，并融合成一层灰黄白色的假膜覆盖在黏膜表面，剥落后不出血（图 5-3）。病雏鸭常见假膜呈索状与食道黏膜纵皱褶平行，轻轻刮去假膜，可见黏膜变薄、光滑，呈苍白色。在食道黏膜小溃疡病灶周围及表面有炎症渗出物。肾脏呈灰白色，并有纤细白绒样网状物

图 5-1　病雏鸭精神倦怠，衰弱，消瘦，羽毛蓬乱，鼻孔流出黏稠的鼻液，常因干酪样物堵塞鼻腔而张口呼吸

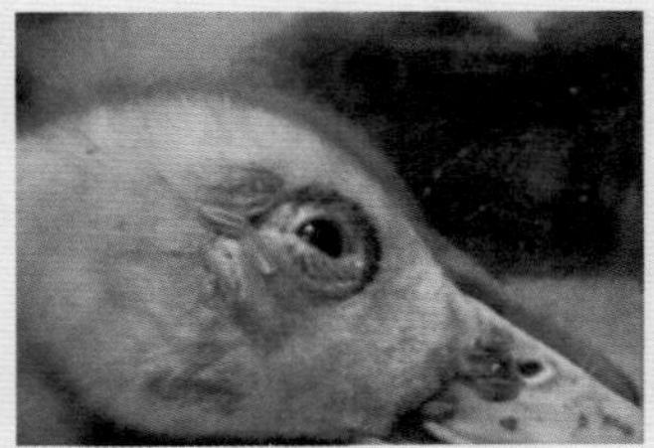

图 5-2　病鸭眼睑羽毛粘连或干燥

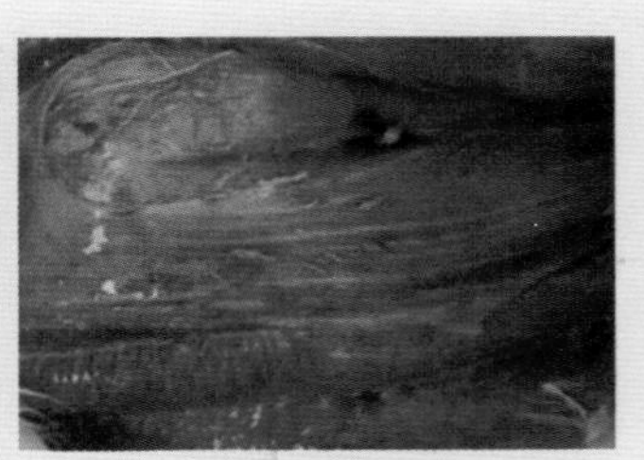

图 5-3　病鸭食道黏膜出现明显的灰黄白色坏死灶

覆盖，肾小管充满白色尿酸盐。输尿管极度扩张，管内蓄积白色尿酸盐沉淀物。心脏、肝脏、脾脏表面均有尿酸盐沉积。

类症鉴别

病名	与鸭维生素 A 缺乏症的相似点	与鸭维生素 A 缺乏症的不同点
鸭痘（白喉型）	二者均表现精神萎靡，消瘦，口腔有灰白色结节且覆有白色假膜，揭去假膜有溃疡	鸭痘有传染性，其病原为痘病毒；病鸭吞咽、呼吸均困难，并发出嘎嘎声；病料接种 9~12 日龄鸡胚、绒毛尿囊膜上，4~5 天后可见有痘斑病灶
鸭痛风	二者均表现消瘦，冠苍白，步态不稳，产蛋率降低；并均有肝脏、脾脏、心包表面有尿酸盐等剖检病变	鸭痛风的病因是日粮中蛋白质太多而造成尿酸血症；病鸭不由自主排白色半黏液状稀便，血中尿酸水平增高达 10~15 毫克 / 千克（正常为 1.5~3 毫克 / 千克），关节肿胀、蹲坐或独肢站立，行动迟缓，跛行；剖检可见脑膜、腹膜、肺、心包、肝脏、脾脏、肾脏、肠系膜有一层半透明薄膜或白色结晶，关节也有结晶
鸭传染性脑脊髓炎	二者均表现精神委顿，羽毛松乱，生长缓慢，运动失调，走路不稳	鸭传染性脑脊髓炎的病原为禽传染性脑脊髓炎病毒；病鸭部分晶体混浊，眼球增大，驱赶时以跗关节走路并拍打翅膀；剖检可见脑膜充血、出血，肌胃、肌层有散在灰白区；用荧光抗体阳性鸭可见黄绿色荧光

预防措施

1）平时应加强饲养管理，保证供给充足的维生素 A，消除可能导致其缺乏的各种原因。

2）维生素制品不宜贮存过久，以免失效。炎热季节添加维生素 A 的饲料不能存放时间过久，并避免阳光暴晒。

治疗方法

发生维生素 A 缺乏时，可在每千克饲料中补充 1000~1500 国际单位的维生素 A，也可在饲料中加入鱼肝油，每千克饲料中加 2~4 毫升，连喂 10~15 天即可见效。个别病例治疗时，雏鸭可以每只肌内注射 0.5 毫升鱼肝油；成年母鸭每只每天喂鱼肝油 1~1.5 毫升，分 3 次喂。另外，鸭眼病用 3% 硼酸水冲洗，并涂以抗生素软膏；面部肿胀涂擦碘甘油。

二、鸭维生素 D 缺乏症

鸭维生素 D 缺乏症是由于维生素 D 缺乏引起的一种营养代谢病。主要特征为病鸭生长发育迟缓，骨骼柔软、弯曲、变形，运动障碍，产蛋母鸭产出薄壳蛋、软壳蛋。

病因分析

1）舍内养鸭得不到日光浴，鸭体内不能自身合成维生素 D_3。

2）饲料中维生素 D 添加剂的添加量不足或质量低劣。

3）饲料中添加过多的硫酸锰，影响维生素 D 的利用。

4）某些药物（磺胺类）、霉菌毒素或化学药物、重金属对肝脏、肾脏造成损伤时，可以使维生素 D_3 的合成发生障碍，或对体内的维生素 D_3 有破坏作用。

5）长期患病，如慢性消化道疾病、消化道有寄生虫寄生及肝脏的疾病，可引起维生素 D 吸收不足。胃肠道的疾病可阻碍维生素 D 的吸收。

6）种鸭缺乏维生素 D，其所产的种蛋及勉强孵出的雏鸭也都缺乏维生素 D。这是雏鸭易患维生素 D 缺乏症的主要原因。

临床症状

幼雏鸭缺乏维生素 D 时，常在出壳后 10~11 天出现症状，若饲养管理不能及时改善，则病情逐渐增重，一般在 1 月龄时，死亡数量较多。

病雏鸭最早的症状是生长停滞，两腿无力，行走极其困难，步态不稳，左摇右摆，严重者不能站立（图 5-4）。鸭喙变软或弯曲变形，导致啄食不便（图 5-5）。由于钙化不良和软骨过度生长，造成关节肿大，尤以跗关节和肋骨关节更为显著。严重病例触摸龙骨，可见龙骨呈“S”状弯曲。产蛋母鸭通常要在缺乏维生素 D 2~3 个月才出现症状。最初发现产薄壳蛋或软壳蛋的数量增加，随之产蛋率下降，孵化率降低，最后产蛋完全停止。喙及胸骨变软，两腿软弱无力，常呈蹲伏姿势。

病理变化

本病最具特征的变化是肋骨与脊椎接合部、肋骨与肋软骨接合部及肋骨的内侧表面有局限性肿大，胸部肋骨与肋软骨的接合间隙变宽，并形成白色凸起的珠球状结节（图 5-6、图 5-7）。有些病例，在肋骨的同一水平位置上都有成串的珠球状结节，故俗

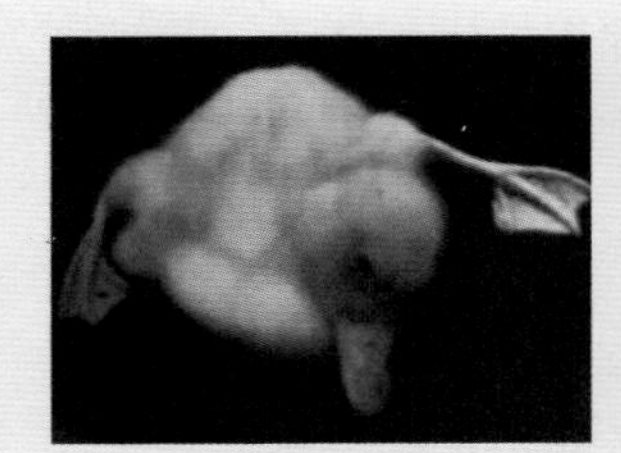

图 5-4　病鸭瘫痪，腿外展

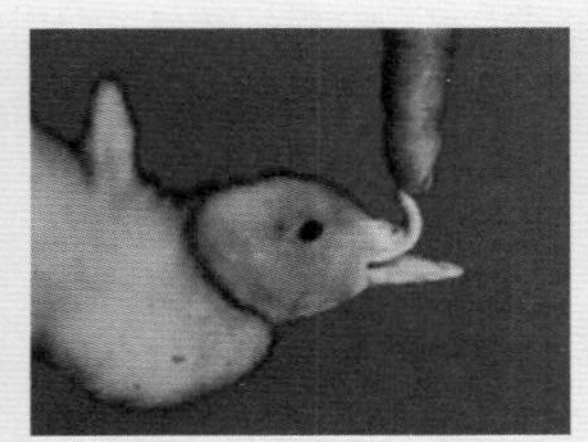

图 5-5　病鸭上颌骨质地柔软，对折不断

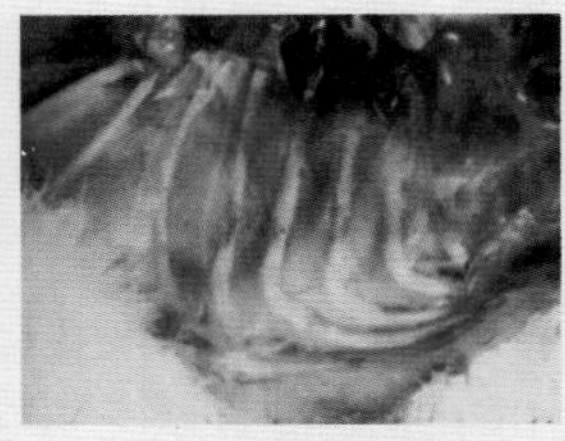

图 5-6　病鸭胸部肋骨与肋软骨的接合间隙变宽

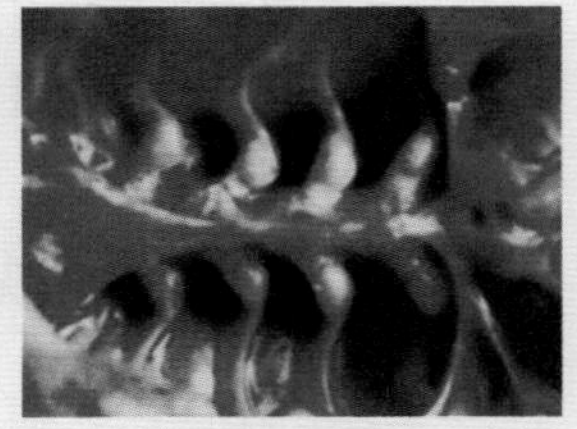

图 5-7　病鸭肋骨弯曲，在与脊柱相连处呈珠球状肿大

称“肋骨串珠”。在这种珠球状结节处，常发生自然性骨折，肋骨向后或向下弯曲。长骨（胫骨和股骨）的骨质钙化不良，变脆，严重病例的胫骨变软，易弯曲，但不易折断。

成年鸭的喙、胸骨变软，肋骨与椎骨接合处内陷，所有肋骨沿胸廓呈向内弧形的特征，龙骨变软且呈“S”状弯曲（图 5-8）。

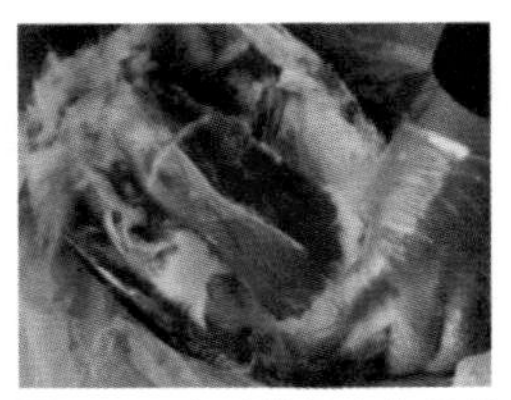

图 5-8　病鸭龙骨变软且呈“S”状弯曲

类症鉴别

病名	与鸭维生素 D 缺乏症的相似点	与鸭维生素 D 缺乏症的不同点
鸭锰缺乏症	二者均表现生长迟缓，行走吃力，常以跗关节着地	鸭锰缺乏症的病因是日粮中锰缺乏；病鸭骨粗短，腓肠肌肌腱脱出骨槽，胚胎体躯短小，腿粗短，头呈圆球样，喙短
鸭病毒性关节炎	二者均表现关节肿大，跛行，少数关节不能活动，生长受阻，产蛋率下降	鸭病毒性关节炎的病原为呼肠孤病毒，有传染性；病鸭不愿活动，喜坐跗关节上，常单脚跳；剖检可见跗关节周围肿胀，滑膜囊有出血点，关节腔内有黄色或血色渗出物（慢性干酪样）；酶联免疫吸附试验双抗体夹心法的敏感性很好
鸭滑液支原体感染	二者均表现跗关节肿大，不能站立，跛行	鸭滑液支原体感染的病原为滑液支原体，有传染性；病鸭关节有热痛，如兼呼吸型还有打喷嚏、咳嗽、流鼻液；用商品化的血清平板凝集反应可认定
鸭胆碱缺乏症	二者均表现生长停滞，腿关节肿胀，运动无力，产蛋率和孵化率下降	鸭胆碱缺乏症的病因是胆碱缺乏；病鸭骨粗短，关节肿胀、有针尖状出血；剖检可见肝脏肿大、色黄、质脆，表面有出血点，肝脏易破裂，腹腔有凝血块
鸭痛风	二者均表现关节肿大，跛行，生长缓慢，有的腹泻	鸭痛风的病因是日粮中蛋白质过高而引起的尿酸血症；病鸭消瘦，冠苍白，排白色稀便且含有大量的尿酸和尿酸盐，关节初软而痛，后变硬微痛，形成豌豆大的结节并破裂排出干酪样物；剖检可见内脏表面有尿酸盐薄膜

预防措施

1）平时要根据不同的饲养方式，注意合理配合饲料，并注意饲料中钙、磷的供给和比例搭配，尤以舍饲鸭更为重要。

2）注意提供给鸭充足的日照时间，阴雨季节补充富含维生素 D 的饲料。

3）为了防止雏鸭维生素 D 缺乏症的发生，可在母鸭日粮中补充富含维生素 D 的饲料，较长时间的阴天所产的蛋不宜用来孵化。

对雏鸭维生素 D 缺乏症的治疗，可 1 次饲喂 15000 国际单位维生素 D_3，其效果要比在饲料中添加大量维生素 D 更快。也可喂维生素 AD 液或浓鱼肝油 2~3 滴，每天 1~2 次，2 天为 1 个疗程；对种母鸭进行治疗时，应注意饲料中的钙，磷含量及钙、磷搭配的比例。对病鸭应分群隔离饲养，防止挤压造成死亡。

三、鸭维生素 E、硒缺乏症

鸭维生素 E、硒缺乏症是由于维生素 E、硒缺乏引起的一种营养代谢病。临床上表现为渗出性素质、脑软化、白肌病等。不同品种和日龄的鸭均可发生。但临床上多见于 1~6 周龄的雏鸭发病。

1）饲料中缺乏充足的维生素 E，或配合饲料中未添加维生素 E 制剂。维生素 E 主要存在于植物油、谷物胚芽及青绿饲料中，米糠、大麦、小麦中也含有一定量的维生素 E，豆饼、鱼粉中次之。

2）饲料保存或加工不当，发生了酸败变质，使维生素 E 被大量破坏时，容易发生维生素 E 缺乏症。如籽实类饲料保存 6 个月，维生素 E 可损失 30%~50%。混合料中其他成分对维生素 E 的破坏，如某些矿物质、不饱和脂肪酸和饲料酵母等。

3）球虫病及其他慢性胃、肠道疾病，可使维生素 E 的吸收利用率降低而导致缺乏。

4）地方性缺硒或饲料玉米来自缺硒地区。

5）环境中镉、汞、铜、钼等金属元素与硒之间有拮抗作用，可干扰硒的吸收利用。饲料中缺乏微量元素硒时，维生素 E 的需要量增加，若补偿不足，则会引起维生素 E 缺乏症。

6）种鸭缺乏维生素 E，其所产的种蛋及勉强孵出的雏鸭也都缺乏维生素 E。

成年鸭缺乏维生素 E 时一般不表现明显症状，产蛋鸭仍然继续产蛋，产蛋率也基本正常；公鸭往往睾丸缩小，表现为性欲不强，精液中精子数目减少，甚至无精子；种蛋的受精率和孵化率都降低，孵化的胚胎死亡较多。雏鸭维生素 E 缺乏时，主要表现为脑软化症、渗出性素质病和白肌病。

（1）脑软化症 最常见于 15~30 日龄的雏鸭。特征性症状为病鸭共济失调，头向后方或下方弯曲，有时是向一侧弯曲，两腿呈现有节律性的痉挛。有时翅膀或腿发生不全麻痹，最后衰竭死亡。

雏鸭出现脑软化症状后立即宰杀，可见到小脑表面轻度出血和水肿，脑回展平，小脑柔软而肿胀，脑组织中的坏死区呈黄绿色混浊样。在纹状体中，坏死组织常苍白、肿胀而湿润，在早期即与其余的正常组织有明显的界线。脑膜、小脑与大脑的血管明显充血、水肿（图 5-9）。

（2）渗出性素质病 多发生于 20~30 日龄雏鸭，特征性症状为病鸭颈、胸和皮下组织发生水肿（这是毛细血管壁的通透性增高的结果，所以称作渗出性素质病）。严重病例其胸会发生浮肿，呈紫红色或者灰绿色，因为腹部皮下蓄积了大量液体，所以病鸭站时两腿叉开。皮下可见有大量浅蓝绿色的黏性液体，这是水肿液里含有血液成分所致。剖开体腔，有心包积液、心脏扩张等病变（图 5-10）。

（3）白肌病（肌营养不良） 多发于 4 周龄左右的雏鸭。缺乏维生素 E，同时伴有含硫氨基酸缺乏时，可发生肌营养不良。特征性症状为病鸭胸肌出现灰白色的条纹。雏鸭缺乏维生素 E，全身骨骼肌（特别是胸部和腿部肌肉）发生肌营养不良，肌肉的色泽苍白，贫血，胸肌和腿肌出现灰白色条纹（图 5-11），全身衰弱，运动失调，无法站立（图 5-12）。可造成大批雏鸭死亡。

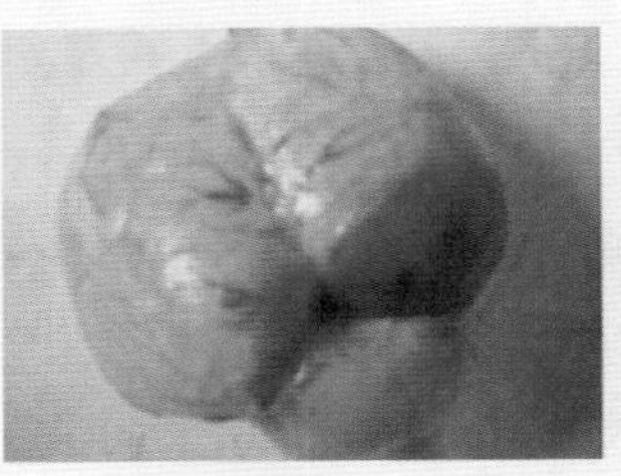

图 5-9 病鸭脑膜、小脑与大脑的血管明显充血、水肿

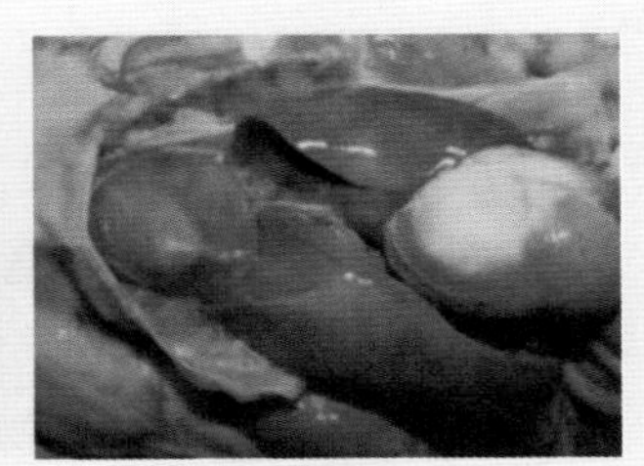

图 5-10 病鸭心包积液

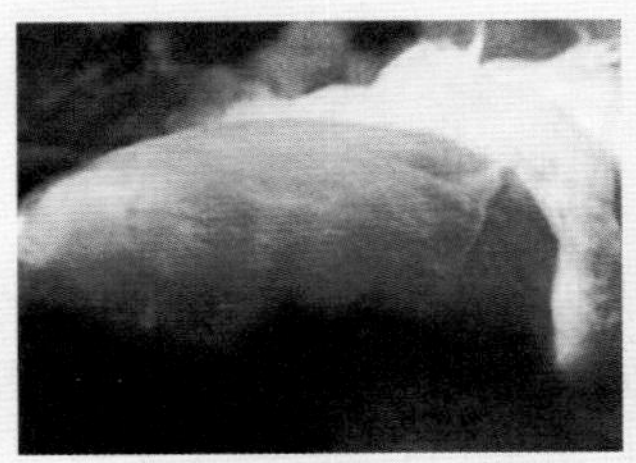

图 5-11 病鸭腿肌色浅，出现灰白色条纹状变性和坏死

图 5-12 病鸭全身衰弱，运动失调

类症鉴别

病名	与鸭维生素 E、硒缺乏症的相似点	与鸭维生素 E、硒缺乏症的不同点
鸭传染性脑脊髓炎	二者均表现精神沉郁，共济失调，行走不便，不能站立；成年鸭产蛋率、孵化率下降；并均有脑膜充血、出血等剖检病变	鸭传染性脑脊髓炎的病原为禽传染性脑脊髓炎病毒，具有传染性；暴发时，雏鸭出壳后即陆续发病，3 天后出现麻痹，头颈部震颤，部分存活鸭一侧或两侧晶体混浊或浅蓝色失明；剖检可见肌胃、肌层有散在灰白区，中枢神经元变性，有胶质细胞增生和血管套现象；使用荧光抗体技术（FA），在阳性鸭的组织中可见黄绿色荧光
鸭葡萄球菌病	二者均表现关节肿大，跛行，仍有食欲，不喜站立	鸭葡萄球菌病的病原为金黄色葡萄球菌；病鸭趾跖关节多呈紫红色或紫黑色，有破溃结痂；剖检可见关节炎有纤维素性渗出物，后变为干酪样坏死；用关节液、渗出物涂片镜检可见葡萄球菌
鸭腹水综合征	二者均表现精神沉郁，生长停滞，喜躺卧，起立困难，腹部肿大，运步艰难；并均有皮下瘀血、心扩张、心包积液等剖检病变	鸭腹水综合征的病因是缺氧，寒冷，喂高脂肪、高蛋白质的饲料；病鸭典型症状是腹部膨大，腹部皮肤变薄、变亮，针刺腹壁流出黄色或浅红色液；剖检可见腹腔有大量液体，并有纤维素或絮状物，肝脏肿大、呈紫红色、表面有灰白色或浅黄色胶冻样物

预防措施

1）平时应加强饲养管理，提高其抗病力，并在饲料中适当添加维生素 E 和微量元素添加剂，每只每天 0.05~0.1 毫克维生素 E，均匀混于饲料中，连用 15 天，具有良好的预防效果。同时要注意饲料的保管、贮存。

2）在饲料中混入 0.5% 的植物油，具有预防和治疗作用。同时注意饲料配合，多喂些新鲜的青绿饲料和谷类，可预防本病的发生。

治疗方法

1）雏鸭发生脑软化症，每只可喂服维生素 E 300 国际单位，或皮下注射维生素 E 0.1 毫升，每天 1 次，连用 15 天，治愈率高。

2）发生渗出性素质和白肌病，可在饲料中添加维生素 E 和硒，每千克饲料添加维生素 E 20 国际单位（或植物油 5 克）、亚硒酸钠 0.2~0.3 毫克、蛋氨酸 2~3 克，连用 2~4 周。成年鸭发生维生素 E 缺乏症时，可在每千克饲料中均匀添加维生素 E 10~20 国际单位，或植物油 5 克，或大麦芽 30~50 克，连用 2~4 周，并酌情喂青绿饲料。

四、鸭维生素 B_1 缺乏症

鸭维生素 B_1 缺乏症是由于维生素 B_1 缺乏引起的一种营养代谢病。临床上表现为病鸭呈多发性神经炎，两脚朝天或侧卧，同时做游泳状摆动，表现“观星”态。

病因分析

1）饲料的贮存不当，贮存时间过长，尤其饲料发生霉变时，维生素 B_1 损失较大。

2）混合饲料中存在拮抗物质，或添加了某些碱性物质，防腐剂等对维生素 B_1 均有破坏作用。当 pH7、100℃加热 7 小时后，90% 的维生素 B_1 可被破坏。pH9、100℃加热 15 分钟后，维生素 B_1 全部失去活性。

3）禽类发生消化系统疾病时，影响了饲料采食量及消化、吸收作用，也是造成维生素 B_1 缺乏的原因。

4）豆类中存在的抗硫胺素物质，也可以引起鸭维生素 B_1 的缺乏。

临床症状

病鸭病初精神沉郁，羽毛松乱，食欲减退。随着病的发展，表现出脚软、乏力、不愿走动。或强迫其行走时，身体失去平衡，常跌撞几步后即蹲下，或跌倒于地上，两脚朝天或侧卧，并同时做游泳状摆动、挣扎，但无力翻身站立（图 5-13）。有些病雏鸭头偏向一侧或向后扭转或抬头呈“观星”状（图 5-14），或突然跳起，打转，奔跑乱跳，这种神经症状常为阵发性发作，但一次比一次严重，最后抽搐倒地死亡。

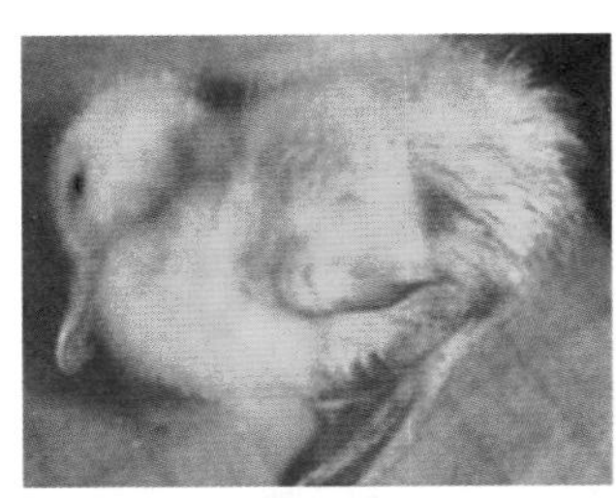

图 5-13　病鸭腿无力，站立不稳，蹲伏

图 5-14　病鸭呈“观星”状

有些病雏鸭在游泳时，常因颈肌突然麻痹，头颈向背后弯曲，不断在水中打转或突然翻转而死亡。每次发作一般历时几分钟，一天发作几次，病情一天比一天严重，最后衰竭死亡。

成年鸭缺乏维生素 B_1 时，没有明显的症状。可见产蛋率下降，死胚增加，孵化率也明显降低。

病理变化

剖检可见皮下脂肪呈胶冻样浸润；胃、肠管黏膜有炎症，十二指肠溃疡，胃肠壁萎缩；心脏轻度萎缩，右心室扩张；肾上腺肥大，母鸭比公鸭明显，肾上腺皮质部的肥大比髓质部明显；生殖器官萎缩，睾丸比卵巢的萎缩更明显。

类症鉴别

病名	与鸭维生素 B_1 缺乏症的相似点	与鸭维生素 B_1 缺乏症的不同点
鸭李氏杆菌病	二者均表现羽毛松乱，食欲减退，两肢无力，行动不稳，仰头，两翅下垂，有的乱闯	鸭李氏杆菌病的病原为李氏杆菌，具有传染性；病鸭离群呆立，下痢，冠髯发绀，皮肤暗紫，腿部阵发抽搐；剖检可见脑膜明显充血，心肌有坏死，心包积液，肝脏肿大、呈土黄色、有紫血斑和白色坏死，脾脏肿大、呈紫黑色，腺胃、肌胃黏膜脱落；血检可见排列"V"形革兰阳性小杆菌
鸭传染性脑脊髓炎	二者均表现羽毛松乱，共济失调，步态不稳，翅、腿麻痹	鸭传染性脑脊髓炎的病原为禽传染性脑脊髓炎病毒，具有传染性；病鸭表现迟钝，走几步即蹲下，常以跗关节着地，驱赶走路时用跗关节着地和拍打翅膀；部分晶体混浊或眼球增大失明；剖检可见脑膜充血、出血，肌胃肌层有散在灰白区；用荧光抗体阳性鸭检查可见黄绿色荧光
鸭维生素 B_2 缺乏症	二者均表现行走困难，趾、腿麻痹不能行走，生长不良，消瘦	鸭维生素 B_2 缺乏症的病因是日粮中维生素 B_2 缺乏；雏鸭 1~2 周龄腹泻，食欲良好，足趾向内弯曲，以跗关节着地，张开翅膀以保持平衡，随后两腿瘫痪，皮肤干而粗糙；成年鸭瘫痪，孵化率下降，胚胎结节状绒毛，颈部弯曲，躯体短小，关节水肿，贫血
鸭呋喃类药物中毒	二者均表现运动失调，抽搐，强直痉挛，角弓反张	鸭呋喃类药物中毒的病因是服用呋喃类药物过量而发病；病雏鸭兴奋鸣叫，头颈反转做圆圈运动，成年鸭点头颤动，鸣叫，做转圈运动；剖检可见口腔充满泡沫，嗉囊扩张，有轻度出血性胃肠炎，肠内充满黄色内容物
鸭黄曲霉毒素中毒	二者均表现精神沉郁，食欲减退，羽毛松乱，消瘦，贫血，运动失调，两脚麻痹，角弓反张	鸭黄曲霉毒素中毒的病因是鸭吃了黄曲霉污染的饲料而发病；病鸭排血便，冠髯苍白，成年鸭产蛋率和孵化率均下降；剖检可见肝脏肿大，呈橘黄色或土黄色，弥漫性出血和坏死，时间长可出现肝细胞瘤或胆管癌；用紫外线照射可见到亮黄绿色荧光（G 族毒素）或蓝紫色荧光（B 族毒素）

预防措施

1）注意在母鸭的日粮中搭配含维生素 B_1 丰富的饲料，如新鲜的青绿饲料、酵母粉及糠麸等，对防止本病的发生有明显的作用。

2）由于在碱性条件下，维生素 B_1 遇热极不稳定。因此，在饲料中不应含有大量的碱性盐类，以防止产生碱性反应而破坏维生素 B_1。

3）在雏鸭出壳干身后，逐只滴喂复合维生素 B 溶液 1~2 毫升。

4）谷物饲料应妥善保存，防止因水浸、霉变等因素破坏维生素 B_1。

治疗方法

1）出现维生素 B_1 缺乏症的鸭群，可在每千克饲料中加入 10~20 毫克维生素 B_1 粉剂，连用 7~10 天，可以获得满意的效果。

2）在饮水中加复合维生素 B 溶液，或每 1000 只雏鸭在一天的饲料中添加复合维生素 B 溶液 300 毫升，每天 2 次，连用 2~3 天。

3）个别病鸭可采用下列方法治疗：

①肌内注射维生素 B_1，每只 0.5 毫升，见效非常快。

②灌服复合维生素 B 溶液，每只 0.5~1 毫升，每天 2 次，1~3 天后症状可消失。

五、鸭维生素 B_2 缺乏症

鸭维生素 B_2 缺乏症是由于维生素 B_2 缺乏引起的一种营养代谢病。临床上表现为病鸭羽毛粗乱，有的腹泻，脚趾向内弯曲，两腿不能站立，以飞节着地。

维生素 B_2 又称核黄素，是一种水溶性维生素。它是黄素酶的组成部分，参与体内的生物氧化反应，直接影响机体的新陈代谢。

1）鸭由于体内不能贮存大量的维生素 B_2，所需要的维生素 B_2 主要靠饲料中的核黄素来补给。鸭对维生素 B_2 的需要量大于维生素 B_1，而在谷类籽实和糠麸中的维生素 B_2 的含量又低于维生素 B_1，故必须靠添加剂补充。如由于某种原因，鸭得不到足够的维生素 B_2 时，就容易产生缺乏症。

2）有时虽然在饲料中添加了足量的维生素 B_2，但由于饲料中含有某些碱性的药物或饲料发霉变质时，维生素 B_2 就易受到破坏；或饲料贮存时间较长，维生素 B_2 的损失就更严重，从而造成缺乏症的发生。

3）鸭体患有胃肠病或寄生虫病时，会影响鸭的采食、消化、吸收，也可能引起维生素 B_2 的缺乏。

雏鸭维生素 B_2 缺乏症，一般发生在 2 周龄至 1 月龄之间。病鸭生长缓慢，衰弱、消瘦，羽毛粗乱，行走困难，瘫痪，有的腹泻（图 5-15）。具有特征性的症状是脚趾向内弯曲，两腿不能站立，以飞节着地（图 5-16），当勉强以飞节移动时，常展翅以维持身体平衡。食欲正常，但行走困难吃不到食物，最后衰弱死亡或被其他鸭踩死。成年鸭缺乏维生素 B_2 时，产蛋率下降，种蛋孵化率低，胚胎出现“侏儒”水肿等异常现象，死胎数增加。

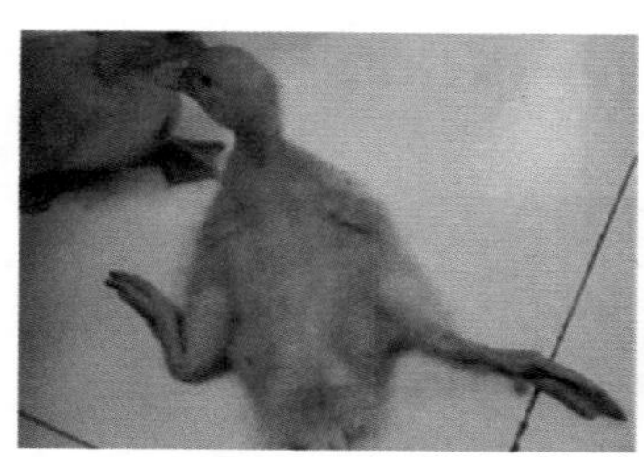
图 5-15　病雏鸭行走困难，瘫痪

图 5-16　病雏鸭两脚趾向内弯曲，以飞节着地

剖检病死雏鸭或重病雏鸭可见坐骨神经和臂神经肿大、变软，胃肠壁很薄，肠内有大量泡沫状内容物，肝脏较大而柔软，含脂肪较多。

类症鉴别

病名	与鸭维生素 B_2 缺乏症的相似点	与鸭维生素 B_2 缺乏症的不同点
鸭传染性脑脊髓炎	二者均表现不愿走路，常以附关节着地，趾关节踡曲，腿麻痹，生长受阻，较瘦	鸭传染性脑脊髓炎的病原为禽传染性脑脊髓炎病毒；病鸭头颈部震颤，驱赶时以跗关节走路和拍打翅膀，一侧或两侧晶体混浊，眼球增大，失明；剖检可见脑膜充血、出血，肌胃肌层有散在的灰白区；使用荧光抗体技术（FA），在阳性鸭的组织中可见黄绿色荧光
鸭维生素 B_1 缺乏症	二者均表现行走困难，趾腿麻痹，生长不良，消瘦	鸭维生素 B_1 缺乏症的病因是维生素 B_1 缺乏；病鸭食欲减退，贫血，趾屈肌麻痹，而后向腿肢延伸，角弓反张如“观星”状，体温下降
鸭锰缺乏症	二者均表现生长缓慢，不能行走，以附关节着地，产蛋率下降，胚胎、体躯短小	鸭锰缺乏症的病因是锰缺乏；病鸭胫骨下端、跖骨上端弯曲扭转，腓肠肌肌腱脱出骨槽，胚胎翅短，腿粗短，头呈圆球形，喙短、弯曲

饲料配合量要充足，酵母、鱼粉、糠麸等贮存环境要避开热和碱性环境，发病后注射或口服维生素 B_2 制剂，雏鸭每只 5~6 毫克，成年鸭每只 8~9 毫克，每天 1 次，连用 3 天。

六、鸭钙、磷缺乏症

鸭钙、磷缺乏症是由于钙、磷元素缺乏或比例不当引起的一种营养代谢病。本病以雏鸭骨骼发育异常，成年母鸭产软壳蛋和薄壳蛋等为特征。

1）鸭所需的钙质主要来源于贝壳粉、骨粉、石粉、鱼粉等。如果长期单纯饲喂一些谷物饲料，或配合饲料中骨粉，鱼粉缺乏，再加上维生素 D 缺乏，往往会引起钙、磷缺乏症。

2）饲料中含磷过多或钙、磷比例不当或失调，也是影响钙磷吸收的常见因素。当钙过量时，影响磷的吸收，会在肠道中形成不溶于水的磷酸钙而造成磷缺乏，磷过多也影响钙的吸收。两者中只要有一种吸收不足，就会影响骨盐的形成而引起骨骼发育异常，多吸收的部分不能被机体利用而排出体外。

3）饲料中缺乏维生素 D，可直接影响钙和磷的吸收。维生素 D 及其活性代谢产物是调节小肠钙、磷吸收的主要激素。当维生素 D 缺乏时，即使给家禽含钙、磷很高的饲料，钙、磷的吸收仍然很少，因此，在这种情况下，如果饲料中钙、磷含量不足或两者比例不当，很容易引起骨骼代谢疾病。

4）胃肠道疾病或长期的消化紊乱，其吸收机能障碍，使钙、磷的吸收减少，导致缺乏。

5）饲料中含有过多的脂肪酸和草酸，可与钙结合成不溶性钙盐，影响钙的吸收。

临床症状

雏鸭缺乏钙、磷，表现精神沉郁，食欲减退，生长缓慢，颤抖，两腿发软，站立不稳，跛行，拱背，两脚向内并拢，嗜卧，严重者站立困难或卧地不起，无法站立。生长发育迟缓，骨骼发育不良，骨脆易折断，或变软易弯曲，尤其是腿骨，严重时两腿变形外展。雏鸭缺磷时发病突然且时间早，1 周龄即显症状，2 周龄全群发病，病初便出现站立困难和跛行，病程进展快，死亡率高达 65%。病鸭主要表现精神沉郁，食欲废绝，生长发育严重受阻，两腿变软，内外弯曲呈“( )”形，站立不稳，明显跛行，严重者站立困难（图 5-17），强行站立时两腿强直，叉开呈“八”字形，或无法行走，驱赶时跗关节着地呈游泳状向前移行。嘴壳柔软，翅、腿部长骨质地变软而弯曲，胫骨多呈半圆形。关节肿大，站立不稳，胸廓也变形，与维生素 D 缺乏症相似。后期病鸭卧地不起，精神极度沉郁，逐渐消瘦衰竭死亡。产蛋母鸭缺钙主要表现为产蛋减少，蛋壳变薄、易破，严重时产软壳蛋、无壳蛋，骨质变脆易骨折，缺磷时的表现与钙缺乏相似。

图 5-17　病鸭两腿变软，站立不稳，跛行，站立困难

类症鉴别

见鸭维生素 D 缺乏症。

预防措施

1）加强饲养管理，调整饲料中营养成分的比例，注意添加鱼粉、骨粉、贝壳粉或石粉，以保证钙、磷的含量。应给以全价配合饲料，钙含量为 0.6%~0.8%，有效磷含量为 0.3%~0.35%，钙与磷比例约为 2∶1，并补充足够的维生素 D 和青绿饲料，这样不仅能满足鸭的生长发育，且能有效地预防因钙、磷缺乏或比例失调引起的佝偻病。

2）可在饲料中适当添加多维素，必要时酌情加入适量的鱼肝油；若有条件的可让其多晒太阳，或用紫外线照射。

治疗方法

首先要明确鸭发生钙、磷缺乏症的原因，分清是钙缺乏、磷缺乏还是比例失调，及时更换饲料或补充钙、磷和调整钙与磷比例。治疗时可用鱼肝油口服，每天 1~2 次，每次 2~3 滴，连用 2~3 天，或用鱼肝油按 0.5%~1% 剂量拌料口服。另外，雏鸭单纯性缺钙，可口服维丁胶性钙治疗，每只 0.33 毫升。

七、鸭锰缺乏症

鸭锰缺乏症是由于锰元素的缺乏而引起的一种营养代谢病。本病以骨短粗症为主要特征。

1）鸭对锰的需要量较大，本病主要是因日粮中锰缺乏而引起的。

2）饲料中玉米含锰量较低，有些地区的饲养户，在母鸭停蛋阶段，习惯单饲玉米，必然会引起锰的缺乏。

3）日粮中磷、钙、铁、植酸盐含量过高，或比例不恰当，可影响机体对锰的吸收。

4）鸭对存在于饲料中的锰利用率较低。锰的吸收及代谢与胆汁有很大的关系，因此，当肝功能出现异常时，鸭对锰的利用率降低。

临床症状

患病雏鸭生长停滞，腿关节肿大，患骨短粗症。跗关节增大，胫骨下端和跖骨上端弯曲扭转，使腓肠肌肌腱从跗关节的骨槽中滑出而呈脱腱症状（图 5-18、图 5-19）。病鸭腿部变弯曲而无法站立，无法采食而饿死。

图 5-18　病鸭两腿外翻，不能站立，以跗关节着地，行走困难

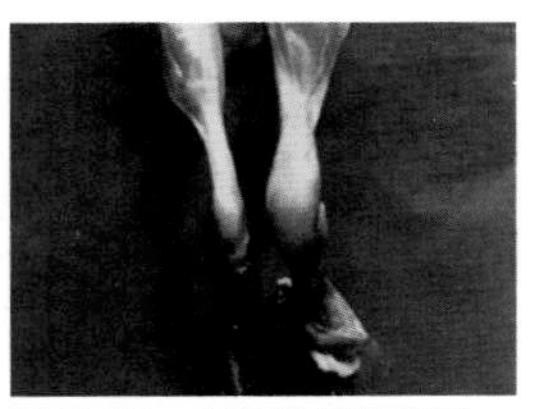

图 5-19　病鸭跗关节肿胀

母鸭产蛋率下降，种蛋孵化率明显降低，当鸭胚孵化到 28~30 天时，死亡率升高，能孵出的雏鸭，表现神经机能障碍，运动失调，肢体短小，骨骼发育不良，翅短，腿短而粗。

病理变化

病鸭肌肉组织和脂肪组织萎缩。跖趾关节肿大，多见跖骨与趾骨向内侧弯曲，管状骨明显变形，骨骺肥厚，骨板变薄，剖面可见骨质疏松，在骨骺端尤其显著。

类症鉴别

病名	与鸭锰缺乏症的相似点	与鸭锰缺乏症的不同点
鸭病毒性关节炎	二者均表现生长缓慢，跗关节肿大，关节不灵活，不愿走动，跛行，喜坐跗关节上	鸭病毒性关节炎的病原为呼肠孤病毒，有传染性，病鸭重时单脚跳；剖检可见关节腔内有黄色或血色渗出物、脓或干酪样物，腓肠肌肌腱与周围组织粘连；酶联免疫吸附试验双抗体夹心法具有较高的特异性和敏感性
鸭钙、磷缺乏症和比例失调	二者均表现生长迟滞，跗关节增大，不愿走动，蛋的孵化率下降	鸭钙、磷缺乏症和比例失调的病因是钙、磷缺乏和比例失调；雏鸭喙和爪易弯曲，肋骨末端呈串珠状小结节，成年鸭后期胸骨呈“S”状弯曲，肋骨失去硬度而变形；剖检可见骨变薄，骨髓腔变大，血磷低于正常水平，血钙在后期下降
鸭维生素D缺乏症	二者均表现生长迟缓，行走吃力，常以跗关节伏下	鸭维生素 D 缺乏症的病因是维生素 D 缺乏，缺少阳光照射，2~3 周龄发病；病鸭喙爪柔软，成年鸭龙骨变软，胸骨常弯曲，肋骨沿胸骨呈内向弧形；剖检可见骨质软、易折断

（续）

病名	与鸭锰缺乏症的相似点	与鸭锰缺乏症的不同点
鸭维生素B_2缺乏症	二者均表现生长缓慢，不能行走，以跗关节着地，蛋的孵化率低，胚胎表现体躯短小	鸭维生素B_2缺乏症的病因是维生素B_2缺乏；病鸭足趾向内蜷曲，常张开翅膀以求平衡，两腿瘫痪，胚胎有结节状绒毛，关节变形、水肿，贫血，即使孵化出也先天麻痹、体小而浮肿
鸭胆碱缺乏症	二者均表现生长停滞，骨粗短，跗骨弯曲，跟腱滑脱，蛋的孵化率下降	鸭胆碱缺乏症的病因是胆碱缺乏；病鸭跗关节轻度水肿，并有小出血点，后期关节扁平、弯曲成弓；剖检可见肝脏色黄、质脆、有出血点，肝膜或肝脏有破裂并在腹腔有凝血块
鸭生物素缺乏症	二者均表现生长缓慢，骨粗短，孵化的胚胎表现骨骼粗短，翅短，腿短，喙弯曲如鹦鹉嘴	鸭生物素缺乏症的病因是生物素缺乏；病鸭羽毛干燥、变脆，趾爪、喙底、眼四周的皮肤发炎，第三、第四趾间的蹼延长

预防措施

1）由于鸭对锰的需求量很大，如以玉米、大麦为主食时，要特别搭配麸皮、米糠等富含锰的饲料，或添加锰制剂，使每千克饲料中锰的总量不低于40毫克，并及时调整钙、磷、铁的比例。

2）在产蛋季节，尤其要提高饲料中的锰含量。

治疗方法

1）当发现鸭缺锰时，每千克饲料应添加硫酸锰0.1~0.2克，或用1∶10000的高锰酸钾溶液做饮用水（即配即用），连饮3天，停2天，再饮2天。

2）在100千克饲料中添加12~24克硫酸锰。同时，添加青绿饲料和维生素B_1，有利于锰在体内的贮留；在每千克饲料中添加氯化胆碱0.6克、维生素E 10国际单位。

八、鸭锌缺乏症

鸭锌缺乏症是由于锌元素的缺乏而引起的一种营养代谢病。本病主要特征为病鸭生长发育不良，羽毛粗乱，伴有脱羽。

1）一般植物性饲料中的含锌量较低，动物性饲料中的含锌量相对较高，如果长期单纯饲喂以大豆、籽饼等为主的植物性饲料，没有添加微量元素添加剂，则有可能导致锌缺乏症。

2）影响锌吸收利用的因素，也是造成鸭锌缺乏症的一个重要原因。饲料中的钙、磷过多，会降低锌的吸收及生物学功能；饲料中铜含量过高可抑制锌的吸收。此外，铁、铅等许多元素和脂肪酸，会与锌争夺代谢渠道，互为拮抗，往往会抑制锌的吸收和利用。

临床症状

雏鸭缺锌时表现精神沉郁，食欲减退，生长发育不良，蹼部皮肤破溃，体重增长显著低于正常鸭，羽毛粗乱，稀疏，伴有不同程度的脱羽，严重者背羽脱光（图 5-20、图 5-21）；鼻孔内充满干燥碎屑及眶下窦内充有黄色干酪样脓液；口流涎，嘴壳有时变形；腿骨粗短，关节肿大，两腿无力，不愿行走或站立不稳，皮肤鳞屑增多，特别是脚部皮肤。成年鸭严重缺锌时，羽毛也会缺损，产出的蛋蛋壳较薄，入孵后胚胎骨骼不能正常发育，成为畸形胚，孵化率较低，幼雏鸭体质较弱。

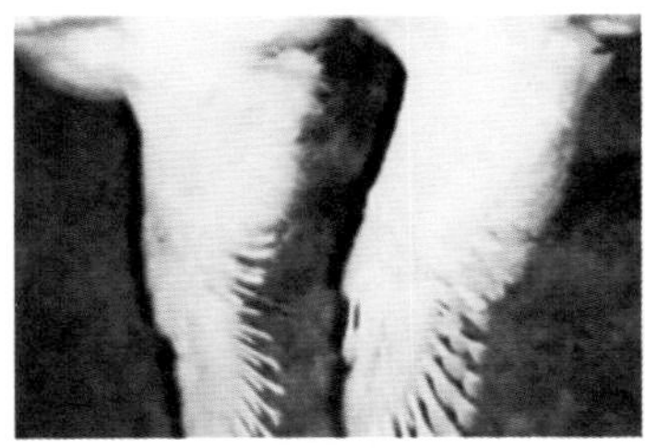
图 5-20　患病雏鸭翅部羽毛发育不良（右侧为正常羽毛）

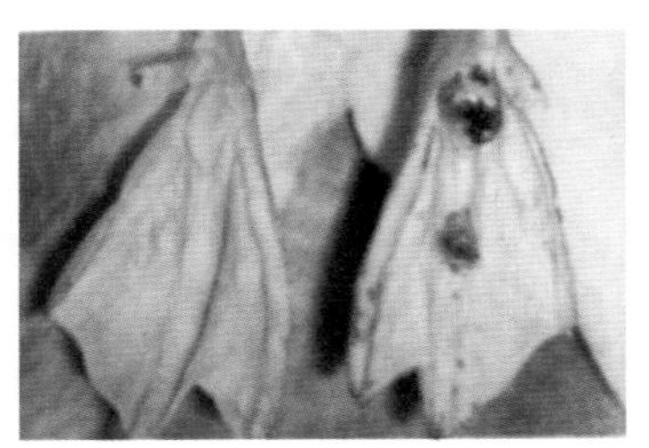
图 5-21　患病雏鸭蹼部皮肤破溃（左侧为正常蹼）

类症鉴别

病名	与鸭锌缺乏症的相似点	与鸭锌缺乏症的不同点
鸭病毒性关节炎	二者均表现食欲废绝，跗关节肿大，不愿走动	鸭病毒性关节炎的病原为呼肠弧病毒，有传染性；病鸭重时单脚跳；剖检可见关节腔内有黄色或血色渗出物、脓或干酪样物，腓肠肌肌腱与周围组织粘连；酶联免疫吸附试验双抗体夹心法具有较高特异性和敏感性
鸭锰缺乏症	二者均表现腿无力，关节肿大，骨粗短，生长不良	鸭锰缺乏症的病因是缺锰；病鸭膝关节异常肿大，病鸭腿部弯曲或扭转，头呈球形，鹦鹉嘴，腹膨大

预防措施

平时应注意饲料搭配，喂以适量的肉骨粉、鱼粉或糠麸等饲料，添加适量质量可靠的微量元素添加剂，保证每千克饲料中含锌 50~70 毫克即可满足鸭的生长发育和预防锌缺乏。此外，矿物质及其他微量元素按营养标准适当添加，防止盲目性，否则饲料中这些元素添加过量也会不同程度地影响或降低锌的生物有效利用率，诱发锌缺乏症。

治疗方法

鸭发生锌缺乏症后，在观察和准确诊断的基础上，立即更换饲料或每千克饲料中加硫酸锌 0.1~0.2 毫克。过量的锌对铁、铜的利用有抑制作用，不能无限制添加。加强饲养管理，可达到治疗目的。

第六章

鸭中毒性疾病的鉴别诊断与防治

一、鸭食盐中毒

鸭食盐中毒是由于食入含食盐过多的饲料，加上饮水不足而引起的中毒症。鸭比其他禽类较易中毒，雏鸭比成年鸭更易中毒。在临床上主要的症状是出现神经系统和消化系统紊乱。本病的病理变化以消化道炎症、脑组织呈现水肿和变性为特征。

食盐是氯化钠的俗称，是鸭的日粮不可缺少的物质。适量的食盐可以促进食欲，增强消化机能，保证机体盐代谢的平衡。因此，在鸭的日粮中应含有一定量的食盐，一般为0.3%左右。如果饲料搭配不当，食盐过多，或者误食含食盐过多的饲料就会引起中毒并造成死亡。引起鸭食盐中毒的常见原因主要有下列几种。

1）鸭日粮中食盐的正常含量占饲料的0.2%~0.4%。当饲料中食盐含量达到3%或每千克体重食入3.5~4.5克时，即可引起中毒，重者发生死亡。当雏鸭的饮水中含有0.9%的食盐时，连饮5天左右，死亡率可达95%以上。

2）当饲料缺乏维生素E、含硫氨基酸、钙和镁时，可以增强鸭对食盐的敏感性。

3）放牧的成年鸭由于可以自由饮水，因此较少发生食盐中毒。而幼龄鸭在育雏期间如果日粮中食盐超标，供水不足，也是多发生食盐中毒的重要原因之一。

鸭发生食盐中毒所表现的症状取决于食入食盐的量和中毒时间的长短。鸭一旦食入了过量的食盐，由于对消化道黏膜的刺激，病鸭食欲减退或废绝，而饮水量则大大超过正常鸭的数倍，使病鸭的食管膨大部扩张膨大，病鸭稍低头，可见口、鼻流出浅黄色分泌物。渴感强烈，直到临死前还在饮水。

病鸭腹泻，排出水样稀便。有些病例出现显著的皮下水肿。

病鸭精神沉郁，运动失调，两脚无力或完全麻痹瘫痪，脚蹼向后弯曲，行走困难，驱赶时可见病鸭两翅扑打地面移行，蹲伏片刻之后又见其能行走几步，但很快又卧地不起；发病后期出现呼吸困难，嘴不停地张合，有时出现肌肉抽搐，头颈弯曲，胸腹朝天挣扎，最后昏迷，以虚脱而告终；雏鸭中毒后，不断鸣叫，排出白色水样稀便，神经兴奋性增强，无目的地冲撞，或头后仰，以脚蹬地，突然身体向后翻转，胸腹朝天，两脚前后做游泳状摆动，拍翅头颈不断旋转，很快死亡（图 6-1~ 图 6-3）。

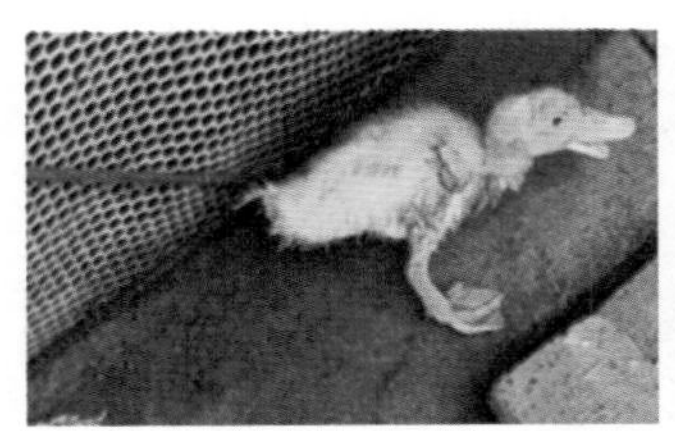
图 6-1　病鸭不停鸣叫，排出白色水样稀便

图 6-2　病鸭突然身体向后翻转，胸腹朝天

图 6-3　病鸭死前拍翅、头颈弯曲

慢性中毒时，血清中的含钠量显著增高；血液中嗜酸性粒细胞显著减少；肝脏和脑的钠含量超过 150 毫克 /100 克重量。

病理变化

病变主要表现在消化道。病鸭头颈部皮下水肿（图 6-4）；食管膨大部充满黏液，黏膜脱落；腺胃黏膜充血、呈浅红色，表面有时形成假膜；肌胃呈轻度充血、出血，肌胃角质膜呈褐黑色、易脱落（图 6-5）；小肠发生急性卡他性或出血性肠炎，黏膜充血，并有出血点（图 6-6）；皮下结缔组织水肿，切开后流出黄色透明液体，皮下脂肪呈胶冻样浸润；腹腔充满无臭、黄色、透明的腹水；肝脏肿大、瘀血，表面覆盖浅黄色的纤维素性渗出物；心包腔积液，心外膜、心内膜充血、出血（图 6-7、图 6-8）；肺水肿；全身血液浓稠；脑膜充血，有时见有小出血点。

慢性食盐中毒，可见胃肠病变不明显，主要病变在脑，表现大脑皮层软化、坏死。

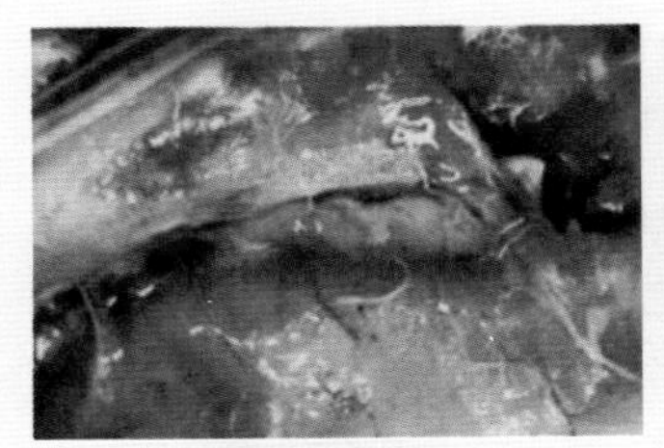

图 6-4　病鸭头颈部皮下水肿

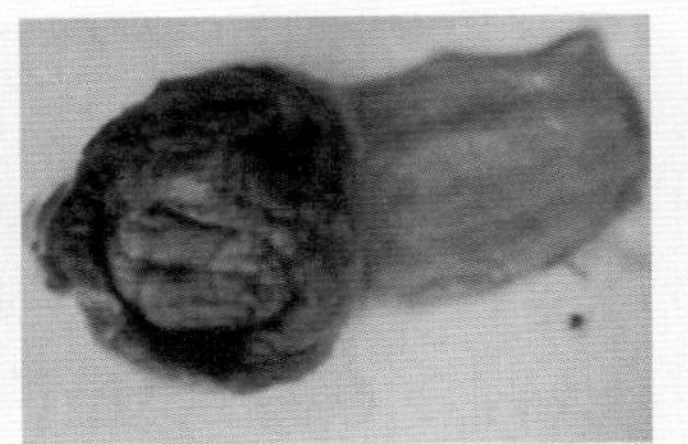

图 6-5　病鸭腺胃黏膜充血，肌胃角质膜呈褐黑色、易脱落

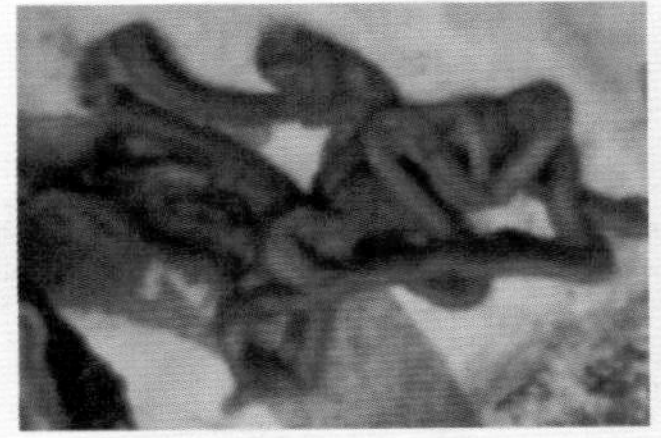

图 6-6　病鸭肠管充血、出血

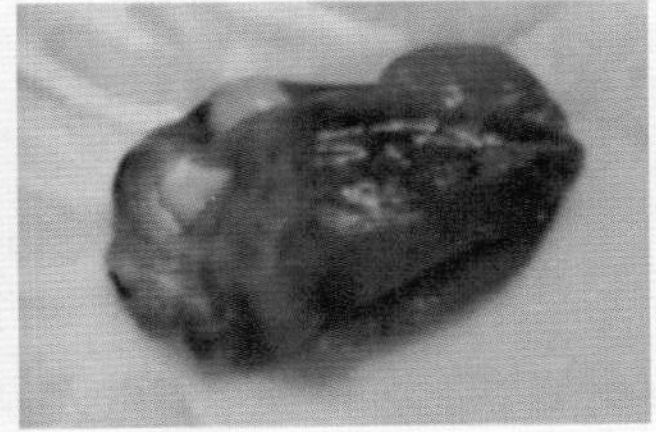

图 6-7　病鸭心外膜充血、出血

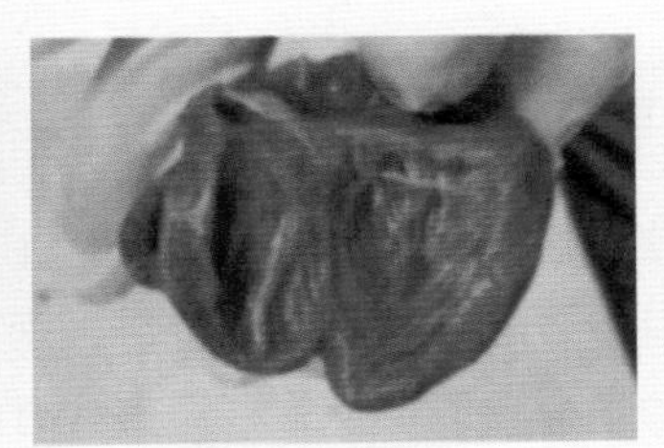

图 6-8　病鸭心内膜出血

类症鉴别

病名	与鸭食盐中毒的相似点	与鸭食盐中毒的不同点
鸭李氏杆菌病	二者均有两腿软弱无力，卧地挣扎不起，下痢；脑膜血管充血，心包积液，肝脏瘀血，肠黏膜出血等临床症状和剖检病变	鸭李氏杆菌病的病原为李氏杆菌，有传染性；病鸭冠髯发绀，皮肤暗紫，两翅下垂；肝脏肿大、呈土黄色、有白色坏死灶、质脆易碎，心冠脂肪出血，脾脏肿大、呈黑红色，腹腔有血样液；血液或脾脏、肝脏涂片、镜检可见排列“V”形、革兰阳性的小杆菌
鸭肉毒梭菌毒素中毒	二者均有两肢无力、麻痹，下痢，最后心衰死亡；肠道充血、出血等临床症状和剖检病变	鸭肉毒梭菌毒素中毒的病因是吃了含有肉毒梭菌外毒素的腐烂尸体或蝇蛆而发病；病鸭无精神，打瞌睡，头颈、眼睑、翅也发生麻痹，重症头颈平放于地不能抬起；剖检可见喉气管有少量灰黄色带泡沫的黏液；将嗉囊内容物制成悬液接种鸭的左下眼睑皮下，48 小时后左眼睑麻痹、半闭合，敲头时左眼睁不开，右眼闭合自如，18 小时后死亡

预防措施

1）调制饲料时，应严格控制饲料中食盐的含量，特别是饲喂雏鸭时，其含量不能超过 0.5%，以 0.3% 为宜。

2）现在农村喂鸭已习惯喂混合料，可以不必加盐。

一旦发现中毒，立即停喂原有的饲料或饮水。中毒鸭可采取下列措施：

1）供给中毒鸭 5% 葡萄糖水饮用，以利尿解毒。

2）用 0.5% 醋酸钾溶液做饮水，或灌服。

3）5% 氯化钾溶液按每千克体重皮下注射 4 毫升。

4）为防止过量的食盐进一步损伤消化道黏膜，可喂给淀粉、牛奶或豆浆，灌服植物油缓泻剂，以减轻中毒症状。

二、鸭菜籽饼中毒

菜籽饼（图 6-9）内富含蛋白质，可作为鸭的蛋白质饲料，在鸭的饲料中搭配一定量的菜籽饼，既可以降低饲料成本，也有利于营养成分的平衡。但是，菜籽饼中含有多种毒素，如硫氯酸酯、异硫氯酸脂、恶唑烷硫酮等，这些毒素对鸭体有毒害作用。如果鸭摄入大量未经处理过的菜籽饼，就可以引起中毒。

图 6-9 菜籽饼

病因分析

菜籽饼的毒素含量与油菜品种有很大关系，与榨油工艺也有一定关系。普通菜籽饼在产蛋鸭饲料中占 8% 以上，即可引起毒性反应。当菜籽饼发热变质或饲料中缺碘时，会加重毒性反应。不同年龄的鸭对菜籽饼的耐受能力有一定差异，雏鸭的耐受能力较差。

临床症状

鸭菜籽饼中毒是一个慢性过程，当饲料中含菜籽饼过多时，鸭的最初反应为厌食，采食缓慢，耗料量减少，粪便出现干硬、稀薄、带血等异常变化，逐渐生长受阻，产蛋减少，蛋重减轻，软壳蛋增多。

发病鸭群中，部分鸭呼吸困难，呈张口呼吸。部分鸭精神萎靡，食欲废绝，口流清涎，粪稀并有少许血液，最后抽搐而死。个别病鸭只有明显的神经症状，兴奋惊恐。症状轻、病程长的鸭双眼似有泪珠，视力欠敏锐。病鸭嗉囊空虚且萎缩，死前多呈角弓反张姿势。

病理变化

肝脏肿大、色暗紫，并有明显瘀血斑，切面渗出黄色胶冻样物质，肝脏表面有少许线状浅黄色斑纹；胆囊肿大，内充满黄绿色胆汁。慢性死亡的病鸭，腺胃与肌胃有不同程度的出血，严重者呈出血斑状，十二指肠及盲肠呈弥漫性出血，肾实质有出血性炎症。

类症鉴别

病名	与鸭菜籽饼中毒的相似点	与鸭菜籽饼中毒的不同点
鸭叶酸缺乏症	二者均表现生长迟滞，贫血，脚软无力，产蛋率下降	鸭叶酸缺乏症的病因是日粮中叶酸缺乏；病雏鸭羽毛生长不良，色素缺乏，伸颈、麻痹，骨粗短，死亡鸭胚腔骨弯曲，胃有小出血点
鸭维生素 B_{12} 缺乏症	二者均表现生长缓慢，食欲减退，贫血，产蛋率和孵化率下降	鸭维生素 B_{12} 缺乏症的病因是日粮中维生素 B_{12} 缺乏；病鸭骨粗短，种蛋孵化时第 16~18 天出现死亡高峰，死胚体形缩小，皮肤水肿，肌肉萎缩

1）对菜籽饼要采取限量、去毒的方法，合理利用。

2）对病鸭要停喂含有菜籽饼的饲料，可逐渐康复。无特效治疗药物，治疗时采用解毒、排毒、吸附收敛、补能消炎等方法。

三、鸭棉籽饼中毒

棉籽饼（图 6-10）内富含蛋白质，可作为鸭的蛋白质饲料，在鸭的饲料中搭配一定量的棉籽饼，既可以降低饲料成本，也有利于营养成分的平衡。但是，在棉籽饼中含有一种叫棉籽酚的有害物质，对组织细胞、血管、神经有毒害作用。如果加工调制不当或鸭摄入量过多，就会引起中毒。

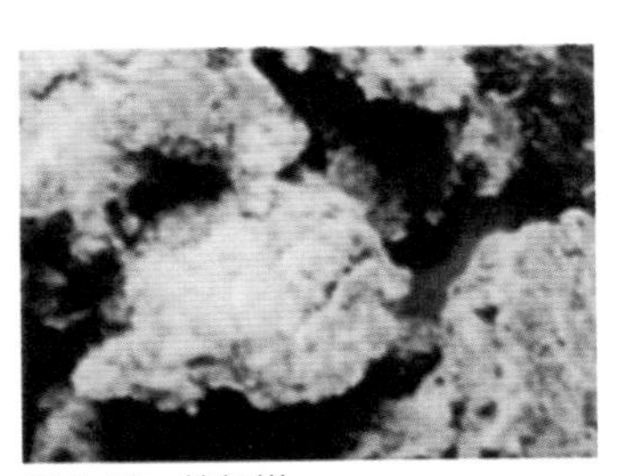

图 6-10　棉籽饼

引起鸭棉籽饼中毒的因素主要有以下几个方面。

1）用带壳的土榨棉籽饼配料。这种棉籽饼不仅含有大量的木质素和粗纤维，而且游离棉籽酚（游离态棉籽酚毒性强，结合态棉籽酚毒性弱）含量很高，因此不能用于喂鸭。目前随着榨油工业向现代化发展，这种棉籽饼已越来越少。

2）在配合饲料中棉籽饼比例过大。棉籽饼中的游离棉籽酚与棉花品种、土壤，特别是榨油工艺有很大关系，常用的棉籽饼含游离棉籽酚为 0.08% 左右，如果在鸭的饲料中配入 10% 以上，就容易引起中毒。

3）如果棉籽饼发霉变质，其游离棉籽酚的含量就会升高，则增加中毒的危险。

4）如果配合饲料中维生素 A、钙、铁及蛋白质不足，会促使中毒的发生。

中毒病鸭食欲减退或废绝，排黑褐色稀便，并常混有黏液、血液和脱落的肠黏膜。羽毛松乱，翅膀下垂，行动不稳，身体急剧消瘦。有些病鸭出现抽搐等神经症状，呼吸困难，最后因衰竭而死亡。母鸭产蛋减少或停产，公鸭精液中精子减少，活力减弱，种蛋的受精率和孵化率降低。

剖检可见胃肠道黏膜充血、出血，黏膜易脱落；肝脏充血、肿大、质脆、呈土黄色，其中有许多空泡和泡沫状间隙；肾脏呈紫红色，质软而脆；胰腺增大；肺充血、水肿；心外膜出血；卵巢萎缩；皮下水肿。

类症鉴别

病名	与鸭棉籽饼中毒的相似点	与鸭棉籽饼中毒的不同点
鸭叶酸缺乏症	二者均表现生长迟滞，贫血，脚软无力，产蛋率下降	鸭叶酸缺乏症的病因是日粮中叶酸缺乏；病雏鸭羽毛生长不良，色素缺乏，伸颈、麻痹，骨粗短，死亡鸭胚腔骨弯曲，胃有小出血点
鸭维生素 B_{12} 缺乏症	二者均表现生长缓慢，食欲减退，贫血，产蛋率和孵化率下降	鸭维生素 B_{12} 缺乏症的病因是日粮中维生素 B_{12} 缺乏；病鸭骨粗短，种蛋孵化时第 16~18 天出现死亡高峰，死胚体形缩小，皮肤水肿，肌肉萎缩

预防措施

（1）去毒处理 饲料中每配入 100 千克棉籽饼，同时拌入 1 千克硫酸亚铁，这样在鸭的消化道内，棉籽酚与铁结合而失去毒性。棉籽饼的其他去毒方法还有蒸煮 2 小时、用 2%~2.5% 硫酸亚铁溶液浸泡 24 小时等。

（2）限量饲喂 棉籽饼在育成鸭饲料中所占比例，以 5%~6% 为宜，最多不超过 10%。

（3）间歇使用 由于棉籽酚在体内蓄积作用较强，鸭饲料中最好不要长期配入棉籽饼，每隔 1~2 个月停用 10~15 天。

（4）区别对待 1 月龄以下的雏鸭不喂棉籽饼，青年鸭适当多喂，产蛋期少喂，种鸭在提供种蛋期间不喂。

（5）增喂青绿饲料 青绿饲料可显著增强动物机体对棉籽酚的解毒能力，在饲料中配入棉籽饼时，应尽可能供给充足的青绿饲料，做不到的应增加多种维生素添加剂的用量，但效果不及青绿饲料。

1）对病鸭应停喂含有棉籽饼的饲料，多喂些青绿饲料，经 1~3 天可逐渐恢复。

2）对症治疗：

①硫酸镁 1~2 克，1 次内服。

② 0.5% 硫酸阿托品注射液 0.2~0.4 毫升，1 次分点皮下注射。

③ 25% 维生素 C 注射液 0.2~0.5 毫升，1 次肌内注射。

四、鸭黄曲霉毒素中毒

黄曲霉毒素是黄曲霉菌的代谢产物，广泛存在于各种发霉变质的饲料中，对畜禽具有毒害作用。如果鸭采食含大量黄曲霉毒素的发霉饲料，可造成中毒。本病以神经症状，全身浆膜出血，肝脏坏死、硬化为特征，可引起鸭特别是雏鸭大批死亡。

病因分析

鸭的各种饲料，特别是花生饼（粕）、玉米、豆饼、棉籽饼、小麦、大麦等，由于受潮、受热而发霉变质，含有多种霉菌，其中主要的是黄曲霉菌（图 6-11）。黄曲霉毒素是黄曲霉菌的代谢产物，对畜禽具有毒害作用。如果鸭摄入大量黄曲霉毒素，可造成中毒。

不同日龄的鸭对黄曲霉毒素的敏感性并不相同，雏鸭比成年鸭更为敏感。

图 6-11　发霉的玉米和花生粕

临床症状

本病多发于雏鸭，临床症状取决于鸭的年龄和食入毒素量的多少。雏鸭多呈急性型，无明显症状，有时很快死亡；病程稍长的则表现精神委顿，食欲减退或废绝，衰弱无力，拱背，尾下垂，脱毛，鸣叫，步态不稳，严重跛行，呈企鹅状行走，腿和脚部皮下出血、呈紫红色，并出现明显黄疸变化，死前常有共济失调，角弓反张等症状（图 6-12~ 图 6-14）。成年鸭的耐受性较雏鸭高。急性中毒病鸭的症状与雏鸭基本相近，表现为口渴增加，腹泻，排白色或绿色稀便。慢性中毒病鸭的症状不明显，表现为食欲减退，消瘦，贫血，衰弱；病程长者，可能发展为肝癌，最后死亡。

图 6-12　病鸭拱背，尾下垂

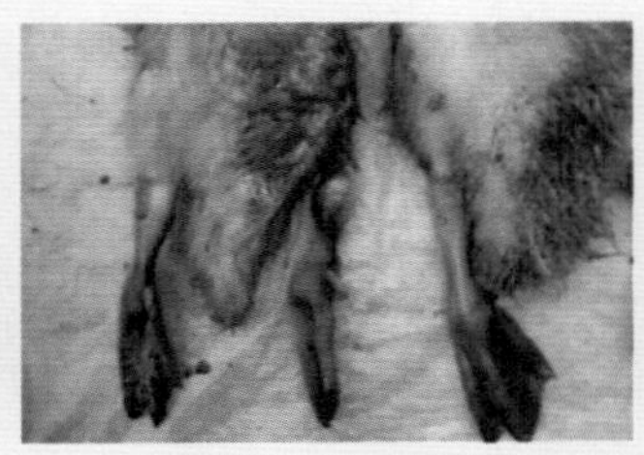
图 6-13　病鸭腿部和脚蹼皮肤呈紫红色

图 6-14　病鸭死前角弓反张

病理变化

剖检病变主要在肝脏。急性中毒的雏鸭肝脏肿大、质脆，颜色变浅呈黄绿色，有出血斑点；脾脏肿大，色变浅（图 6-15），胆囊扩张；肾脏苍白、肿大（图 6-16）；胸部皮下和肌肉有时出血；肌胃角质膜糜烂，腺胃出血（图 6-17）。

成年鸭慢性中毒时，肝脏变黄，逐渐硬化，常分布有白色点状或结节状病灶。

图 6-15　病鸭肝脏呈黄绿色，质脆；脾脏肿大，色变浅（左侧为正常肝脏、脾脏）

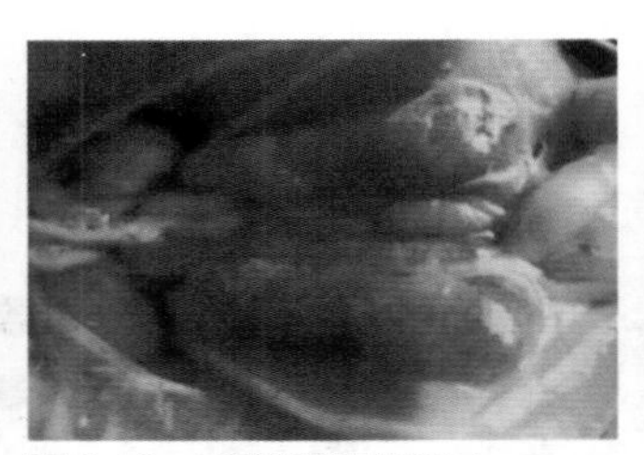
图 6-16　病鸭肾脏显著肿大

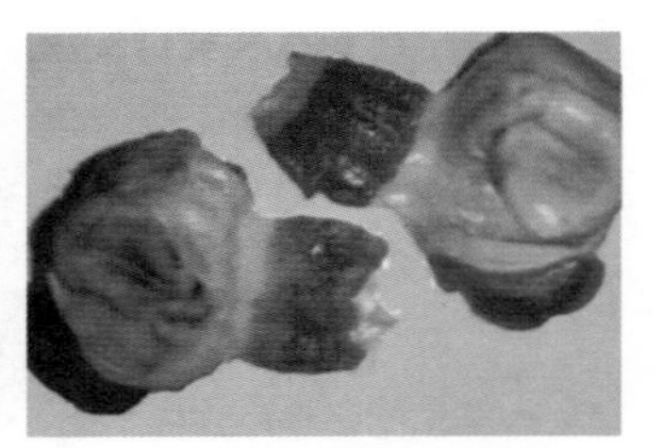
图 6-17　病鸭肌胃角质膜糜烂，腺胃出血

类症鉴别

病名	与鸭黄曲霉毒素中毒的相似点	与鸭黄曲霉毒素中毒的不同点
鸭病毒性肝炎	二者均有精神萎靡，缩颈垂翅，厌食，不愿活动，抽搐；肝脏肿大、发黄、有出血点，胆囊肿大等临床症状和剖检病变	鸭病毒性肝炎的病原为鸭肝炎病毒；病鸭多侧卧，头向后背（俗称背脖），喙端和爪尖呈紫色，排绿色或黄色稀便，尿中含有大量的尿酸盐；剖检脾脏有时呈斑驳状，肾脏肿大、呈灰红色，坏死肝细胞间有大量的红细胞；用上清液接种 1~7 日龄的雏鸭，可于 24 小时后出现相同的典型症状和病理变化
鸭弓形虫病	二者均有厌食，消瘦，鸭冠苍白，贫血，排稀便，共济失调，角弓反张；肝脏肿大、有坏死灶，心包有积液等临床症状和剖检病变	鸭弓形虫病的病原为弓形虫；病鸭排白色稀便，歪头失明，有的转圈，后期发生麻痹；脑眼型视交叉神经变脆和干燥、呈灰黄色、有坏死区，玻璃体被肉芽所替代；心包有圆形结节，腺胃壁增厚、有些有溃疡，小肠有结节；用腹腔液或组织涂片镜检可检出虫体

（续）

病名	与鸭黄曲霉毒素中毒的相似点	与鸭黄曲霉毒素中毒的不同点
鸭维生素 B_1 缺乏症	二者均表现精神沉郁，食欲减退，羽毛松乱，消瘦，贫血，运动失调，两腿麻痹，角弓反张	鸭维生素 B_1 缺乏症的病因是维生素 B_1 缺乏；病鸭趾屈肌先麻痹而后向上延至腿、翅，骨骼肌收缩无力；剖检可见皮下广泛水肿，卵巢、胃、肠萎缩，心脏轻度萎缩，体温降至35℃以下

预防措施

1）加强饲料保管，贮存饲料、原料的水分不能超标。要防止饲料发霉，特别是温暖多雨季节更应注意防霉。要保持饲料贮存仓库干燥、通风、低温，在饲料中可加入防霉剂，每 1000 千克饲料加入 75% 丙酸钙 1 千克。若为高温、高湿的饲料或含有糖蜜、油脂类的饲料，每 1000 千克饲料加入 75% 丙酸钙 1.5~2 千克。已被霉菌污染的饲料，可用 5% 过氧乙酸喷雾消毒，消灭霉菌孢子。若饲料已被黄曲霉毒素污染，禁止使用。

2）坚持不喂发霉饲料，尤其是不喂发霉的玉米、麦麸、花生饼、豆粕等。不用被霉菌污染的原料配制和加工饲料。

3）鸭棚、舍和饲料仓库等要定期用福尔马林或过氧乙酸喷雾，彻底消毒。被污染的用具可用过氧乙酸或次氯酸钠消毒，再用清水清洗后方可使用，以消灭霉菌及其孢子。

治疗方法

一旦发现中毒，要立即更换饲料，加强病鸭护理，供给充足的青绿饲料和维生素A。应用制霉菌素治疗，每只口服 3 万 ~5 万国际单位，每天 2 次，连用 2~3 天，对重症病鸭可服用少许盐类泻剂，并采取对症疗法。

五、鸭肉毒梭菌毒素中毒

鸭肉毒梭菌毒素中毒是由于摄食肉毒梭菌产生的毒素而引起的急性致死性疾病，以运动神经麻痹、肌肉松软为主要临床特征，故又称“软颈病”，常引起雏鸭大批死亡。

本病多发于夏、秋季节，天气干旱少雨，湖泊水浅，常有一些腐败的鱼类和小动物尸体， 尸体中含有大量的肉毒梭菌、绿脓杆菌等，一旦被健康鸭群吞食后，就会引起中毒。其他如被肉毒梭菌污染的饲料，也可引起鸭群中毒。

症状与病变

鸭肉毒梭菌毒素中毒分急性和慢性 2 种。急性中毒后，全身痉挛，站立不稳（图 6-18），抽搐，很快死亡。

慢性中毒，早期表现精神迟钝，不能飞跃，游水困难，羽毛逆立，腿麻痹、两翅下垂和颈麻痹，食欲废绝，病情逐渐加重，体质衰弱，头颈痉挛下垂，常于 1~3 天后死亡（图 6-19、图 6-20）。有些中毒轻微的鸭可以康复。

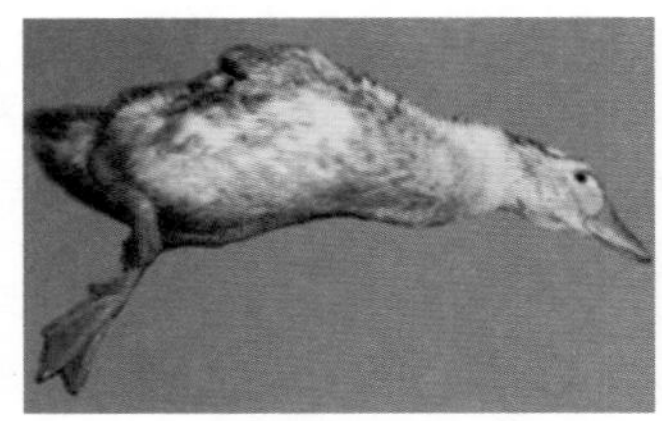
图 6-18　急性中毒病鸭平衡失调，站立不稳

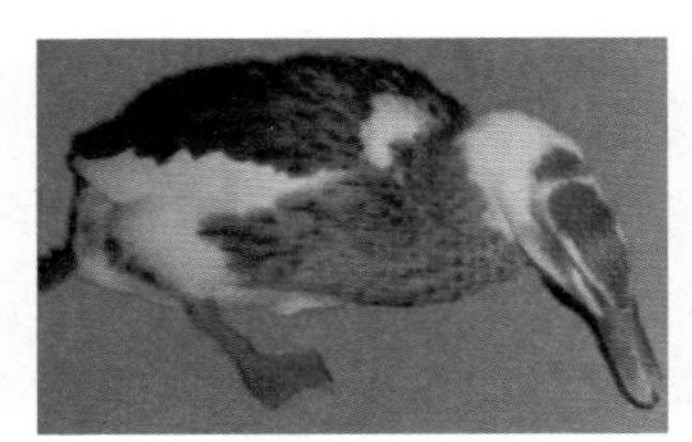
图 6-19　病鸭颈麻痹

图 6-20　鸭腿麻痹，强行驱赶，呈跳跃性运动

剖检可见腺胃壁增厚、水肿，十二指肠充血、出血，直肠有散在出血斑，整个肠道充血，内有浅红色粪便，心外膜、心冠脂肪处有针尖样出血点，肾脏上有出血点，肺上有出血点，嗉囊内有摄入的蛆虫（图 6-21~ 图 6-24）。

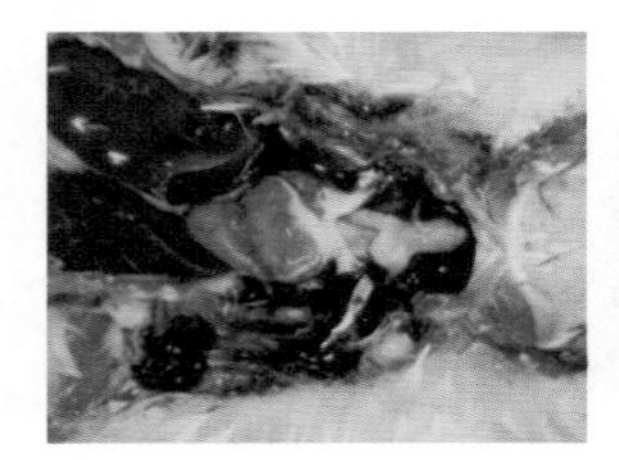
图 6-21　病鸭心脏上有出血点

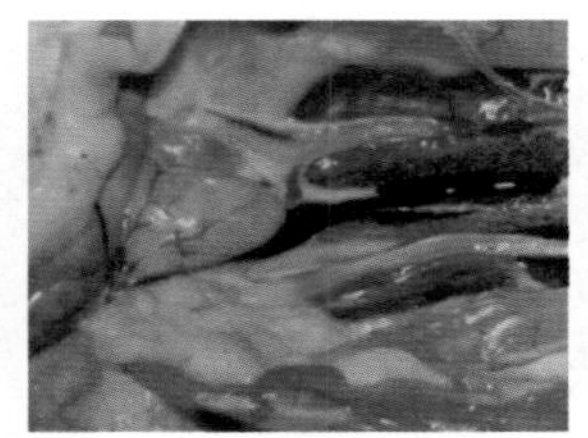
图 6-22　病鸭肾脏上有出血点

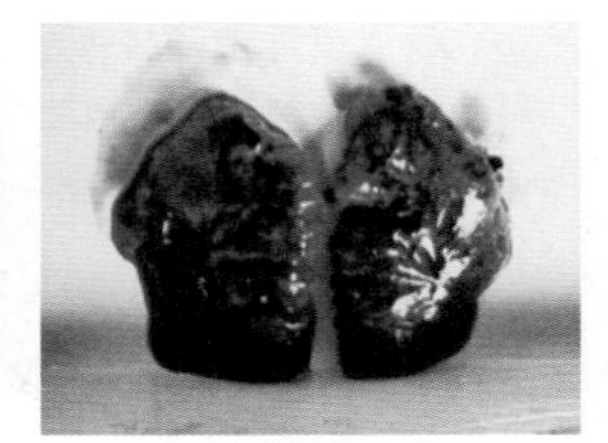
图 6-23　病鸭肺上有出血点

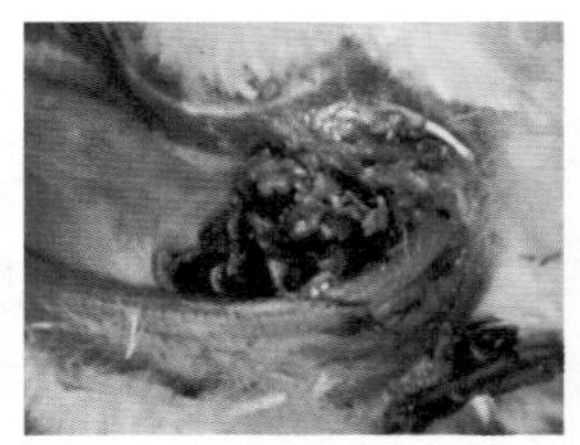
图 6-24　病鸭嗉囊内有摄入的蛆虫

类症鉴别

病名	与鸭肉毒梭菌毒素中毒的相似点	与鸭肉毒梭菌毒素中毒的不同点
鸭李氏杆菌病	二者均多为群发，均有突然发病，精神萎靡，羽毛松乱，翅膀下垂，腿软无力，腹泻；并均有肠道出血等剖检病变	鸭李氏杆菌病病例冠髯发绀，脱水，皮肤暗紫，倒地侧卧、腿划动，或盲目乱闯、尖叫，头颈弯曲，仰头，阵发性痉挛；剖检可见脑膜血管充血，肝脏肿大、呈土黄色，有紫色瘀血斑和白色坏死点，质脆易碎，脾脏肿大、呈黑红色；血液病料涂片、革兰染色可见排列“V”状的阳性小杆菌

（续）

病名	与鸭肉毒梭菌毒素中毒的相似点	与鸭肉毒梭菌毒素中毒的不同点
鸭食盐中毒	二者均表现两肢无力，麻痹，腹泻，最后心衰死亡；并均有肠道充血、出血等剖检病变	鸭食盐中毒的病因是吃咸鱼粉或日粮中食盐过多；病鸭无食欲，饮欲增加，口鼻流出大量黏液，嗉囊扩张；剖检可见脑膜血管充血、扩张，心包积液，肝脏瘀血、有出血斑，皮下组织水肿；用硝酸银滴定嗉囊内容物可测知食盐含量
鸭黄曲霉毒素中毒	二者均表现精神不振，打瞌睡，毛松乱，翅下垂，懒动；并均有肠道充血、出血等剖检病变	鸭黄曲霉毒素中毒的病因是鸭吃了黄曲霉毒素污染的饲料；病鸭共济失调，跛行，颈肌痉挛，角弓反张，鸭冠苍白，稀便含血；剖检可见肝脏肿大、呈橘黄色或土黄色，呈弥漫性出血和坏死，胆囊肿大、壁增厚（胆囊上皮增生），脾脏肿大、呈浅黄色或灰黄色，腺胃、肌胃有出血，心脏色变白，肾脏肿大、苍白，卵巢卵泡膜增厚、呈紫红色或黄绿色，内容物呈油脂样或干酪样；将所用饲料用紫外线照射观察荧光，G 族毒素为亮黄绿色荧光，如为 B 族毒素可见到蓝紫色荧光

预防措施

1）鸭子应在大空间、通风良好的舍内饲养，粪便应及时清理。

2）不喂腐败的饲料，死亡的动物尸体要焚烧或深埋。

治疗方法

1）病鸭食道膨大部如仍有腐败的动物性食物，可将鸭头下垂，用手将食道膨大部内的食物缓缓挤出。挤尽后，以大号的金属注射器套上小而长的橡皮管，向食道膨大部灌注 0.1% 高锰酸钾溶液，摇荡鸭体，再将鸭头倒悬，将高锰酸钾和食物挤出，如此反复 2~3 次即可。

2）食道膨大部内已无饲料时可用轻泻剂，每只鸭灌服硫酸镁溶液 3~6 克，8 小时后用磺胺脒、碱式硝酸铋各 0.25 克，灌服，每天 3 次。或用大蒜 1000 克，加入少量冷开水食盐溶液（食盐不能超过饲料用量的 0.5%），灌服 100 只鸭。或灌服淡糖水、绿豆汤。有条件时，可以腹腔注射同型的抗 C 型肉毒抗毒素，成年鸭每只 4 毫升，雏鸭每只 2 毫升。轻症者，放在清洁的深水中，任其采食幼嫩草，1~2 天即可痊愈。

六、鸭亚硝酸盐中毒

鸭亚硝酸盐中毒是由于鸭摄食了含大量亚硝酸盐的青绿饲料后而引起的中毒症。其临床症状主要是机体严重缺氧，可视黏膜发绀。主要病理变化为血液凝固不良，呈酱油色。

病因分析

亚硝酸盐中毒，又称高铁血红蛋白血症。主要是由于富含硝酸盐的饲料（如甜菜、萝卜、马铃薯等块茎类，白菜、油菜、菠菜，各种牧草、野菜等）在硝酸盐还原菌（具有硝化酶和供氢酶的反硝化菌类）的作用下，经还原作用而生成为亚硝酸盐。一旦被吸收入血后引起鸭只血液输氧功能障碍。因此，亚硝酸盐的产生，取决于饲料中硝酸盐的含量和硝酸盐还原菌的活力。在一般情况下，习惯用青饲料喂鸭的地区，鸭群发生亚硝酸盐中毒的机会就会多一些。当绿色饲料在食用之前保存不当，堆放过久，雨淋日晒，腐败变质，或加工、调制处理不当，如蒸煮青绿饲料时，不加搅拌或搅拌不够，蒸煮不透、不熟，或煮后放在锅里，加盖闷着，在这种情况下，可使饲料中的硝酸盐变成亚硝酸盐。鸭采食了这样的饲料就会发生中毒。当鸭体本身消化不良，胃内酸度下降，可使胃肠（尤其是雏鸭食管膨大部）内的硝化细菌大量生长繁殖，胃肠的内容物发酵，而将硝酸盐还原为亚硝酸盐，导致鸭中毒。

饮用硝酸盐含量过高的水，也是引起鸭亚硝酸盐中毒的原因之一。施过氮肥的农田，在田水、深井水，或垃圾堆附近的水源，也常含有较高浓度的硝酸盐。

亚硝酸盐属于一种强氧化剂毒物，被鸭体一旦吸收入血液后，就能使血红蛋白中的二价铁（Fe^{2+}）脱去电子后被氧化为三价铁（Fe^{3+}），这样就会使体内正常的低铁血红蛋白变为变性的高铁血红蛋白。三价铁同羟基结合较牢固，流经肺泡时不能氧合，流经组织时不能氧离，致使血红蛋白丧失正常携氧功能，而引起全身性缺氧。这样就会造成全身各组织，特别是脑组织受到急性损害，同时还会引起鸭呼吸困难，甚至呼吸麻痹，神经系统紊乱而死亡。

临床症状

鸭亚硝酸盐中毒，多呈急性发作，在采食了含亚硝酸盐的饲料之后，表现精神不安，不停跑动，但步态不稳，多因呼吸困难窒息死亡。

病程稍长的病例，常表现张口，口渴，食欲减退，呼吸困难，口腔黏膜、眼结膜和胸、腹皮肤发绀。大多数病例体温下降，心跳减慢，肌肉无力而软弱，双翅下垂，两脚发软，最后发生麻痹、昏睡而死。

病情较轻的病例，仅表现轻度的消化机能紊乱和肌肉无力等症状，一般可以自愈。

病理变化

体表皮肤、耳、肢端和可视黏膜呈蓝紫色（即发绀），体内各浆膜颜色发暗；血液呈巧克力色泽或酱油状，凝固不良；肝脏、脾脏、肾脏等脏器均呈黑紫色，切面明显瘀血，并流出黑色不凝固血液；气管与支气管充满白色或浅红色泡沫样液体；肺膨胀，肺气肿明显，伴发肺瘀血、水肿；胃、小肠黏膜出血，肠系膜血管充血；心外膜出血，心肌变性坏死（图 6-25、图 6-26）。

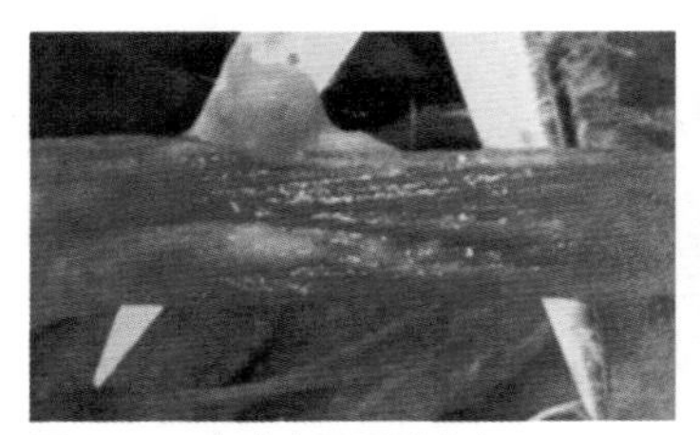
图 6-25　病鸭小肠黏膜出血

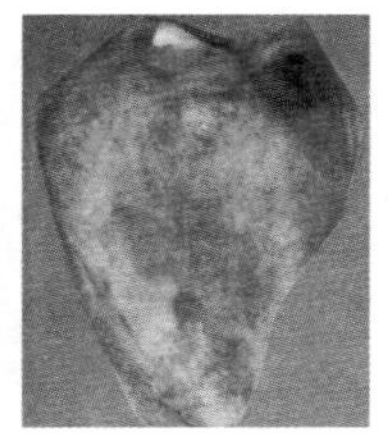
图 6-26　病鸭心外膜出血

类症鉴别

病名	与鸭亚硝酸盐中毒的相似点	与鸭亚硝酸盐中毒的不同点
番鸭小鹅瘟	二者均有发病突然，呼吸困难，四肢麻痹、卧地不起；肝脏瘀血、肠道出血等临床症状和剖检病变	番鸭小鹅瘟的病原是小鹅瘟病毒，是发生于雏鹅、雏番鸭的一种急性、病毒性传染病，主要发生于3~20日龄，3周龄以上发病率逐渐降低；剖检可见小肠黏膜发炎、坏死，小肠中、下段外观似“香肠样”，内有带状或圆柱状灰白色或浅黄色栓子，栓子较短，呈2~5厘米的节段，有的没有栓子，但整个肠腔中充满黏稠的内容物，黏膜充血、发红。鸭亚硝酸盐中毒各日龄鸭均可发生，体表皮肤、耳、肢端和可视黏膜呈蓝紫色（即发绀）；体内各浆膜颜色发暗，血液呈巧克力色泽或酱油状，凝固不良
鸭禽流感	二者均有发病急且病程短，食欲减退，呼吸困难，抽搐、四肢麻痹卧地；胃肠道出血等临床症状和剖检病变	鸭禽流感的病原是A型流感病毒，具有极强的传染性；病鸭体温升高，排白色或带浅黄绿色水样稀便，头颈部肿大，皮下水肿，眼睛潮红或出血，眼结膜有出血斑，眼睛四周羽毛粘着褐黑色分泌物，严重者失明，绝大多数病鸭有间歇性转圈运动，转圈后倒地并不断滚动等神经症状，有的病例头颈部不断做点头动作。鸭亚硝酸盐中毒有摄入史，口腔黏膜和冠髯发紫，并伴有抽搐、四肢麻痹卧地不起等症状；血液呈巧克力色泽或酱油状，凝固不良，肝脏、脾脏、肾脏等脏器均呈黑紫色，切面明显瘀血，并流出黑色不凝固血液，气管与支气管充满白色或浅红色泡沫样液体

预防措施

1）防止鸭亚硝酸盐中毒的关键措施是不喂腐败、变质、发霉的饲料和堆放时间太长的青绿饲料。

2）青绿饲料如需蒸煮时，应边煮边搅拌，煮透、煮熟后立即取出，并充分搅拌，让其快速冷却后饲喂。

3）菜类饲料应放置在阴凉通风的地方，摊开敞放，经常翻动。特别要注意的是切勿将菜类饲料切碎堆放后才喂鸭。

治疗方法

1）更换新鲜饲料和清洁饮水。

2）亚甲蓝是对本病最有效的解毒药物。一旦发现鸭群中毒，可静脉注射1%亚甲蓝注射液，每千克体重0.1毫升。或腹腔注射，每千克体重0.4毫升。同时配合注射50%葡萄糖及维生素C注射液。或每只病鸭口服维生素C 1片（100毫克），每天1次，连用2~3天。

七、鸭磺胺类药物中毒

磺胺类药物是一类具有对氨基苯磺胺结构的广谱抗菌药物的总称，被广泛地应用于家禽的细菌性疾病及球虫病的防治。但由于该类药物对家禽的肝脏、肾脏、造血和免疫系统有毒害作用，而且治疗量与中毒量较接近，极易引起家禽的中毒。鸭的磺胺类药物中毒就是指因磺胺类药物使用不当而引起的中毒。病鸭可表现为皮肤、皮下组织、肌肉和内脏器官出血等特征。雏鸭敏感性比成年鸭高。

鸭磺胺类药物中毒的直接原因是使用磺胺类药物剂量过大，用药时间过长或拌料不均匀。磺胺类药物的一般使用剂量：口服为每千克体重0.1克（首次加倍），肌内注射为每千克体重0.07克，连用3~5天。超过了这个用量，或连用时间超过7天，就有可能造成鸭的中毒。

1月龄以内的雏鸭因体内肝脏、肾脏等器官功能不完备，对磺胺类药物的敏感性较高，容易引起中毒。因磺胺类药物本身在体内代谢就较缓慢，不易排泄，肝脏、肾脏有疾病的鸭因体内的蓄积也易导致中毒。饲料中维生素K缺乏也能促进磺胺类药物中毒的发生。

急性中毒主要可表现为兴奋症状，病鸭拒食，腹泻，出现平衡失调，站立不稳，头颈扭曲，麻痹，痉挛等神经症状，严重者出现明显症状后12小时内死亡（图6-27、图6-28）。慢性中毒则精神沉郁，羽毛粗乱，食欲减退或废绝，饮欲增加，贫血，头部

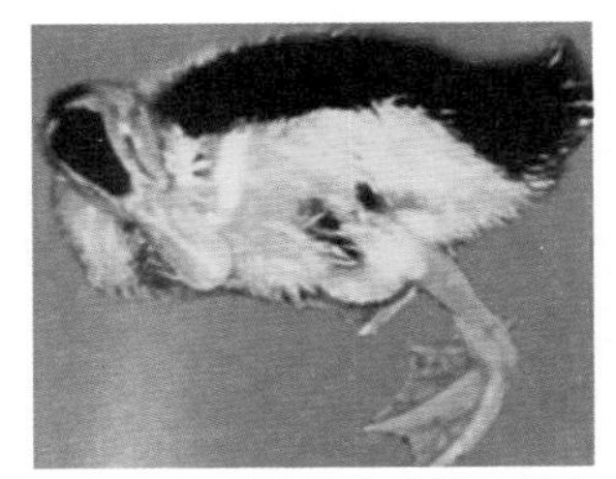

图 6-27　病鸭平衡失调，站立不稳

图 6-28　病鸭神经症状，表现为头颈扭曲

常肿大、发暗，眼半闭，脚软，双翅下垂、翅下出现皮疹，便秘或腹泻、粪便暗红色。产蛋减少，产软壳蛋或停产。个别鸭关节肿胀，跛行，瘫痪。

病理变化

主要是引起出血综合征，可见皮肤、皮下、肌肉（尤以胸肌、大腿内侧肌明显）、内脏等多部位出血（图 6-29、图 6-30）；血液稀薄、凝固不良；肝脏、脾脏肿大、充血、出血（图 6-31、图 6-32）；肾脏肿大、呈土黄色，有出血斑，切面散在灰白色区域，实质萎缩（图 6-33）；输尿管增粗、充满白色尿酸盐；肝脏肿大、质脆、呈紫红色

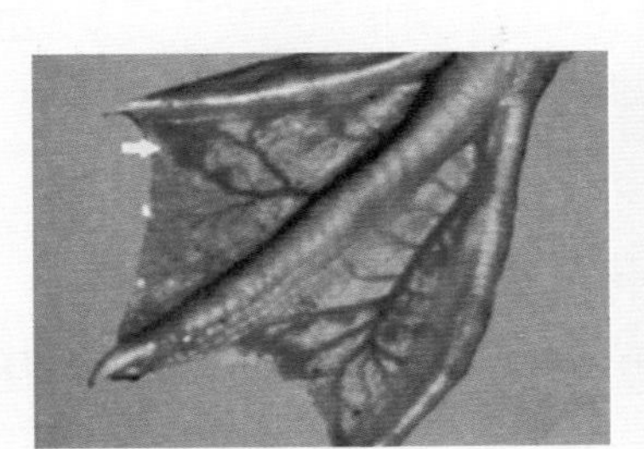

图 6-29　病鸭脚蹼出血

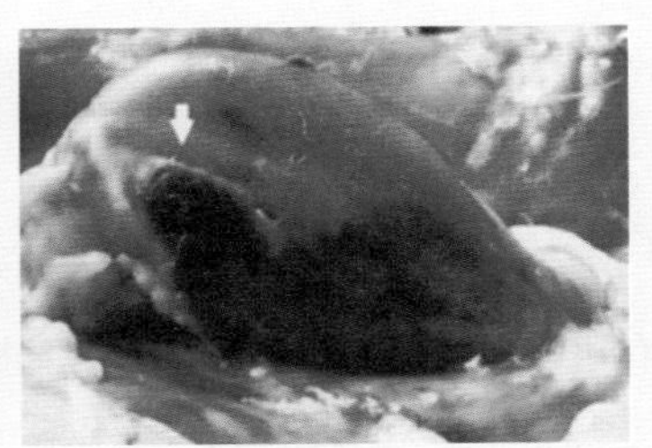

图 6-30　病鸭腿部皮下、肌肉出血

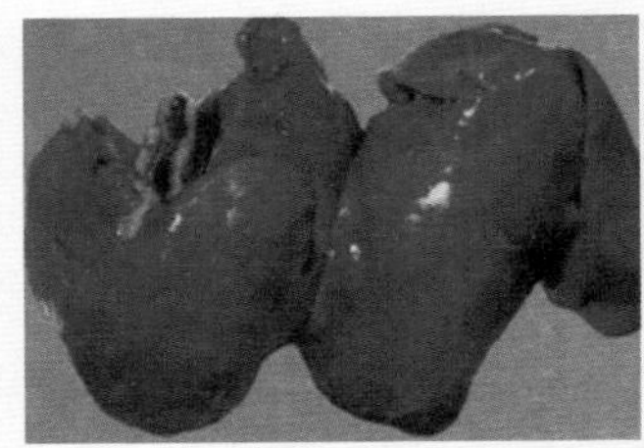

图 6-31　病鸭肝脏肿大、充血、出血

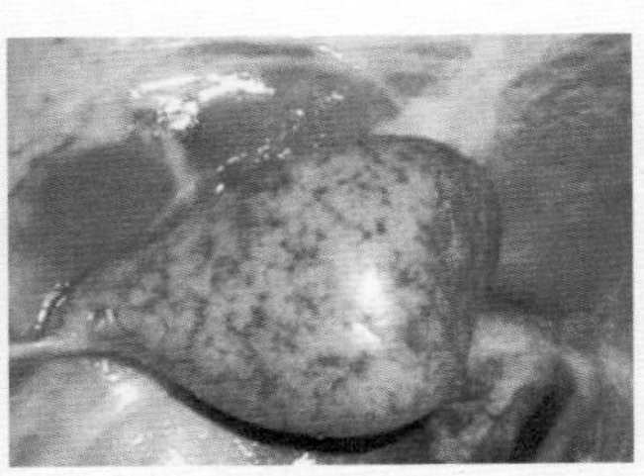

图 6-32　病鸭脾脏肿大、充血、出血

图 6-33　病鸭肾脏肿大、出血

或黄褐色，有出血斑点或条带；腺胃黏膜及肌胃角质层下、小肠黏膜等都可出现出血斑点，十二指肠黏膜脱落；有的关节腔内有少量尿酸盐沉积。

类症鉴别

病名	与鸭磺胺类药物中毒的相似点	与鸭磺胺类药物中毒的不同点
鸭结核病	二者均表现精神委顿，羽毛松乱，冠髯苍白，贫血，腹泻，增重缓慢，产蛋率下降	鸭结核病的病原为结核分枝杆菌；病鸭呆立不愿活动，进行性消瘦；剖检可见肺、脾脏、肝脏、肠系膜均有结节，切开内容物呈干酪样，涂片染色镜检可见结核分枝杆菌
鸭叶酸缺乏症	二者均有生长停滞，贫血，白细胞减少，成年鸭产蛋率下降；肠道出血等临床症状和剖检病变	鸭叶酸缺乏症的病因是叶酸缺乏；病鸭羽毛生长不良，色素缺乏，特征性伸颈、麻痹；死胚胎胫骨弯曲，肝脏、脾脏、肾脏缺血

预防措施

1）对 10 日龄以下雏鸭或产蛋鸭应少用或禁用。

2）严格控制磺胺类药物的使用剂量和疗程（一般不宜超过 5 天）。

3）使用磺胺类药物期间，应提高饲料中的维生素 K 和 B 族维生素的含量。同时注意供给充足的饮水。

4）将 2~3 种磺胺类药物联合使用，以便提高疗效，减少药物毒性。另外，在临床上可选用含有增效剂的磺胺类药物（如磺胺对甲氧嘧啶、复方磺胺甲噁唑等），因其用量小，毒性也较低。

八、鸭有机磷农药中毒

病因分析

有机磷农药的品种繁多，并不断更新，已成为防治植物病虫害的重要手段，广泛应用于农业生产和牧草生产，对保护农作物、牧草和蔬菜起着一定的作用。多年来各国都致力于研制高效、低毒或无毒、残毒期短的有机磷农药，但由有机磷农药引起鸭群急性或慢性中毒的事件仍时有发生，甚至造成鸭群成批死亡。因此，预防鸭群有机磷农药中毒，对保证养鸭生产的正常发展具有重要意义。

在生产中，如果鸭误食喷洒过有机磷杀虫药不久的牧草或蔬菜等；误食拌过或浸过有机磷杀虫药的种子，如为了防治地下害虫而用 1605、敌百虫等拌种；用敌百虫等溶液杀灭鸭的体外寄生虫时，浓度过大，浸洗时间过长；违反使用、保管有机磷农药安全操作规程，在同一库房内贮存饲料和农药，或在饲料库内拌种和配制农药，从而污染了饲料，这些均可引起鸭中毒。

有机磷的毒性作用主要是通过皮肤、呼吸道和消化道吸收后与体内的胆碱酯酶结合，形成磷酰化胆碱酯酶，使胆碱酯酶失去活性，丧失催化乙酰胆碱水解的能力，导致体内乙酰胆碱蓄积过多而出现中毒症状。

鸭中毒的程度不一，主要取决于鸭食入有机磷的量。

最急性中毒，往往在未出现明显临床症状之前鸭突然倒地死亡。

急性中毒的鸭则表现不安，瞳孔缩小，食欲废绝，频频排粪，继而张口呼吸，不会鸣叫。后期体温下降，窒息倒地而死亡。

中毒较严重的病例表现的典型症状主要为口流白沫，不断出现吞咽动作，流涎，流泪（图 6-34）；张口呼吸，运动失调，两脚无力，站立不稳，行走摇晃不定或后肢麻痹；眼结膜充血（图 6-35），瞳孔缩小（图 6-36）；不会鸣叫；频频摇头，并从口中甩出饲料，全身发抖，肌肉震颤，角弓反张（图 6-37）；泄殖腔括约肌急剧收缩，频频排出稀便；最后体温下降，昏迷倒地窒息而死。

图 6-34　病鸭流涎

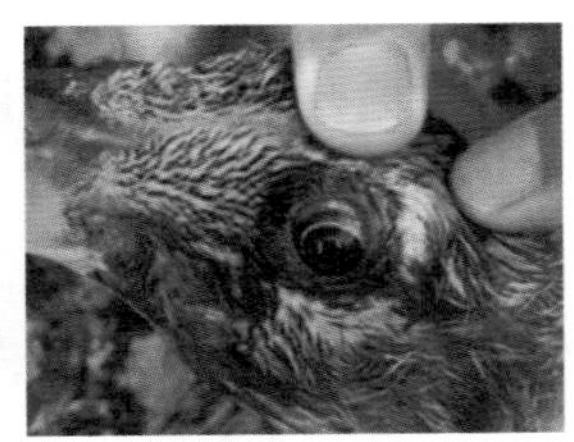
图 6-35　病鸭眼结膜充血

图 6-36　病鸭瞳孔缩小

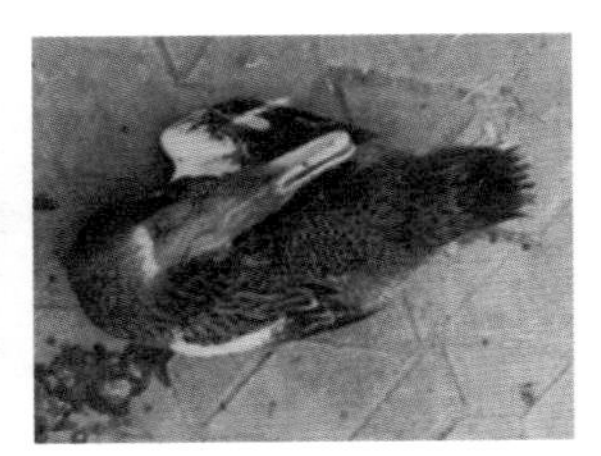
图 6-37　病鸭角弓反张

剖检可见胃内容物有特殊的大蒜气味，胃肠黏膜出血、脱落和出现不同程度的溃疡；肝脏、肾脏肿大、质脆，并有脂肪变性；肺充血、水肿，心肌、心冠脂肪有出血点，血液呈现暗黑色。

病名	与鸭有机磷农药中毒的相似点	与鸭有机磷农药中毒的不同点
鸭有机氟化合物中毒	二者均表现食欲废绝，呕吐，震颤，兴奋不安，心跳、呼吸快，尖叫，抽搐	鸭有机氟化合物中毒病例因吃了被有机氟化合物污染的饲料或水而发病；惊恐尖叫，向前直冲，不避障碍物，瞳孔散大，发作持续几分钟后出现缓和，然后又重新发作；抑制期嗜睡，精神沉郁，肌肉松弛；用羟肟酸反应，如有氟乙酰胺存在出现红色

（续）

病名	与鸭有机磷农药中毒的相似点	与鸭有机磷农药中毒的不同点
鸭食盐中毒	二者均有食欲减退或废绝，流涎，空嚼，下痢，肌肉震颤，心跳快，兴奋不安，步态不稳；脑充血、水肿，气管充满泡沫等临床症状和剖检病变	鸭食盐中毒病例因吃了含盐太多的饲料而发病；口腔黏膜潮红肿胀，渴甚喜饮，瞳孔散大，腹部皮肤发绀；剖检可见胃内容物无大蒜、韭菜、胡椒等异味
鸭氢氰酸中毒	二者均表现兴奋不安，流涎，眼球震颤，瞳孔缩小，抽搐，呼吸快	鸭氢氰酸中毒病例因吃了木薯、亚麻籽、高粱和玉米嫩苗等而发病；可视黏膜呈鲜红色，最后变苍白，瞳孔先缩小后放大，眼球凸出震颤，后反射消失，痉挛，心动徐缓；剖检可见血液鲜红、凝固不良，胃内容物有杏仁味；取检材分别加硫酸亚铁等试液，如滤纸中心呈蓝色即证明有氰化物
鸭安妥中毒	二者均有兴奋不安，呼吸快，尖叫；肺有水肿，气管有泡沫，胃黏膜脱落等临床症状和剖检病变	鸭安妥中毒病例因误食安妥而发病；呼吸急促，如发生进行性呼吸困难，眼球凸出，静脉怒张，黏膜发绀；剖检可见肺全部呈暗红色，极度肿大，气管内有血色泡沫，肝脏、脾脏呈暗红色、均不肿大；将食物、胃内容物经处理后所得的残渣，取少量放在白瓷板上，加硝酸数滴即变红色，继而变橙红色，最后变橙色

预防措施

1）对农药要严格管理，必须专人负责，专门管理，注意安全。用有机磷拌过的种子必须妥善保管，禁止堆放在鸭舍周围。制定一整套农药保管和使用制度，确保人畜安全。

2）放牧前必须充分了解周围田地和水域是否喷洒过农药。以免放牧时造成中毒。

治疗方法

鸭一旦误食了有机磷农药，多呈急性中毒，往往来不及治疗。倘若发现得早，中毒不深，可用下列药物进行治疗：

碘解磷定注射液 每只成年鸭（体重2.5~5千克）肌内或皮下注射0.2~0.5毫升（每毫升含40毫克）。硫酸阿托品注射液1毫升（每毫升含0.5毫克）；每隔30分钟内服阿托品片剂1片，连服2~3次，并给予充分饮水。雏鸭（体重0.5~1千克）内服阿托品1/3~1/2片，以后按每只雏鸭1/10片的剂量溶于水灌服，隔30分钟1次，连用2~3次。

如果是 1605（乙基对硫磷）中毒，可根据病鸭的大小灌服 1%~2% 石灰水（上清液）3~5 毫升。因 1605 遇到碱性物质能很快分解而失去毒性。如果是敌百虫中毒，则不能服用石灰水，因敌百虫遇碱能变成毒性更强的敌敌畏。

九、鸭一氧化碳中毒

病因分析

一氧化碳俗称煤气，主要是煤炭（或木炭）在供氧不足的状态下燃烧不完全而产生的。

本病多见于深秋、冬、春季节，有些养鸭户在育雏时，常用煤炉或木炭炉加温保暖，由于装置欠妥或通风不良，造成了室内空气中的一氧化碳浓度过高，当室内空气中的一氧化碳浓度达到 0.04%~0.05% 及以上时，就可使雏鸭发生中毒。

由于一氧化碳与血红蛋白的亲和力比氧气与血红蛋白的亲和力大 200~300 倍，而碳氧血红蛋白的解离力却是氧合血红蛋白的 1/3600。因此，一氧化碳被吸入肺后，即与氧争夺血红蛋白结合，如果血液一旦积聚了大量的碳氧血红蛋白，便会使血红蛋白失去了输送氧气的能力，从而造成机体急性缺氧血症。

鸭一氧化碳中毒后，轻症者表现为食欲减退，精神萎靡，羽毛松乱，雏鸭生长缓慢；重症者表现为精神不安，昏迷，呆立嗜睡，呼吸困难，运动失调，死前出现惊厥。

病死鸭剖检可见血液、脏器呈鲜红色，肺呈弥漫性充血、出血和水肿，肝脏呈鲜红黄色（图 6-38、图 6-39），黏膜及肌肉呈樱红色，并有充血及出血等现象。

图 6-38　病鸭肺呈弥漫性充血、出血和水肿

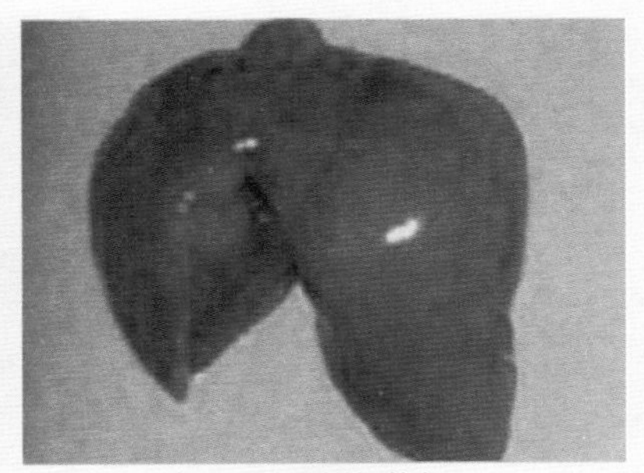
图 6-39　病鸭肝脏呈鲜红黄色

类症鉴别

病名	与鸭一氧化碳中毒的相似点	与鸭一氧化碳中毒的不同点
鸭李氏杆菌病	二者均表现精神委顿，呆立，毛粗乱，神志不清，阵发抽搐	鸭李氏杆菌病的病原为李氏杆菌，具有传染性；病鸭冠髯发绀，皮肤暗紫，两翅下垂，卧地不起、腿划动；剖检可见脑膜血管明显充血，心肌有坏死灶，肝脏肿大、呈土黄色、有紫色瘀斑和白色坏死点，脾脏呈黑红色；血液或脏器涂片镜检可见排列“V”形革兰阳性的小杆菌
鸭镁缺乏症	二者均表现昏睡，短时间气喘，惊撅	鸭镁缺乏症的病因是日粮中镁缺乏所致；病鸭停止生长，受惊后出现短时间气喘、惊撅，并转入昏迷死亡

防治措施

在生产中，应经常检查育雏室及鸭舍的采暖设备，防止漏烟倒烟。鸭舍内要设有通风孔，使舍内通风良好，以防一氧化碳蓄积。鸭一氧化碳中毒后，轻症者不需要特别治疗，将病鸭移放于空气新鲜处，可逐渐好转。严重中毒时，应同时皮下注射生理盐水或等渗葡萄糖液、强心剂，以维护心脏与肝脏功能，促进其痊愈。

第七章

鸭其他普通病的鉴别诊断与防治

07

一、鸭痛风

鸭痛风又称尿毒症，主要是由于蛋白质代谢障碍，尿酸在血液中大量蓄积，以致关节、软骨、内脏和皮下结缔组织发生尿酸盐沉积而引起的。它是一种营养性疾病，临床上以行动迟缓，关节肿大，跛行，厌食，腹泻为特征。各种年龄的家禽均可发生。

这种尿酸盐是由核蛋白分解产生的，可能来自饲料中的蛋白质，称为外源性尿酸盐。也可能由于中毒以致身体组织本身蛋白质的分解增多，称为内源性尿酸盐。

本病发生的原因较为复杂，主要因素有以下几个方面。

1）长期饲喂大量的动物内脏（肝脏、肾脏、脑、胸腺）、肉屑、鱼粉、大豆、豌豆、开花的白菜等富含蛋白质和核蛋白的饲料。

2）与日粮中缺乏维生素 A、维生素 D 也有密切关系，如母鸭具有明显维生素 A 缺乏症时，喂以大量动物性饲料，其鸭胚呈现明显的痛风病变。

3）鸭的肾脏机能障碍，如饲喂磺胺类药物过多、慢性铅中毒引起肾脏损害时，会促进尿酸血症的发展。某些能引起肾脏功能减退的传染病和寄生虫病会使尿酸排泄减少，当血中尿酸含量过多时，也会发生本病。

4）当发生白血病、淋巴瘤病和骨髓坏死等疾病，由于细胞坏死有大量核酸分解，使尿酸生成增多；日粮中钼、铜的含量过大，使血清中的钼、铜含量升高；身体组织发生大量破坏，这些都可能引起痛风。

5）鸭舍过分拥挤、潮湿、阴冷，鸭群缺乏适当的运动和日光照射，饲料的矿物质配合不当等，也是本病的诱因。

临床症状

由于尿酸盐在体内沉积的部位不同，痛风在临床上可分为以下两种类型，两者往往同时发生，病程通常多呈慢性经过。

（1）内脏型痛风 全身营养障碍，生长停滞，逐渐消瘦，虚弱贫血，精神委顿，食欲减退，羽毛松乱，活动无力，喜卧懒动，排出白色半黏液状、含有大量尿酸盐的稀便（图 7-1、图 7-2）。死亡率很高，产蛋量减少或停止。

（2）关节型痛风 本病发生较少，症状特征是关节肿胀（图 7-3、图 7-4），脚趾和腿部关节出现豌豆大至蚕豆大的黄色坚硬结节，溃破则流出白色稠膏状的尿酸盐，腿软无力，运动迟缓，站立姿势异常。全身症状与内脏型痛风相似。

图 7-1 患病雏鸭两腿无力，行走困难

图 7-2 病鸭排出白色奶油样半黏液状、含有尿酸盐的稀便

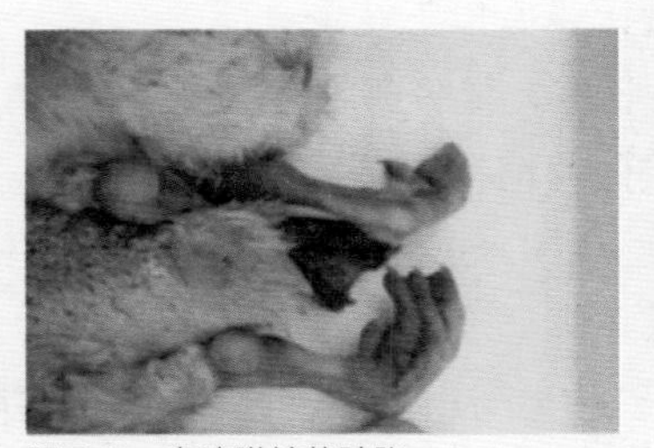

图 7-3 病鸭跗关节肿胀

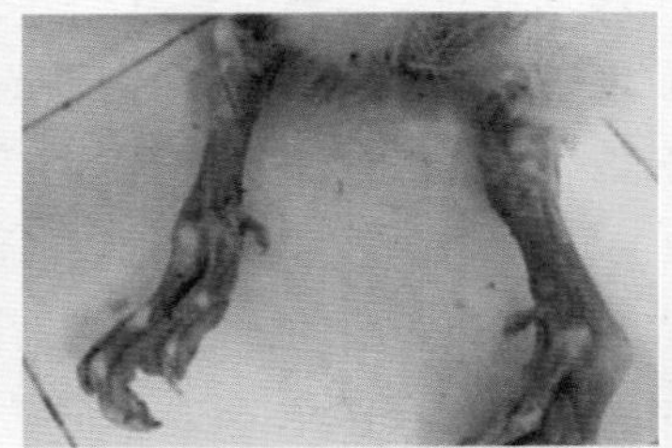

图 7-4 病鸭脚趾关节肿胀

病理变化

（1）内脏型痛风 病鸭皮下尤其两翅肋下，见有尿酸盐沉积；食道膨大，肌胃缩小，肠系膜血管怒张，瘀血；心包积液；肝脏肿大、质脆；肾脏肿大，色泽变浅，切面有白色微粒，表面有尿酸盐沉积形成的白色斑点；输卵管肿大，管腔充满石灰样沉淀物；病情严重的，心脏、肝脏、脾脏、肾脏和肠系膜、腹膜的表面也有尿酸盐沉积，多的时候像一层白色薄膜（图 7-5~ 图 7-8）；输尿管增大 1 倍以上，并被白色尿酸盐所阻塞，外面也包裹一层尿酸盐。

图 7-5 病鸭心包、肝脏有白色尿酸盐沉积

（2）关节型痛风 可见到关节表面和关节周围组织中有白色尿酸盐沉积（图 7-9）；切开肿大的关节，则流出白色黏稠、含有尿酸盐的液体；有些关节表面发生糜烂。

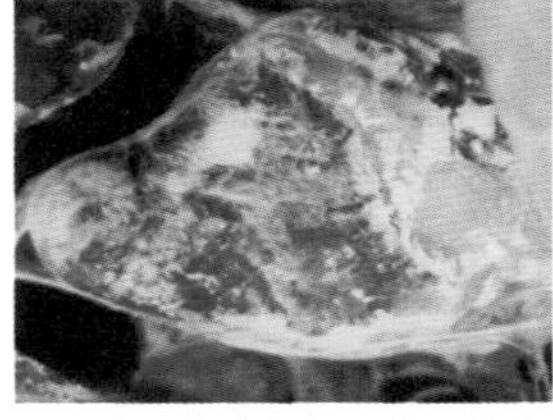

图 7-6 病鸭心包、心肌有白色尿酸盐沉积

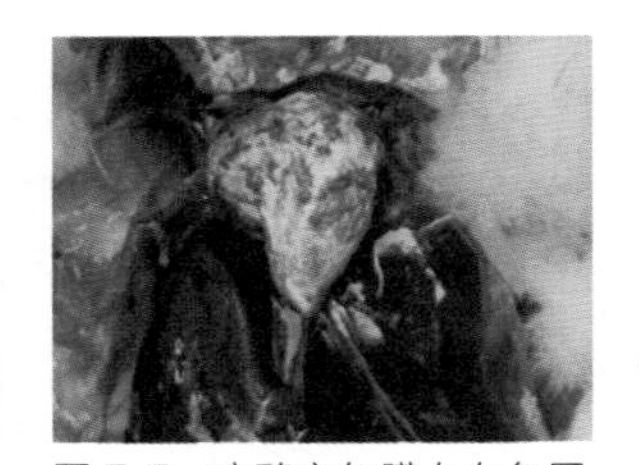

图 7-7 病鸭心包膜有白色尿酸盐沉积

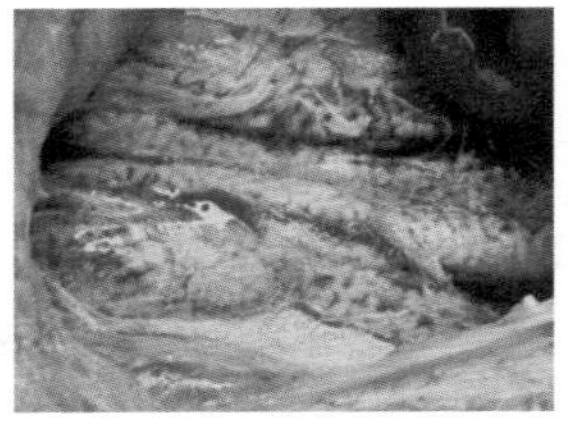

图 7-8 病鸭肾脏因尿酸盐沉积肿大、色浅呈斑驳状

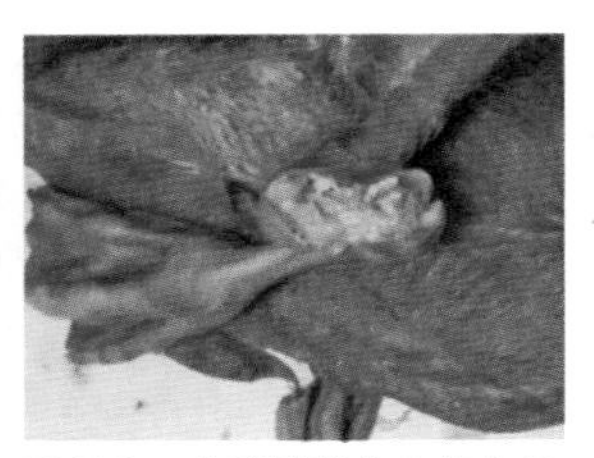

图 7-9 病鸭跗关节内有白色黏稠的尿酸盐沉积

类症鉴别

病名	与鸭痛风的相似点	与鸭痛风的不同点
鸭病毒性关节炎	二者均表现食欲减退，消瘦，贫血，关节肿胀，跛行	鸭病毒性关节炎的病原为呼肠孤病毒；病鸭喜坐于关节上，驱赶时勉强走动，重时单脚跳；剖检可见关节腔呈浅红色，滑膜囊充血、出血，关节腔有黄色或血色干酪样渗出物；酶联免疫吸附试验双抗体夹心法有较高的特异性和敏感性
鸭滑液支原体感染	二者均表现关节肿胀，跛行，冠苍白，贫血，消瘦，粪中有大量的尿酸和尿酸盐	鸭滑液支原体感染的病原为滑液支原体；病鸭关节热肿、疼痛，呼吸型还有打喷嚏，咳嗽，流鼻液；剖检可见腱鞘、滑膜、骨关节发炎、有渗出干酪样物，关节软骨糜烂，严重时头顶、颈上方出现干酪样物，肝脏、脾脏肿大；用 0.02 毫升的血清与等量抗原在玻璃板上混合，将玻璃板轻微转动可观察到凝集反应

（续）

病名	与鸭痛风的相似点	与鸭痛风的不同点
鸭弓形虫病	二者均表现厌食，消瘦，贫血，冠苍白，排白色稀便，步态不稳	鸭弓形虫病的病原为弓形虫；病鸭震颤，痉挛性收缩，角弓反张，歪头转圈；剖检可见心室轻度扩张，心包有红色液体，外有圆形结节，腺胃壁增厚、有溃疡，小肠有结节且明显增厚，肝脏肿大、有凝固性坏死；用腹腔液涂片可见虫体。鸭痛风有饲喂过量的蛋白质饲料或长期使用对肾脏有损害的抗菌药物的病史，有内脏器官表面和其他组织器官沉积大量尿酸盐的特征性病理变化
鸭钙、磷缺乏症和比例失调	二者均表现关节肿大，跛行，生长缓慢，有的腹泻	鸭钙、磷缺乏症和比例失调的病因是钙、磷缺乏和比例失调；病鸭走路僵硬，雏鸭喙爪弯曲，肋骨末端有串珠小结节，产薄壳蛋、软壳蛋，后期胸骨呈“S”状弯曲；剖检可见骨体变薄、易折断

预防措施

1）注意掌握饲料中的蛋白质含量，不宜过多饲喂动物性蛋白质饲料。钙、磷比例要适当，要供应充足的新鲜青绿饲料，饲料中要补充丰富的维生素（特别是维生素A），注意多放牧。

2）平时要注意防止会影响肾脏机能的各种因素，如使用磺胺类和碳酸氢钠等药物时，应防止过量和服用时间过长。还要注意防止慢性铅、钼中毒。

3）充分给予饮水，以利于尿酸的排出，并在饮水中添加0.05%高锰酸钾或0.4%~0.7%碳化钾。

治疗方法

目前还没有特效疗法。可试用能增强尿酸盐排泄的药物治疗。.

（1）阿托方（苯基喹啉羟酸） 每次0.2~0.5克，每天2~3次，可提高肾脏排泄尿酸盐的能力，减轻疼痛，硬化结节，也可增强肝脏排出胆汁的机能。但长期使用对肝脏有不良影响。

（2）异嘌呤醛 每次口服10~30毫克，每天2次，本品能抑制黄嘌呤酶，使次黄嘌呤和黄嘌呤不能转化为尿酸。但用药期间可导致急性痛风发作。

（3）秋水仙碱 每次50~100毫克，每天3次，能使急性痛风缓解。

（4）硫胺素注射液 每只肌内注射5毫克，每天1次，连用3~5天，对重症病鸭疗效较佳。

（5）车前草（中药） 1千克车前草加适当水煎成浓液，用凉水稀释到15千克，置盆中任鸭自饮。重症病鸭服用煎煮浓液2~3毫升，每天2次，连用3天。

二、鸭脂肪肝综合征

鸭脂肪肝综合征又称脂肝病，是由于鸭体内脂肪代谢障碍，大量的脂肪沉积于肝脏，引起肝脏脂肪变性的一种内科疾病。

本病多发生于寒冷的冬季和早春，主要见于产蛋鸭群。

由于此季节天气寒冷，青绿饲料缺乏，鸭群多饲喂单一饲料稻谷，在产蛋季节，饲喂量充足，原放养鸭群采食量大，而且活动量比以前减少，容易使脂肪在体内沉积，肝脏发生脂肪变性，当人为强行追逐、捕捉鸭或在产蛋时受惊吓，易造成肝脏破裂而急性死亡。临床所见病例都是营养良好的产蛋母鸭。鸭脂肪肝综合征的发病原因主要有以下几方面。

1）饲料单一，长期饲喂碳水化合物过高的日粮，同时饲料中缺乏蛋氨酸、胆碱、生物素、维生素 E、肌醇等中性脂肪合成磷脂所必需的因子，造成大量的脂肪沉积于肝脏而产生脂肪变性。

2）缺乏运动或运动少，容易使脂肪在体内沉积，往往也是诱发本病的重要因素。

3）某些传染病和黄曲霉毒素等也可能引起肝脏脂肪变性。

发病鸭群营养良好，产蛋率不高，病鸭无特征性临床症状，常因肝脏破裂而急性死亡。

剖检可见皮肤、肌肉苍白，贫血，肝脏肿大，色泽变黄，质地较脆，有时表面有散在的出血斑点，常见肝包膜下（一侧肝叶多见）或体腔中有大量的血凝块，腹腔和肠系膜有大量的脂肪组织沉着（图 7-10、图 7-11）。若并发沙门菌病，可见肝脏表面有散在的坏死灶。

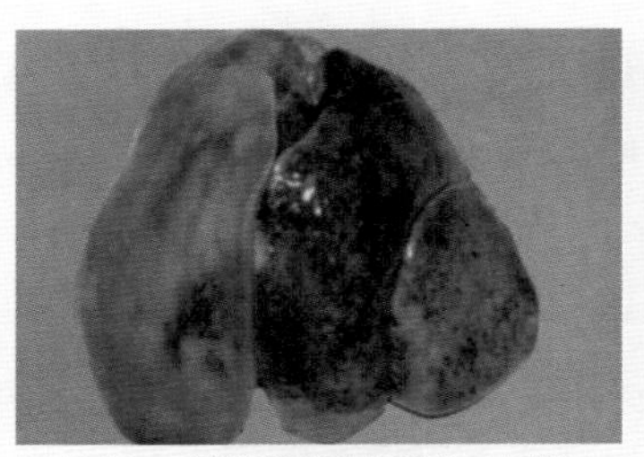
图 7-10　病鸭肝脏呈土黄色，易碎

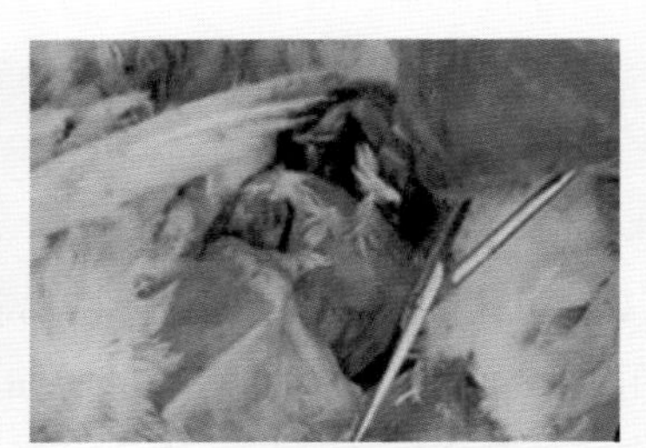
图 7-11　病鸭因肝脏破裂而腹腔积血

类症鉴别

病名	与鸭脂肪肝综合征的相似点	与鸭脂肪肝综合征的不同点
鸭腹水综合征	二者均表现腹部膨大而柔软下垂，喜卧	鸭腹水综合征的病因除日粮能量多、含脂肪和蛋白质多外，缺氧、寒冷也为致病因素；病鸭腹部膨大，触之松软有波动感，行动迟缓、蹒跚，常蹲伏，嗜睡，呼吸困难，捕捉时易抽搐死亡；剖检可见皮下明显瘀血，腹腔积有大量的纤维素或絮片的清亮、茶色或啤酒样积液，肝脏边缘钝圆，质地变硬，包膜增厚等。鸭脂肪肝综合征腹腔内有大量的凝血块，或肝脏表面覆有血凝块，常以一侧肝叶多见

1）合理调配饲料，适当控制鸭群稻谷的饲喂量，在饲料中适量添加多种维生素和微量元素，一般可预防本病的发生。

2）发病鸭群的饲料中可添加氯化胆碱、维生素 E 和肌醇。按每千克饲料加 1~1.5 克氯化胆碱、10 国际单位维生素 E 和 1 克肌醇，连续饲喂数天，具有良好的治疗效果。

三、鸭腹水综合征

鸭腹水综合征又称鸭心衰竭综合征，是多种因素引起鸭的一种错综复杂的综合征，多发生于寒冷季节，肉鸭、种鸭均有发生，但多发生于生长速度较快的肉鸭，所以又称肉鸭腹水症。本病有较高的致死率，其特征为病鸭腹部胀大下坠，腹腔积液，肝脏出现淀粉样变，肝实质变硬。

鸭腹水综合征经常发生，引起本病的因素是多方面的，一般认为与下列因素有关。

（1）遗传因素 肉用型鸭（特别是公鸭）生长快速，存在亚临床症状的肺心病，其肺的容积与体重的增加不相适应，为了满足机体对氧的需要，肺动脉压升高，血液流量增加，从而使心脏负担加重，导致右心室肥大、扩张，进而引起肺瘀血，出现呼吸障碍而导致缺氧，从而使大量腹水出现。

（2）饲养环境 缺氧、寒冷、通风换气不良等环境变化容易引起血液中氧浓度降低，心脏搏动加快，导致心脏功能障碍，而出现全身性瘀血，尤其是肝脏瘀血，造成渗出液增多。

（3）营养因素 饲喂高能量、高蛋白质饲料，鸭生长迅速，红细胞携氧和营养运送作用加强，机体对氧的需求量增加，也会发生相对供氧不足，导致慢性缺氧。此外，饮水中或日粮中钠盐过量、维生素 E 和硒缺乏等均可能引发腹水。

（4）有毒物质 饲料中含有有毒物质、毒性油脂或高水平的某些药物、磺胺类药物等，从而中毒造成肝脏病变，引起腹水大量蓄积。

临床症状

病鸭表现精神不振，喜卧懒动，反应迟缓，步态不稳，食欲减退，下痢，生长停滞。腹部明显胀大、呈暗红色或青紫色，触之松软有波动感，腹部皮肤变薄发亮，羽毛脱落，捕捉时易抽搐死亡，死后可见喙端和脚发绀。

病理变化

剖检可见腹部膨大，腹腔内有大量浅黄色胶冻样渗出物或大量透明清亮的黄色液体，有时混有纤维素性蛋白凝块（图 7-12、图 7-13）；心脏体积增大，心包膜增厚，心包液增多，浆液透明，心肌质地柔软、松弛，心房扩张，尤其右心房明显增大，心壁变薄；肺瘀血或水肿；肝脏瘀血、肿大或萎缩，质地变脆或发硬，有时肝脏表面有一层纤维素膜，并有数量不等的浅黄色水泡；脾脏萎缩；胃肠道血管瘀血。

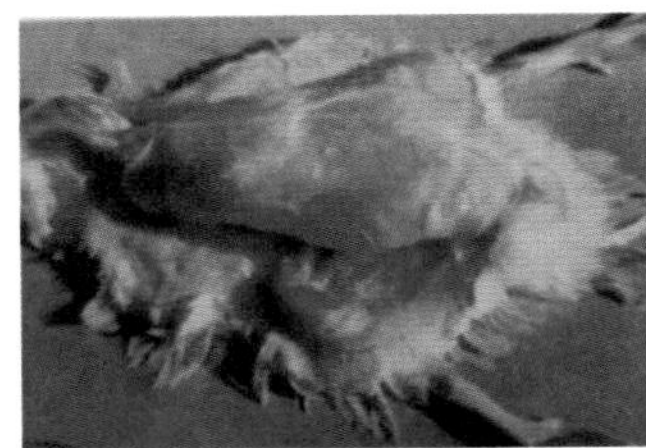
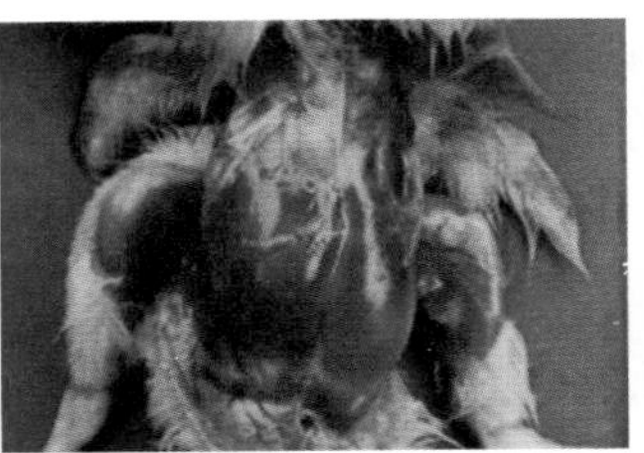
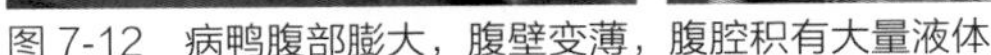
图 7-12　病鸭腹部膨大，腹壁变薄，腹腔积有大量液体

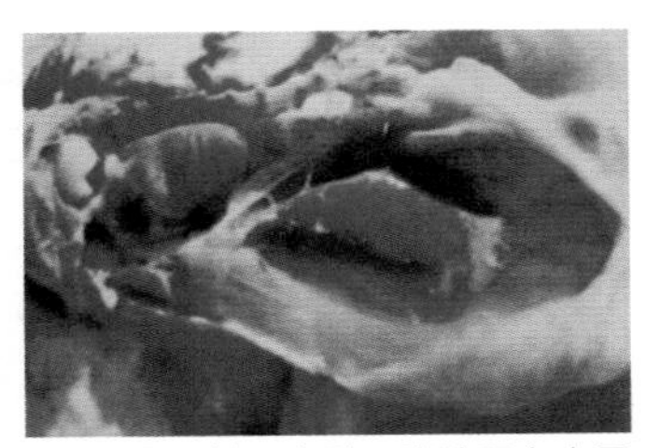
图 7-13　剖开腹壁，腹腔积有大量黄色液体，混有纤维素性蛋白凝块

类症鉴别

病名	与鸭腹水综合征的相似点	与鸭腹水综合征的不同点
鸭伤寒	二者均表现羽毛松乱，翅下垂，腹部膨大，如企鹅样站立或走动（卵泡破裂引发腹膜炎）	鸭伤寒的病原为伤寒沙门菌，具有传染性；病鸭精神不振，排黄绿色稀便，肛门处粘有污粪；剖检胸腔有积液，心包膜增厚，心肌有出血点，肝脏和肝囊肿大，充满大量的绿色油状胆汁，胆囊和黏膜粗糙并呈现坏死点，卵泡出血、变形
鸭脂肪肝综合征	二者均表现腹部膨大而柔软下垂，喜卧	鸭脂肪肝综合征的病因是长期给鸭饲喂单一的能量饲料，青绿饲料缺乏、放牧少、缺乏户外运动等诱发本病；病鸭通常体况良好而突然发生死亡，皮肤肌肉苍白、贫血；皮下、腹腔和肠系膜均有大量的脂肪沉积，腹腔内有大量的凝血块，或肝脏表面覆有血凝块（常以一侧肝叶多见）。鸭腹水综合征病例腹部膨大，触之松软有波动感，常蹲伏，呼吸困难；剖检可见皮下明显瘀血，腹腔积有大量的纤维素或絮片的清亮、茶色或啤酒样积液，肝脏边缘钝圆，质地变硬，包膜增厚等

（1）改善鸭群管理及环境条件 在确保适宜温度的条件下，加强通风换气和卫生工作，勤换垫草，尽可能减少舍内有害气体的危害，保持鸭舍洁净干燥；饲养密度大小要取决于鸭舍的通风状况，防止在有限的空间内因饲养密度过大而造成的供氧不足；严格执行各种消毒防疫制度，减少肝脏、肺等各种疾病的侵袭，合理利用肝脏、肾脏药物。

（2）早期限饲，调整饲料配方 禁止饲喂发霉的饲料；适当降低饲料的能量，减少蛋白质的供应量，控制鸭群生长速度；由于硒和维生素 E 能使代谢过程中产生的有毒物质发生降解，因此饲料中要适当添加硒和维生素 E，防止维生素 E 和微量元素硒的缺乏和饲料饮水中食盐过高，从而减少腹水综合征的发生。

治疗
方法

一旦发生腹水综合征，难以治愈。发病后将病鸭进行隔离，采取一些对症治疗方法。

1）氢氯噻嗪 1 片（100 毫克）加葡萄糖粉 125 克，研细拌匀，拌料 10 千克或加水 20 千克，连用 3~5 天。

2）呋噻米（速尿、呋喃苯胺酸）4 片（100 毫克）加葡萄糖粉 200 克，充分搅拌均匀，拌料 10 千克或加水 20 千克，连用 2~3 天，疗效显著。

3）腹水严重的病鸭可穿刺放液，穿刺部位选择腹部最低点，以便排出积液，为防止继发感染可同时使用恩诺沙星等抗生素。

四、鸭热射病

热射病又称热衰竭，它是鸭在潮湿闷热的环境中，机体散热困难、体内积热引起中枢神经系统的机能紊乱。本病虽不受季节的限制，但在夏季最为常见。在天气炎热时常大群发生，以雏鸭更为常见。鸭体过肥、长期缺水、舍饲、潮湿等也易发生。

1）在气温很高和湿度大的环境中，热气高，鸭群过度拥挤，肌肉剧烈活动，饮水供应不足，喂湿热的饲料，或鸭舍通风不良，或装在密闭车船内运输等，都可导致本病的发生。

2）鸭的体温调节不畅，产热过多，不能及时散发，造成体内热量蓄积，同时热的传导受阻导致机体全身过热，血管运动中枢与呼吸中枢麻痹和体温调节机能紊乱。

临床症状

本病多呈急性经过。病鸭体温升高，呼吸急促，张口伸颈喘气，翅膀张开下垂，饮欲增加。随后呼吸困难，出现晕眩，战栗，步态摇晃或不能站立，继而痉挛倒地，昏迷，甚至虚脱，很快发生惊厥死亡。

病理变化

剖检可见尸僵缓慢，血液凝固不良，全身静脉瘀血，头部皮下水肿，心包积液，心外膜出血，肺水肿、出血，肝脏肿胀、出血，肠系膜脂肪斑点状出血，大脑、脑膜或颅腔内出血（图 7-14~ 图 7-18）。

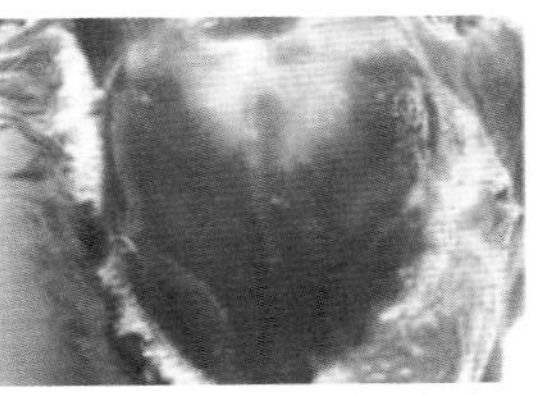
图 7-14　病鸭头部皮下水肿

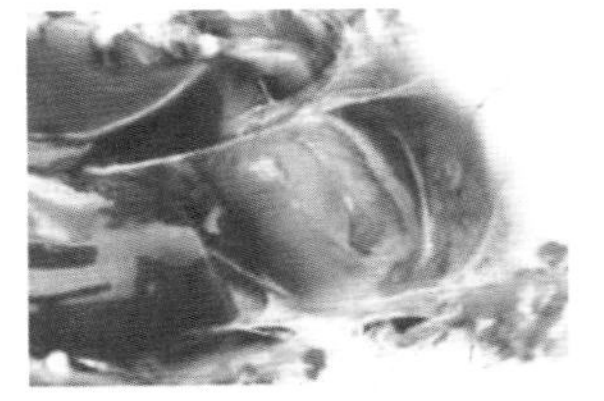
图 7-15　病鸭心包积液

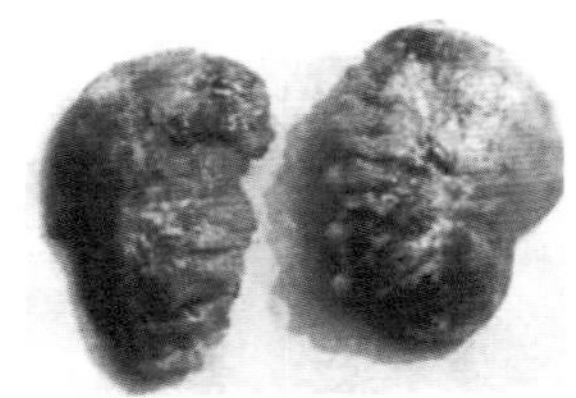
图 7-16　病鸭肺水肿、出血

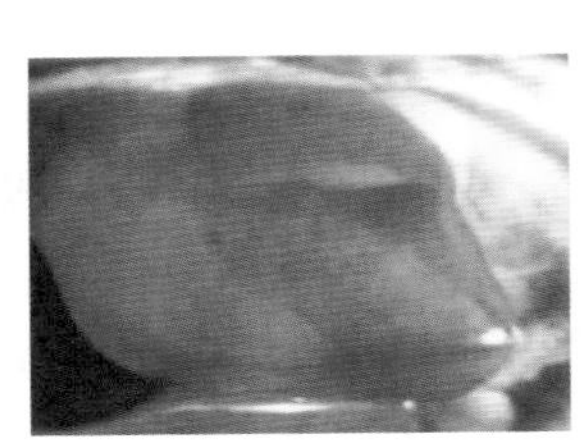
图 7-17　病鸭肝脏肿胀、出血

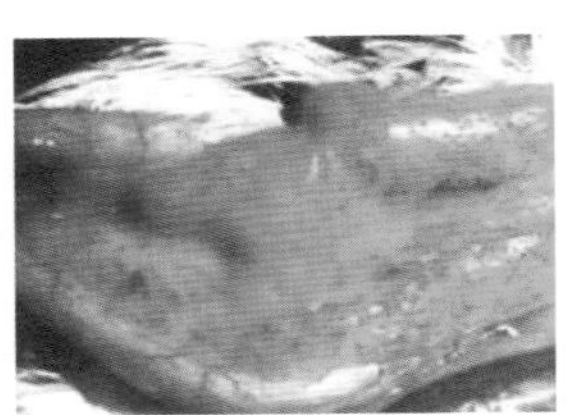
图 7-18　病鸭肠系膜脂肪斑点状出血

类症鉴别

病名	与鸭热射病的相似点	与鸭热射病的不同点
鸭食盐中毒	二者均表现意识障碍，瞳孔散大，皮肤发绀，卧地四肢划动，体温升高（41℃左右）	鸭食盐中毒是因饲料拌盐太多或喂食酱渣后发病；烦渴喜饮，兴奋时盲目前冲，有的角弓反张，抽搐震颤，有时昏迷，有的癫痫发作

预防措施

1）舍饲鸭群或育雏时，饲养密度要适宜，勿使鸭群过于拥挤，天气炎热时应设法降低舍内温度，并使空气流通。

2）运动场要有树荫或搭盖凉棚，经常放出鸭进行适当运动，并供应充足饮水。

3）车船运输鸭时应避免过度密集，并给予良好的通风散热条件。

治疗方法

本病一经发现，应立即抢救。先将病鸭移至阴凉、通风、安静的地方，在地面泼洒冷水降温，并给予冷水饮用，以降低体温，促其恢复。可再服下列中药或饮料。

（1）鲜马齿苋　水煎，待其冷却让病鸭自饮。

（2）红糖水　任病鸭自饮。

五、鸭日射病

炎热季节，鸭的头部受强烈日光的直接照射，引起脑及脑膜充血和脑实质的急性病变，称为日射病。盛夏鸭群在烈日下暴晒最易发生本病，多突然发病，造成大批死亡。雏鸭较成年鸭更易发生。

病因分析

夏季烈日照射时间过久或放牧时赶路过长，直射阳光中的红外线经鸭的头皮和颅骨作用于大脑，使各种神经机能发生紊乱而发病。

临床症状

病鸭突然发病，表现以神经症状为主。病初，烦躁不安，体温升高到45~46℃，黏膜发红，精神迟钝，足趾发生不全或完全麻痹，身躯和颈部肌肉痉挛，继而战栗、昏迷，常常在日光直接照射几分钟后死亡。

病理变化

剖检可见脑膜充血和点状出血，大脑充血、水肿，并有不同程度的出血（图7-19）。

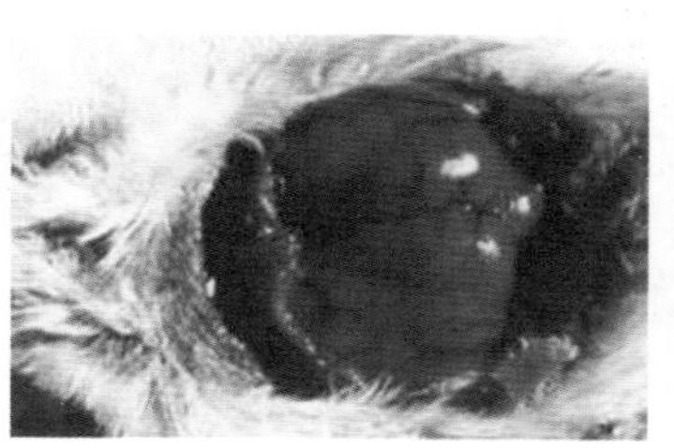
图7-19 病鸭脑部严重出血

类症鉴别

病名	与鸭日射病的相似点	与鸭日射病的不同点
鸭食盐中毒	二者均表现意识障碍，瞳孔散大，皮肤发绀，卧地四肢划动，体温升高（41℃左右）	鸭食盐中毒是因饲料拌盐太多或用酱渣喂食后而发病；烦渴喜饮，兴奋时盲目前冲，有的角弓反张，抽搐震颤，有时昏迷，有的癫痫发作

预防措施

1）夏天放牧要选择凉爽的地方，注意早出、晚归，不要在中午进行，以免鸭群长时间受到强烈阳光直接照射。尤其在酷热的情况下，更要特别注意。

2）暑天要在放牧地搭盖凉棚，让鸭群中午在凉棚下活动，并供给充足的饮水。

治疗方法

一旦发病，应立即进行急救。可把鸭群迅速赶下水，或将病鸭放入凉水盆内浸一会儿，以降低体温，促进恢复；或把鸭群赶到阴凉处，喂给大量饮用水，喂酸梅加红糖水更好；严重的病鸭可口服十滴水8~10滴进行急救，或注射安钠咖0.2毫升。

六、鸭卵黄性腹膜炎

鸭卵黄性腹膜炎是成年产蛋鸭因卵黄坠入腹腔引起的一种常见病。临床上以腹部下垂、腹腔积液、呈企鹅样姿态为特征。可单独发生，也可与输卵管炎、卵巢炎同时发生。

病因分析

1）蛋白质、维生素和矿物质代谢障碍，如日粮中缺乏维生素，尤其是 B 族维生素，日粮中磷过剩都会提高本病的发病率。

2）粗暴捕捉、鸭从高处跌下等，以致母鸭排卵时，卵黄未能落入输卵管的喇叭口内，而直接落入腹腔。

3）母鸭发生难产、泄殖腔脱垂、输卵管炎、输卵管破裂、直肠破裂、败血症、禽流感病毒感染、大肠杆菌感染或前殖吸虫病等，以致卵黄流入腹腔。

临床症状

一般多呈慢性经过。病初，外观很难察觉，以后逐渐见食欲减退、继而消失，精神沉郁，体温升高，羽毛蓬乱，体质虚弱，腹部下垂，呈企鹅姿态，行走摇摆，活动不便。排泄痢疾病症状污粪，如污粪进入腹腔，则肛门排泄物稀少。产蛋停止。经几周后极度衰弱而死。急性的食欲废绝，产蛋率急剧下降，症状呈现后不久死亡。

病理变化

剖检可见腹腔发炎，其中有混浊、黏稠的积液，呈棕黄色或污绿色，各个内脏表面被其污染带同样颜色，而腹膜则呈蓝黑色，气味恶臭（图 7-20）。腹腔中可见到破碎或腐败的蛋黄和破碎的蛋壳，有时甚至见到完整的蛋。整个输卵管黏膜呈卡他性或出血性炎症。

诊断

根据其腹部下垂、企鹅样姿态等临床症状，以及腹腔的炎症、积液等特征性变化，即可确诊。

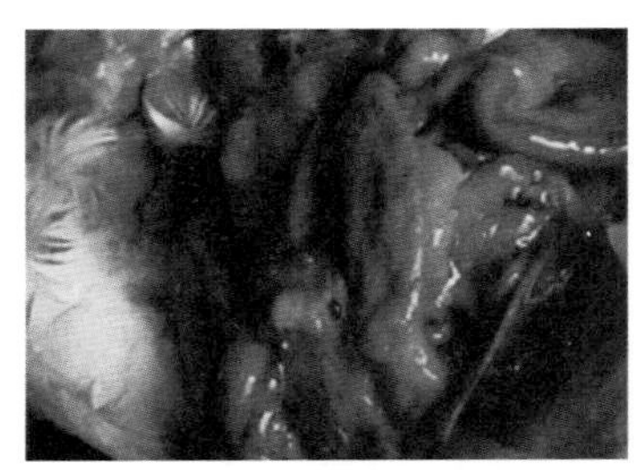

图 7-20　禽流感病鸭卵泡破裂后掉入腹腔，形成卵黄性腹膜炎

预防措施

产蛋盛期的日粮中应含有全部的必需氨基酸。而且维生素 A、维生素 E、维生素 C、维生素 D 的含量应比通常的标准增加 40%~60%。

治疗方法

本病至今还没有有效的疗法，一旦发现应及早淘汰。

七、鸭输卵管炎

鸭输卵管炎是由多种传染性病原和病因引起的一种产蛋母鸭常见病，以泄殖腔排出恶臭分泌物为特征，多发于初产和高产的蛋鸭，对鸭的生产性能影响很大。它也是引起难产、输卵管脱垂和啄肛癖的一个重要原因。

病因分析

1）本病最常见的病因是多种传染性病原，包括大肠杆菌、沙门菌和化脓球菌等，从泄殖腔侵入输卵管。

2）为了强迫鸭多产蛋而喂给过多的动物性饲料，或饲料中缺乏维生素 A、维生素 D、维生素 E。

3）鸭舍不洁、产大蛋或双黄蛋、感冒、挫伤、进行蛋探查引起的损伤、蛋在输卵管中破裂、曾发生输卵管萎缩等，都会引起本病。

临床症状

病鸭输卵管内流出一种黄白色浓稠的炎性分泌物，刺激肛门。肛门周围尤其下方的羽毛被分泌物污染，发生难产或表现疼痛，可产出各种畸形蛋，有时蛋壳有血迹。病程稍长的见有发热，神态痛苦不安。重症的病鸭发热，两翅下垂，羽毛蓬乱，闭目呆立，以腹擦地，炎症有时蔓延到腹腔引起腹膜炎。

病理变化

剖检可见腹膜炎和子宫炎的病理变化，输卵管内充满黄白色浓稠的分泌物，输卵管后部肿胀而凸出于泄殖腔。在慢性病例中分泌物（脓汁）可能呈干酪样或干燥状态（图 7-21）。

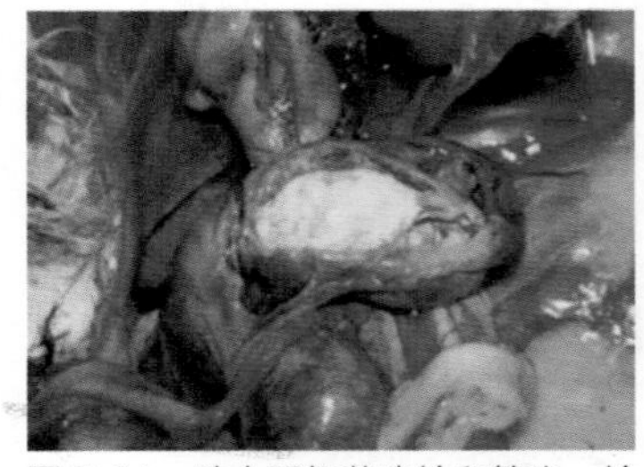

图 7-21　鸭大肠杆菌病输卵管炎，输卵管中有黄白色干酪样渗出物

类症鉴别

本病与鸭泄殖腔炎均表现肛门红肿，排出恶臭分泌物，肛门下方的羽毛被分泌物污染，但输卵管炎病鸭体温升高，产畸形蛋，蛋壳上有血迹，剖检可见腹膜炎。

预防措施

1）本病一般由白痢杆菌、大肠杆菌或沙门菌等细菌感染而引起，而且是输卵管脱垂、泄殖腔炎和难产的主要原因之一。所以病愈后不宜留作种用。

2）认真做好饲养管理工作，主要是保持环境清洁，注意饲料中维生素 A、维生素 D、维生素 E 的补充。

重症病例无治疗意义，可淘汰供肉用。轻症的先隔离饲养，再用橡皮洗耳球吸取明矾溶液或 2% 硼酸插入肛门内灌洗，使泄殖腔和输卵管后部得到充分洗涤。

八、鸭泄殖腔炎

鸭泄殖腔炎为泄殖腔和肛门发生的溃疡性炎症。病鸭肛门中流出一种白色的黏性分泌物，具有一种刺鼻的臭味。

病因分析

1）受损部位感染细菌而引起，但病原无法分离获得。在自然发病期健康鸭不受感染，但据研究，却能因公鸭配种而传播给母鸭。

2）钙、磷和维生素 A、维生素 B、维生素 D 不足，环境不卫生，鸭舍湿度大或存在有害气体，是造成本病的主要因素。

3）产蛋鸭产蛋过多，泄殖腔黏膜受刺激也会引起本病。

4）喂给不易消化的粗饲料、刺激泄殖腔黏膜；或喂给雏鸭含有燕麦芒、大麦芒和麸皮的配合饲料。

临床症状

病鸭发病初期肠道机能紊乱，排出尿酸盐，污染肛门周围的羽毛，肛门红肿，泄殖腔黏膜呈卡他性炎症。严重时肛门部分组织发生溃烂脱落、形成溃疡和假膜性炎症，炎症区从泄殖孔向泄殖腔延伸 2~3 厘米，泄殖腔红肿的黏膜上布满干酪样渗出物，剥离这种渗出物后发生出血；有时炎症可蔓延到直肠黏膜。由于肛门部位受到刺激，病鸭用力努责，往往引起泄殖腔脱垂和鸭群的啄肛癖。病程长的可发展为卵黄性腹膜炎。母鸭消瘦，产蛋能力丧失。

病理变化

剖检可见卵巢不发育，输卵管下部、直肠和泄殖腔有化脓灶，泄殖腔红肿、出血（图 7-22）。

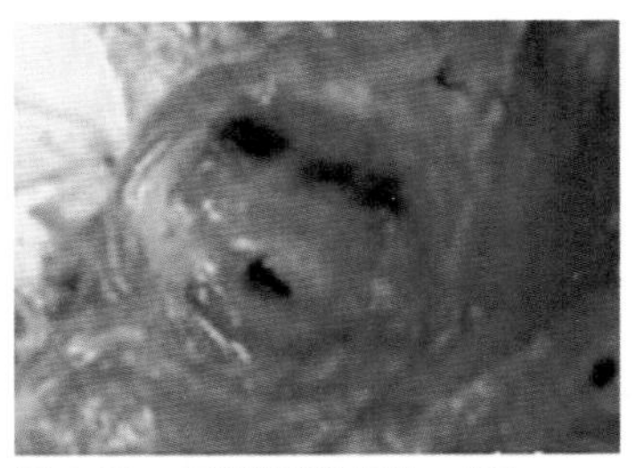

图 7-22　病鸭泄殖腔红肿、出血

类症鉴别

本病与输卵管炎均有肛门红肿，排出恶臭分泌物等症状，诊断时要根据它的临床症状、剖检病变等特征认真鉴别。

预防措施

1）饲喂对泄殖腔黏膜无刺激性的易消化饲料。

2）供给充足的维生素 A、维生素 B、维生素 D 与氨基酸。

3）保持环境清洁、干燥、通风。

治疗方法

病鸭立即隔离饲养，剪去肛门周围的污秽羽毛，并除去肛门部分的坏死组织，然后用下述药物冲洗或外敷。

（1）冲洗 患部用温和的 2% 乳酸依沙吖啶溶液、10% 明矾溶液或 0.1% 高锰酸钾溶液冲洗，每隔 3~4 天 1 次，3~4 次可愈。

（2）敷药 局部按上述方法处理后，可涂敷 5% 金霉素软膏、三磺软膏或鱼石脂软膏，每天 2~3 次，连用 3~4 天可愈。

九、鸭泄殖腔脱垂

鸭泄殖腔脱垂又称鸭泄殖腔外翻或脱肛，是蛋鸭的一种常见病。主要发生于 4~5 月产蛋盛期，高产母鸭多发，发病后易招致鸭群发生啄肛癖而大量死亡。

病因分析

1）输卵管炎或产蛋过多，造成输卵管内膜油质分泌物不足。

2）因蛋过大或产双黄蛋，产蛋时母鸭过分用力努责。

3）肛门有慢性炎症，或肛门被啄伤，炎症产物会产生局部刺激，病鸭为了排出刺激物，常不断增强努责。

4）产蛋后泄殖腔尚未恢复正常即受惊奔跑，便秘时排便努责过度，腹腔肿瘤使腹内压增高，都会引起本病。

临床症状

病鸭病初肛门周围的绒毛呈湿润状，有时从肛门内流出白色或黄白色的黏液，以后泄殖腔脱出肛门外 3~4 厘米，充血发红，有时出血，2~3 天后脱出部分变成暗红色，甚至发绀，坏死（图 7-23）。病鸭疼痛不安，如不及时处理，可引起炎症、水肿、溃疡，逐渐消瘦死亡。

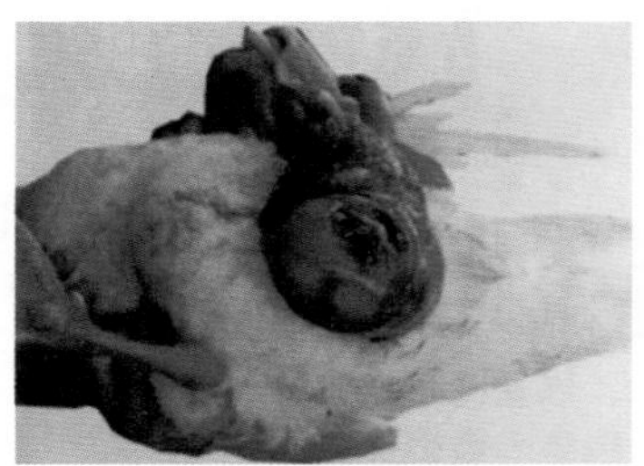

图 7-23 病鸭的泄殖腔脱出，充血、出血、坏死

类症鉴别

本病与输卵管脱垂的症状很相似，但本病脱出部分较输卵管脱垂少。

预防措施

顽固的往往易复发，因此应着眼于预防，而预防则要特别注意饲养管理。

1）应多供应青绿饲料，其比例占日粮的 20%~30%。

2）春季产蛋率上升时，日粮中的动物性饲料要减少。

3）加强运动，多晒太阳；防止鸭群受惊。

4）如有啄食癖应及时采取措施，必要时要隔离饲养。

治疗方法

病鸭应及时隔离，并选用下列方法治疗。治疗期间每天给予足够的饮水，做好鸭舍卫生工作，保持干燥。

（1）饱和盐水溶液热敷 病初可先用饱和盐水溶液热敷，以减轻充血和水肿。

（2）整复法 用 5% 明矾水洗净泄殖腔脱垂部分，并剥去附着物或其他污物，再以明矾粉撒于患部，用手慢慢揉按脱垂部分，轻轻推向腔内还于原位。若再度脱出，应重新整复，每天处理 3~4 次，直至不再脱出。

（3）火灸法 整复后，在莲花穴（肛门上方凹陷中）、尾脂穴（尾脂腺正中）处，每天用线香点燃灸 1 次，灸后将肛门周围羽毛用线扎成一束，以防泄殖腔再度脱垂。

（4）吊脚法 将病鸭的一只脚用绳吊起，让另一只脚着地，约半小时脱垂部分可缩回。

（5）金霉素软膏 如肛门有慢性炎症，环绕肛门形成韧性黄色白喉性假膜并有恶臭时，可用金霉素软膏涂敷患部。

十、鸭阴茎脱垂

鸭阴茎脱垂，是由于阴茎因外伤被细菌感染，发生炎症、溃疡而脱出，脱垂后不能缩回到泄殖腔内的一种疾病。多发于冬季。

1）鸭群中公母鸭在交配时，如被其他公鸭发现，常会受到干扰，并且阴茎被啄咬，以致引起损伤感染，不能缩回。

2）由于水塘的水质污浊，公鸭在水上交配，阴茎露出后被水蛭、鱼类咬伤而受感染。

3）公母鸭比例不当，公鸭长期交配过于频繁，致使阴茎受损而感染发炎，不能缩回。

临床症状

如属外伤，则有伤口和伤痕，伤处为红色或有血液渗出；如受伤后感染细菌发炎，则患部潮红、肿胀、瘀血，甚至化脓。病程长的常发生溃疡和坏死，呈暗红色或紫红色，因有炎性分泌物，脱垂的阴茎易粘上泥污，结成硬块，以致阴茎露出后不能缩回（图 7-24）。如因交配频繁，阴茎垂露，而呈苍白色。

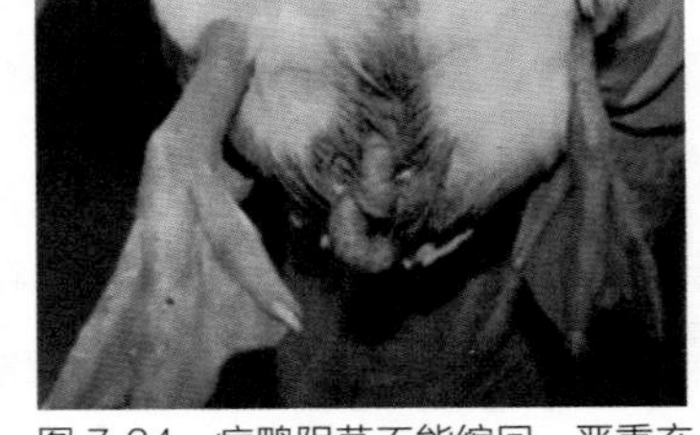

图 7-24　病鸭阴茎不能缩回，严重充血、红肿，尖部表面有黄色干酪样结节

类症鉴别

本病外观症状明显，易与其他病相区别。

预防措施

鸭群公母比例要适宜，如公鸭过多，不但提高饲养费用，而且彼此干扰，易引发本病，受精率反而达不到应有的水平。适当的公母比例，依鸭的种类和类型等而定，公鸭的数量一般为：小型麻鸭 4%~5%，大型麻鸭 6%，北京鸭 15%~20%。

治疗方法

当阴茎受伤不能缩回时，应及时隔离施治。如已发生溃疡或坏死，则难以治愈，应及时淘汰，不要继续留作种用。对病初发炎肿胀的，可用 0.1% 高锰酸钾溶液冲洗后。用消毒的脱脂棉揩干，涂以磺胺软膏或抗生素软膏，并将受伤的阴茎纳回原处。

十一、鸭难产

鸭难产又称蛋秘、蛋滞留、产蛋不下或产蛋困难，是母鸭在产蛋过程中，蛋不能通过正常的产道顺利产出的一种疾病。初产和高产蛋鸭较易发生。

1）饲养管理不当，如鸭舍高温、污秽，日粮中营养不足及母鸭感冒、换羽、体质衰弱、疲劳过度，以致输卵管壁软弱，子宫收缩力不强，腹壁努责的力量不够。

2）输卵管发炎后，卵腺和分泌细胞均失去作用，严重的渗出物大量积滞，以致输卵管阻塞，蛋无法通过。

3）输卵管狭窄、扭曲，输卵管黏膜生瘤，以致输卵管阻塞或输卵管肌肉不全麻痹，无力收缩。

4）过分肥育的老母鸭，由于腹内脂肪的压迫，输卵管紧缩，造成难产。

5）初产母鸭产蛋过大、蛋横位或产双黄蛋。

6）因病以致输卵管内分泌液不足，输卵管黏膜干燥而不够润滑。

临床症状

病鸭病初不显全身症状，只见病鸭两脚距离很宽地站立，尾下垂，而体躯前部略抬起，然后长久蹲伏于地，不愿行走，也不排便，常不断努责或做产蛋姿势，而不见产蛋。继而病鸭腹部发热坠胀，体积增大下垂，腹壁紧张，神态痛苦，表现不安。并且羽毛逆立，逐渐衰弱，拒绝饮食。检查尾脂可见充盈阻塞或过分干瘪。高产蛋鸭难产多发于输卵管后段，所以在腹后部触诊能摸到卵圆形硬块。用手指伸入泄殖腔探查，能摸到蛋，如病程过长，由于输卵管炎症加重，体温上升，采食停止，呆立一隅，终至衰弱而死。

诊断

一般根据病鸭长期蹲伏，不断努责，或做产蛋姿态而不见产蛋的特有临床症状，即可做出诊断。

预防措施

1）产蛋鸭的日粮配合，必须有草粉、青绿多汁饲料、根茎类饲料；同时要保证维生素 A 的供应。此外，要适当增加运动量。

2）防止母鸭泄殖腔和输卵管发炎，这对预防本病有积极作用。

3）成年母鸭的体重应符合本品种要求，如体重增加有肥胖趋势，则应减少能量饲料的用量，多喂青绿饲料，以免过胖发生本病。

治疗方法

由于输卵管狭窄或扭曲引起的难产，一般难予治愈，应及时淘汰，不必施治。初发病例应放在安静地方隔离观察 1~2 小时，也有未经治疗能产出的。治疗的病鸭要注意护理，特别注意安静勿使受惊，直到恢复。治疗的方法如下：

（1）手术助产 由于蛋过大引起的难产，可将母鸭仰卧，注入植物油或液状石蜡，术者右手食指指甲剪短、磨光、洗净、消毒、涂敷植物油或凡士林后，小心伸入泄殖腔，拨蛋向外转动，同时用另一只手从外方挤压腹部，将蛋向肛门部缓缓压挤。操作要谨慎，以防泄殖腔外翻，输卵管脱出或撕裂。若仍未能产出，可用小橡皮管往泄殖腔内注入植物油，以提高润滑度，再按上法重新拨动和挤压，即可排出。如蛋过大，用上述方法无效，可先将蛋的位置拨正，右手挤压腹部，使蛋的一端朝向肛门，然后用小刀稍微划破子宫薄膜、将蛋挤出，术后用 2% 硼酸溶液消毒，不必缝合，可自行愈合。

（2）青霉素（或链霉素） 每只鸭肌内注射4000国际单位。据介绍，这两种抗生素对恢复生殖道的收缩机能有良好的作用，可用于难产。

（3）益母草 可用于体质虚弱，子宫收缩无力而引起的难产。每只鸭每天用量为0.7~1.5克，加水适量煎2次待冷却后合并，分2次调入饲料中喂给或以吸管灌服，如加些红糖更好。

十二、鸭产畸形蛋

畸形蛋又称异常蛋或反常蛋，是高产鸭群由于饲养管理不善，在不同时期、不同条件下产出多种不正常蛋的一种生殖道疾病。其中最常见的是软壳蛋，它不但影响母鸭的正常生理功能，有时还会并发或继发其他疾病。

病因分析

（1）软壳蛋 蛋表面只有蛋壳膜，缺乏钙质（图7-25）。

图7-25 软壳蛋

①日粮中长期缺乏形成蛋壳的主要成分钙质；或母鸭产蛋率高，以致钙消耗过多，而日粮中又未及时补充。

②钙的补充虽较充分，但搅拌不匀，或钙、磷未按2：1比例配给，日粮中缺乏维生素D，以致影响了钙、磷的吸收和代谢。

③卵壳腺机能不正常，不能分泌充足的壳质。

④母鸭产蛋期间，受到外界刺激（如受惊等）早产，以致蛋壳未完全形成，就已排出。

⑤霉菌毒素中毒，使生殖机能紊乱，卵巢机能丧失或退化。

⑥轻度败血症。

（2）无黄蛋（小形蛋） 由于异物（如寄生虫、脱落的黏膜、小的血块等）落入输卵管内，刺激输卵管的蛋清分泌部，分泌出蛋清和蛋壳，包裹了异物，形成一个没有蛋黄的无黄蛋（图7-26）。

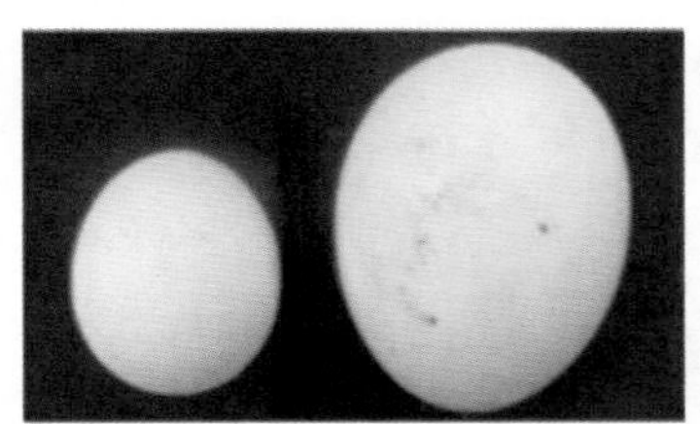

图7-26 无黄蛋（右侧为正常蛋）

（3）双黄蛋（或三黄蛋） 由于卵巢的定时机能失常，2个或3个蛋黄同时成熟排卵，或先后成熟，而排卵时间距离很近，2 个或 3 个蛋黄同时到达蛋清分泌部，被蛋清包裹而成。此外，也和母鸭性器官未完全成熟，不能完全控制排卵有关（图 7-27）。

（4）双壳蛋（蛋中蛋） 当蛋快产出时，由于母鸭受到惊吓或生理反常，输卵管发生逆蠕动，蛋又退回到输卵管上部。恢复正常后，蛋又沿输卵管下行，刺激输卵管黏膜重新分泌一次蛋清，再次下行到子宫时，又刺激子宫壁，再分泌一层蛋壳，因而成为双壳蛋（图 7-28）。

（5）皱壳蛋 通常是传染性支气管炎的后遗症。蛋壳上钙的沉淀可能由于吸收过量的钙，也可能由于输卵管反常所致（图 7-29）。

图 7-27 双黄蛋

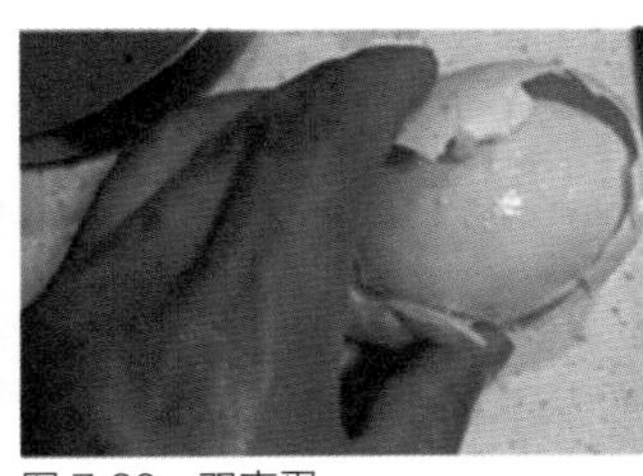

图 7-28 双壳蛋

图 7-29 皱壳蛋

临床症状

产畸形蛋的母鸭，从外观上看，一般并无特殊病态和不正常的表现。仅在蛋的形态、结构上表现异常。但有时双黄蛋（三黄蛋）可见肛门撕裂症状。

预防措施

本病外观症状明显，易与其他病相区别。

1）日粮中钙和维生素 D 供应要充足，钙、磷比例要适当。产蛋旺季、高产鸭群、高温天气应适当提高蛋壳粉、贝壳粉、骨粉、碳酸钙等矿物质饲料的供应，母鸭早晚要得到阳光照射。

2）如果鸭群中有经常产软壳蛋或无黄蛋的应及时淘汰；产双黄蛋（三黄蛋）有的是暂时的，不必淘汰，但蛋不能供孵化用。

3）产蛋时鸭舍要安静，饲养员行动要轻慢，不要穿色彩鲜艳的服装，以免鸭群受惊。

4）发现患有能引起母鸭产畸形蛋的疾病，如传染性支气管炎、曲霉菌毒素中毒、前殖吸虫病、输卵管炎、卵巢炎、轻度败血症等，应及时进行治疗。

产皱壳蛋、双壳蛋、无黄蛋等目前尚无治疗方法，产软壳蛋可用下述药物治疗。

（1）葡萄糖酸钙 口服能立即改善蛋壳的形成。

（2）鱼肝油 按每千克饲料中添加 2~4 毫升，以供给维生素 D，促进机体对钙质的吸收，连喂数日即可见效。

十三、鸭啄癖

鸭啄癖是由于饲养管理、营养或疾病等因素引起机体代谢机能发生紊乱所造成鸭之间相互啄食羽毛或组织器官的一种疾病，任何日龄、品种的鸭都会发生。一般表现为啄羽、啄肛及啄蛋等，造成创伤，甚至引起死亡。

（1）饲养管理因素 密度过大，鸭群异常拥挤，饲料或饮水槽不足，导致强者抢食，弱者受强者追逐、被啄，鸭群中就会出现啄癖。加之舍内的湿度过高，会加重啄癖的发生。产蛋初期，强烈光照会使鸭肛门紧缩而导致微血管出血引起啄肛。刺眼的光束及折射光也可导致啄癖的发生。舍内温度过高，灰尘太多，通风换气不良，氨气、硫化氢和二氧化碳等有害气体过多，均会破坏鸭的生理平衡，造成鸭烦躁不安，相互追啄。

（2）营养因素 日粮中缺乏蛋白质或某些氨基酸往往可引发鸭的啄肛；饲料中粗纤维含量过低，饲料的营养浓度过大，胃肠蠕动减弱，胃肠道空虚产生饥饿感而引起啄羽、啄肛等恶癖；粗纤维过多，可导致鸭特别是雏鸭的消化不良、腹泻，继发啄癖。

钠、铜、钴、锰、钙、铁、硫和锌等矿物质不足或比例失调而不能满足机体的需要而使新陈代谢发生紊乱都可能成为异食癖的病因，尤其是钠盐不足易使鸭喜啄食带咸味的血迹等。食盐缺乏是诱发鸭啄羽、啄肛、啄蛋的主要原因。

（3）疾病因素 某些疾病，特别是沙门菌、大肠杆菌及禽流感等引起的卵巢、输卵管和泄殖腔发炎，因炎症产物对局部的刺激，病鸭为排出刺激物常不断地努责可造成脱肛，同时由于炎症使这些部位机能发生障碍，产蛋时也易造成脱肛。某些疾病或生理性因素引起的长时间腹泻脱水，导致输卵管黏膜润滑度降低，生殖道干涩，鸭产蛋时强烈努责而脱肛。脱肛后，极易发生啄癖。

（1）啄肛癖 成年鸭、雏鸭均可发生，而育雏期的雏鸭多发。表现为一群鸭追啄某一只鸭的肛门，造成其肛门受伤出血，严重者直肠或全部肠子脱出被食光。

（2）啄趾癖 多发生于雏鸭，它们之间相互啄食脚趾而引起出血和跛行，严重者脚趾被啄断。

（3）啄羽癖 也叫食羽癖，多发生于产蛋盛期和换羽期，表现为鸭相互啄食羽毛，情况严重时，有的鸭背上羽毛全部被啄光，甚至有的鸭被啄伤致死（图 7-30、图 7-31）。

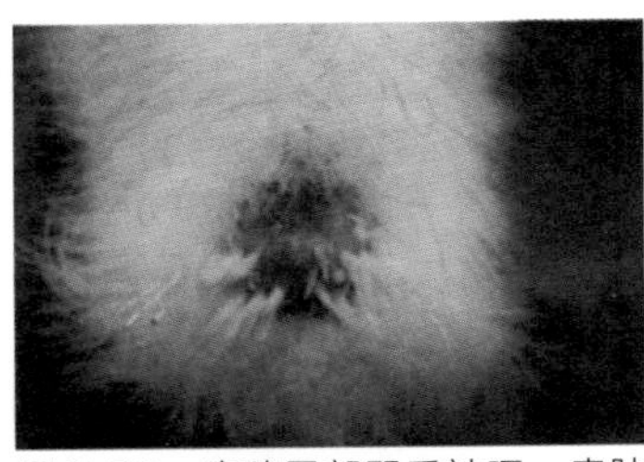

图 7-30 病鸭尾部羽毛被啄，皮肤显露

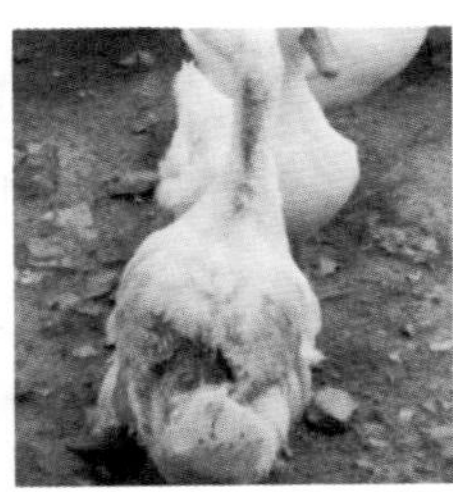

图 7-31 病鸭颈、背部羽毛被啄脱落

（4）食蛋癖 多发生于平养鸭的产蛋盛期，常由软壳蛋被踩破或巢内地面一个蛋被打破开始。表现为鸭群中某一只鸭刚产下蛋，就相互争啄鸭蛋。

（5）异食癖 表现为群鸭争食某些不能吃的东西，如砖石、稻草、石灰、羽毛、破布、废纸、粪便等。

类症鉴别

本病外观症状明显，易与其他病相区别。

（1）加强饲养管理 控制好鸭群的饲养密度，避免过分拥挤，严格控制好鸭舍的温、湿度；注意鸭舍的通风换气，保证舍内空气良好，防止有害气体过多；制定科学的光照制度，保证适宜的光照时间和光照强度；防止笼具等设备引起鸭的外伤，在种鸭产蛋高峰期，勤捡种蛋。

（2）保证营养的全面供给 按照鸭生长发育的特点、需要，制定日粮配方，保证科学、合理、全价。

防止各种疾病的发生。

1）及时移走啄咬倾向较强的鸭，断喙或淘汰。隔离被啄鸭只，在被啄的部位涂擦甲紫、黄连素等苦味强烈的消炎药物，一方面消炎，另一方面还可使鸭知苦而退。也可用废机油涂于易被啄部位，利用其难闻的气味来防止啄癖的发生，以控制啄癖的进一步蔓延。

2）对被啄肛门轻度者，可及时将其隔离，用 0.1% 高锰酸钾溶液清洗患部，其后再涂以磺胺软膏或擦甲紫溶液。如果直肠或子宫已脱出，发生水肿或坏死，则做淘汰处理。

3）已形成啄癖的鸭群，可将舍内光线调暗或采用红色光照，也可将瓜藤、块茎类饲料和青菜等放在舍内任其啄食、以分散其注意力。

十四、鸭皮下气肿

鸭皮下气肿又称气囊破裂、气嗉、气脖子等，是由于呼吸道损伤，大量空气窜入皮下，使颈部或胸廓部充满气体的一种疾病。本病多发生于雏鸭和青年鸭，偶尔也发生于填鸭。

本病主要由于呼吸道的各部分，如胸腔气囊、肺、气管等的损伤或缺损，以致空气进入组织间隙而蓄积于皮下。诱发原因主要有以下几个方面。

1）由于管理不当，捕捉鸭时动作粗暴或用力过猛，使颈部气囊或锁骨下气囊破裂。

2）由于鸭互相啄斗、饲喂时过于拥挤、尖锐异物刺伤等机械因素，造成气囊破裂，致使气体溢于皮下。

3）因肱骨、乌喙骨和胸骨等有气腔的骨骼发生骨折，空气从骨折部分逸出，移行蓄积于皮下。

颈部气囊破裂的，该部羽毛逆立，轻症气肿局限于颈的基部，重症可延及颈的上方，并在口腔的舌系带下出现鼓气泡，有时可见整个前躯从颈部到头部的皮下充满气体，膨大如气球状。一般情况有食欲，仍能下水游泳，但不能潜水。如腹部气囊破裂，或气肿从颈部蔓延至胸腹皮下，则胸腹围增大（图 7-32）。触诊时胸腹壁紧张，叩诊呈鼓音。病鸭精神沉郁，呆立，呼吸困难，如治疗不及时，则气肿范围不断扩大，少数可扩至全身皮下。

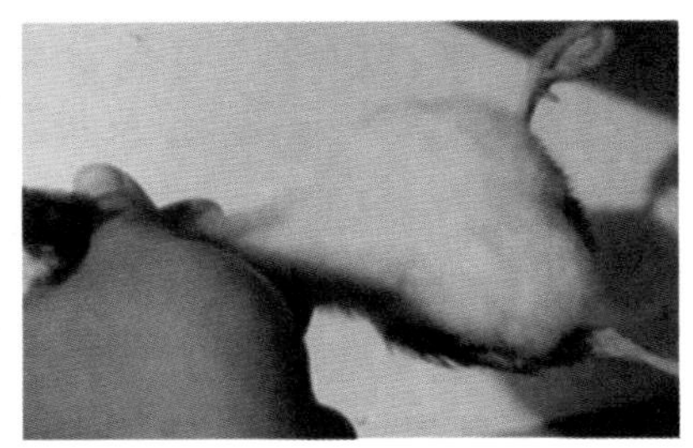

图 7-32　病鸭腹部气肿

类症鉴别

病名	与鸭皮下气肿的相似点	与鸭皮下气肿的不同点
鸭舟形嗜气管吸虫病	二者均表现颈部皮下气肿	鸭舟形嗜气管吸虫病的病原是舟形嗜气管吸虫；病鸭有呼吸困难，咳嗽、甩头，消瘦；剖检病死鸭可见气管、支气管有不同程度的充血、出血，气管内充满了粉红色的扁平虫体。鸭皮下气肿无明显病变

预防措施

饲喂时避免鸭群拥挤摔伤；捕捉时防止动作粗鲁而使鸭受伤。

治疗方法

骨折引起的没有治疗意义，应予以淘汰。其他原因引起的可用器械排除气体，但应注意器械和创口的消毒。穿刺气肿部位皮肤放气的方法有：用针头刺破皮肤放气，用注射器插入抽气，用尖头的刀、剪刺破皮肤放气，用烧红的铁条烙个破口放气等，都有一定效果。但前两种有时放气后不久又气肿如初，需反复进行；后两种创口大，短期内不易愈合，气体可随时排出，使呼吸缺陷恢复正常，症状得以缓解，逐渐痊愈。

十五、鸭脚趾脓肿

鸭脚趾脓肿又称趾瘤病，是脚底及其周围组织受机械性损伤，并局部感染细菌引起的脓汁积聚后形成的有完整腔壁的一种球形脓肿。本病在鸭群中一般为散发，但有时也能传播蔓延。春季雨水多、湿度大时容易发生。

病因分析

鸭舍和运动场地面粗糙、坚硬、污秽，或放牧时经常经过不平整及有大量瓦砾的地方，或被其他硬物划破刺伤，造成脚趾皮肤损伤，细菌侵入伤口后，首先引起炎症过程。炎症发展进一步促进死亡的白细胞与组织细胞液化过程，并形成脓汁，脓汁积聚于发炎病灶的中央而成脓肿。引起脓肿的细菌主要有葡萄球菌、链球菌等。重型品种的肉用鸭和北京鸭等，因身体重，由高处向下跳，易引起脚底擦伤、挫伤或其他创伤而发生本病。

临床症状

病鸭脚底皮肤病初发红、肿胀，以后患部逐渐增大，且凸出于皮肤表面，形成黄豆大乃至鸽蛋大的隆起，运动困难，跛行，食欲稍差，肿胀部发热、坚硬、疼痛（图 7-33）。继而炎症蔓延到趾蹼间，甚至沿着关节和腱部扩展到深部组织，病程长的炎症渗出物凝固干燥呈干酪样，有的肿胀部位周围坚硬，而中央渐见软化变薄，触诊有波动感，最后破溃，流出脓汁，逐渐萎缩。本病对食欲影响不大，但严重影响交配和产蛋。

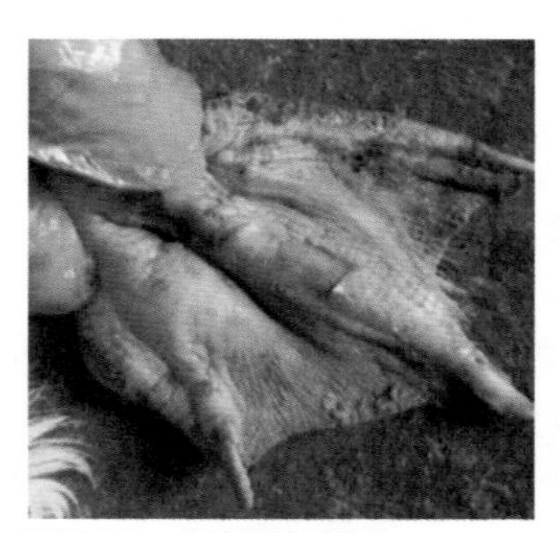

图 7-33　病鸭脚趾肿胀

类症鉴别

本病外观症状明显，易与其他病相区别。

预防措施

鸭舍和周围环境要清洁干燥，地面要平整，放牧所经的道路也应平坦、洁净，地面不能有粗糙、尖锐、坚硬的物品如石碴、瓦片、玻璃碴等。

治疗方法

治疗期间应停止放牧，隔离在干净鸭舍中饲养若发病率高，应分析病因，采取相应措施予以消除，并根据病情施治。

（1）冷敷 在病初施行，以促炎症消散。

（2）热敷或搽药 炎症继续发展的，可涂以鱼石脂软膏或5%碘酊，并改用热敷，以促使脓肿早日成熟。

（3）切开排脓 脓肿有明显波动感时，表明脓肿已经成熟，应立即切开排脓。如有坏死组织，应先清除，然后用高锰酸钾溶液清洗，用消毒棉吸干、碘酊纱布填塞，涂敷木馏油或抗生素软膏，包扎绷带，以防继发感染。以后隔天处理1次。同时内服磺胺类药物，通常1星期可痊愈。

（4）注入抗生素 如脓肿不大，可用消毒注射器抽尽脓液，并用另一注射器注入抗生素，每天数次，连续数天，直至痊愈。

参考文献

[1] 葛颐昌，林世棠．鸭病防治新技术［M］．福州：福建科学技术出版社，1994.
[2] 朱春生．鸭病防治实用技术［M］．呼和浩特：内蒙古人民出版社，2007.
[3] 郭玉璞．鸭病诊治彩色图说［M］.3 版．北京：中国农业出版社，2008.
[4] 郭玉璞，王惠民．鸭病防治［M］.4 版．北京：金盾出版社，2009.
[5] 黄瑜，苏敬良．鸭病诊治彩色图谱［M］．北京：中国农业大学出版社，2001.
[6] 蔡弋，赵伟成．鸭病防治 150 问［M］．北京：金盾出版社，2010.
[7] 刁有祥．鸭病鉴别诊断与防治原色图谱［M］．北京：金盾出版社，2013.
[8] 崔恒敏．鸭病诊疗原色图谱［M］．北京：中国农业出版社，2008.
[9] 赵献芝．图说如何安全高效饲养肉鸭［M］．北京：中国农业出版社，2016.
[10] 赵朴，王成龙，刘川川．鸭类症鉴别诊断及防治［M］．北京：化学工业出版社，2018.
[11] 孙卫东，李银．鸭鹅病诊治原色图谱［M］．北京：机械工业出版社，2018.
[12] 傅光华，江斌，程龙飞．音视频解说常见鸭鹅病诊断与防治技术［M］．北京：化学工业出版社，2020.